绿 洲 科 学 丛 书

冯 起 主编

绿洲农田土壤
重金属污染行为与生态修复

曹 春 等 著

U0296371

科 学 出 版 社

北 京

内 容 简 介

本书以工矿型绿洲农田土壤为研究对象,重点介绍了绿洲农田土壤重金属污染行为与生态修复技术。全书共 6 章,内容包括绿洲农田土壤重金属污染现状、土壤–作物重金属迁移富集特征、土壤重金属污染影响机制及相关性分析、土壤重金属污染风险评估、土壤重金属污染生态修复技术及工程、绿洲土壤安全保护与管理措施等内容,对绿洲农田土壤重金属污染控制与生态修复技术进行详细阐述,以便读者通过本书掌握农田土壤重金属污染及修复的相关知识,学习绿洲农田土壤重金属污染评价方法和生态修复手段。

本书可供地理学、生态学、土地科学和环境生态工程等学科领域的专业技术人员、政府管理人员及高等院校师生阅读参考。

图书在版编目(CIP)数据

绿洲农田土壤重金属污染行为与生态修复 / 曹春等著 . 北京:科学出版社, 2024. 6. ——(绿洲科学丛书 / 冯起主编). —— ISBN 978-7-03-078814-6

Ⅰ. X53

中国国家版本馆 CIP 数据核字第 2024 7S2T99 号

责任编辑:林 剑 / 责任校对:郝甜甜
责任印制:徐晓晨 / 封面设计:无极书装

科学出版社 出版

北京东黄城根北街 16 号
邮政编码:100717
http://www.sciencep.com

北京九州迅驰传媒文化有限公司印刷
科学出版社发行 各地新华书店经销

*

2024 年 6 月第 一 版 开本:787×1092 1/16
2024 年 6 月第一次印刷 印张:13 3/4
字数:320 000
定价:198.00 元
(如有印装质量问题,我社负责调换)

总　序

　　绿洲指在荒漠背景基质上，以小尺度范围内具有相当规模的生物群落为基础，构成能够稳定维持的、具有明显小气候效应的异质生态景观，多呈条、带状分布在河流或井、泉附近，以及有冰雪融水灌溉的山麓地带。绿洲土壤肥沃、灌溉条件便利，往往是干旱地区农牧业发达的地方。我国绿洲主要分布在贺兰山以西的干旱区，是干旱区独有的地理景观，为人类的生产、生活提供基本的能源供应和环境基础，也是区域生态环境保持稳定的重要"调节器"，其面积仅占西部干旱区总面积的 4%～5%，却养育了干旱区 90% 以上的人口，集中了干旱区 95% 以上的工农业产值和资源。

　　近年来，随着人类活动增强，显著改变了绿洲数量、规模和空间分布，使其生态系统功能也发生了不同程度的变化，这种变化不仅反映了人类对干旱区土地的利用开发程度，更是对干旱区生态与资源环境承载力等问题的间接反映。人类活动对绿洲的影响包括直接影响和间接影响两个方面，直接影响主要是指人为对绿洲进行开发，导致水资源时空分布发生改变，从而导致绿洲和其他土地类型之间发生转变；间接影响是指地下水资源的开采，使得天然绿洲退化，土地荒漠化，而大量修建平原水库、灌溉干渠和农田漫灌，又使地下水位抬升，产生次生盐渍化和返盐现象，对绿洲的发展造成影响。因此科学分析和掌握绿洲的发展变化过程及由此产生的绿洲农业资源开发与环境问题、绿洲城镇格局演变与乡村聚落变迁、绿洲景观生态风险与安全、绿洲水土资源空间演变与空间优化配置等问题，对绿洲合理开发利用和实现绿洲生态环境持续健康发展具有重要的现实意义。

　　"绿洲科学丛书"是围绕干旱区绿洲变化和生态保护，实现干旱区绿洲高质量发展系列研究成果的集成。丛书试图从不同角度剖析干旱区绿洲在开发利用过程中的城镇发展格局与优化、乡村振兴与多元治理、农业资源利用与区划、绿洲生态安全与风险防控、绿洲土壤污染与修复、绿洲大数据平台开发与应用等关键问题，并从理论高度予以总结提升。该系列丛书的价值和意义在于，通过总结干旱区绿洲生产–生活–生态存在的问题及内在动因，探究绿洲社会经济发展与生态环境保护的协调关系，提炼绿洲区高质量发展和生态文明建设的实践与案例，提供有效防范因绿洲社会经济发展和资源环境的矛盾而引发的区域生态环境风险的应对及优化策略，提出解决绿洲城镇、乡村、农业、生态、环境统筹协调发展问题的新模式，为我国干旱区发展建设提供先行示范。

　　丛书致力于客观总结干旱区绿洲社会经济发展和生态文明建设的成绩与不足，力图为实现区域绿色发展，构建绿洲人与自然和谐共生的美丽中国提供理论依据与实践案例。丛书可为区域城乡规划管理、生态环境修复与治理、资源空间布局与优化等领域的专家学者和各级政府决策者提供干旱区绿洲高质量发展与生态文明建设的科学参考。

2024 年 5 月

前　言

近几十年来，由于工业排放、废水灌溉、过度使用化肥农药等，农田土壤污染已经成为一个重要的环境问题。《"十四五"土壤、地下水和农村生态环境保护规划》指出，2025 年我国受污染耕地和重点建设用地的安全利用需得到巩固提升；到 2035 年，农用地和重点建设用地的土壤环境安全要得到有效保障，土壤环境风险需得到全面管控，受污染耕地安全利用率达到 93% 左右。本书以甘肃省白银工矿型绿洲为研究对象，针对绿洲农田土壤–植物体系重金属污染特征，对绿洲农田土壤重金属污染行为与生态修复技术进行详细阐述，以期实现研究区重金属污染农田的合理利用，这对保障当地农产品质量和安全、土地资源的合理利用具有重要意义，也可为全国类似农田的生态修复及合理利用提供借鉴。

本书共 6 章内容，第 1 章主要介绍绿洲农田土壤重金属污染现状，阐述了绿洲农田定义、重金属污染现状、污染特征、典型区域农田土壤重金属污染源解析等，主要撰写人为王晨雯。第 2 章主要介绍绿洲农田土壤–作物重金属迁移富集特征，讨论了不同浇灌方式下土壤–作物重金属迁移富集特征、不同种植方式下土壤–作物重金属迁移富集特征、不同种类作物对重金属的迁移富集特征、不同生长周期作物重金属迁移富集特征，主要撰写人为杨丽琴。第 3 章主要为农田土壤重金属污染影响机制及相关性分析，讨论了农田土壤重金属污染主要影响因子识别，根源溶解性有机质与蔬菜重金属的相关性分析，以及根源溶解性有机质对土壤重金属的影响主要撰写人为曹春。第 4 章为绿洲农田土壤重金属污染风险评估，讨论了不同浇灌方式、不同种植方式、不同种类作物、不同生长周期农田土壤重金属污染风险评价，主要撰写人为曹春。第 5 章重点研究农田土壤重金属污染生态修复工程，讨论了农田土壤重金属污染生态修复技术筛选，以及重金属污染的生物炭修复、植物–微生物联合修复研究，主要撰写人为马晓红。第 6 章主要内容为绿洲土壤安全保护与管理措施，讨论了不同绿洲类型土壤保护和管理措施，绿洲土壤重金属污染治理措施，主要撰写人为曹春。全书由曹春审阅、定稿。

十分感谢成书过程中以下人员所付出的辛勤劳动：马振萍、张松、张鹏、任丹、左明博、李昌虎、杨瑛、唐千惠、梁胺月、吴育垚、饶玉良、肖潇、霍乾、何赛兰、张鹏鑫、邹承志、王艺晓、周建凯、朱新婷、邵转玲、宋庆帅、李少菲。

本书成书过程中得到了西北师范大学地理与环境科学学院马利邦院长、张学斌副院长的指导和帮助；特别感谢西北师范大学张明军副校长的支持与鼓励。感谢诸位同事、同行的帮助、支持与鼓励。由于作者水平有限，书中难免存在不足和疏漏之处，敬请读者批评指正。

曹　春

2024 年 1 月于兰州

目 录

第 1 章

绿洲农田土壤重金属污染现状

改革开放四十多年来，我国经济实现了高速发展，农业生产和矿业开采空前兴旺。当前，我国已经成为世界有色金属第一大生产国和第一大消费国，伴随着矿产资源的开发，自然环境遭到严重破坏。与此同时，我国作为农业生产大国，农业生产安全至关重要。在快速的经济发展模式背景下，农田重金属污染问题日益凸显，这不仅影响农作物的生长，也危害着人类健康。

1.1 绿洲农田土壤重金属污染概况

1.1.1 重金属及重金属污染

由于自然环境的不断破坏，环境污染问题现已成为全世界共同面对的难题。在众多环境污染问题中，土壤重金属污染尤为突出，严重威胁土壤的生态安全和人类的生命健康。重金属污染是无机物污染的一个重要来源，重金属通过各种途径进入土壤系统后，不易被降解转化，反而易与土壤中的部分物质合成甲基等多类化合物，进而产生具有毒性的化学物质，造成十分严重的危害。一般而言，重金属指密度大于 $4.5g/cm^3$（相对密度大于5.0）的金属。根据对农作物和人体影响的不同，可以将其归纳为两类：一类是威胁农作物生长发育且危害人类健康的金属，如汞（Hg）、镉（Cd）、铅（Pb）等；另一类是农作物生长发育和人类健康所必需的，但过量会危及健康的金属，如铜（Cu）、锌（Zn）等。土壤常见重金属污染元素信息见表 1-1。

表 1-1 土壤常见重金属污染元素

金属	污染来源	物理性质	存在形态
汞（Hg）	燃料燃烧、采矿、冶炼、垃圾焚烧、施肥、农药、生活废弃物	常温常压下唯一以液态存在的金属，内聚力很强	溶解态（Hg^0、Hg^{2+}）、颗粒（吸附）态、有机态
铅（Pb）	工业烟尘、含铅汽油燃烧等	延展性好抗腐蚀性强，易与其他金属形成合金	硫化态、氧化态
镉（Cd）	有色金属冶炼、电镀、镉化合物作原料或触媒的工业生产等	银白色有光泽的金属，熔点 320.9℃，沸点 765℃，有韧性和延展性	交换态、铁锰氧化物结合态、有机态、硫化态

金属	污染来源	物理性质	存在形态
铜（Cu）	铜锌矿的开采和冶炼、金属加工、机械制造、电镀等	具有良好的导电性、导热性、延展性	交换态、有机态、碳酸盐结合态、铁锰结合态、矿物态
锌（Zn）	锌矿开采、冶炼加工、机械制造等	形状是金属粒状，具有蓝灰色的表面光泽；导电性能良好，具有较高的热导率	矿物态、交换态、有机态、水溶态
镍（Ni）	汽车尾气、火山爆发、冶炼等	硬度好，有铁磁性，能够高度磨光，耐腐蚀	离子态
硒（Se）	矿山开采、冶炼、制造硫酸等	硒单质为红色粉末或灰色粉末，带灰色金属光泽的准金属	无机态、有机态
砷（As）	砷化物的开采和冶炼、有色金属的开采和冶炼、煤的燃烧等	单质砷熔点817℃，加热到613℃可不经液态，直接升华	水溶态、酸溶态、难溶态
铬（Cr）	开采、冶炼、铬盐的制造、电镀、金属加工等	银白色有光泽的金属，纯铬有延展性，含杂质的铬硬而脆	氧化态、有机态、无机态

重金属污染是指重金属或其化合物造成的环境污染，其对生物体、食品安全及相应的外部环境卫生等造成较大的影响。主要由工业排放、污水灌溉等相应的人为因素所引起，如福建紫金矿业有毒废水泄漏事件、广西龙江镉污染事件、云南阳宗海砷污染事件等。

2014年环境保护部和国土资源部发布了《全国土壤污染状况调查公报》，调查结果显示，全国土壤环境状况总体不容乐观，部分地区土壤污染较重，耕地土壤环境质量堪忧，工矿业废弃地土壤环境问题突出。全国土壤总的超标率为16.1%，其中轻微、轻度、中度和重度污染点位比例分别为11.2%、2.3%、1.5%、1.1%。从土地利用类型看，耕地、林地、草地的土壤点位超标率分别为19.4%、10.0%、10.4%。从污染类型看，以无机型为主，有机型次之，复合型污染比例较小，其中无机污染物超标点位数占全部超标点位数的82.8%。从无机污染物超标状况看，镉、汞、砷、铜、铅、铬、锌和镍的超标率分别为7.0%、1.6%、2.7%、2.1%、1.5%、1.1%、0.9%和4.8%。

土壤是重金属的主要归宿和载体，当土壤中重金属含量超过土壤承载上限时，就会导致土壤重金属污染。重金属污染会对土壤结构、生物生长产生一系列负面影响：一是重金属污染物会影响和改变土壤理化结构，土壤中的重金属富集到一定浓度后，土壤易板结，透气性和含水能力显著下降，进而显著加速土壤退化；二是土壤重金属污染还会影响生物与非生物间的运转与交换，破坏土壤内部物质循环，最终导致土壤生物营养不良，危害作物生长；三是土壤中的重金属还会通过各种渠道进入农作物，导致部分农产品重金属元素超标，影响作物品质；四是重金属元素增加还会抑制土壤中的微生物代谢，改变土壤微生物群落结构，影响土壤的硝化、固氮功能，阻碍有机质分解和转化。

农田是重要的半自然半人工生态系统，具有生产粮食、调节气候及维持生物多样性等功能。农田生态系统的健康是维持人类社会可持续发展和保障食品质量安全的基础。因此，农田重金属污染问题已成为当今农业发展的一大隐患。

自然状态下，大部分重金属会比较稳定地存在于岩石圈中，对环境及人体产生的影响不大。但是在开采、运输、利用的过程中，如果对"三废"管控不严格，极易造成含有重金属的物质进入到周边土壤。一般来讲，人体能承受的微量重金属有一定限度，当超一定浓度时，会引起重金属中毒等一系列症状，危害人体健康。

农田土壤重金属污染的主要危害包括对农作物的危害、对土壤环境的危害、对动物的危害等。

1）对农作物的危害。农作物重金属含量会伴随土壤中重金属含量升高而增加。重金属进入农田土壤后，因最初积累量较少，对农作物危害不明显，当重金属富集到一定程度时，会直接影响农作物质量。李佳旸（2021）研究表明，国内每年因重金属污染土壤问题间接造成 1.2×10^8 t 粮食被污染，直接损失超 200 亿元。由于重金属种类较多，伴随不同重金属进入土壤，会对农作物产生不同的影响。以镉为例，当植物中镉的浓度超过 0.1mg/L 时，即可明显对植物生长产生毒害——破坏叶绿素并造成植物发育迟缓。易敏等（2015）研究发现，旱田土壤重金属污染低于 500mg/kg、水田土壤重金属污染低于 700mg/kg 时，土壤重金属对农作物生长危害程度不大，一旦超过此阈值，重金属污染便会在农作物不同器官残留。陈珊珊（2011）发现，在 Hg 污染的小麦中，重金属根残留较茎、叶、籽高；As 污染的番茄中，根与叶的 As 积累量几乎与农田土壤 As 浓度相当。

2）对土壤环境的危害。重金属对土壤环境的危害主要体现在两方面：一方面是对土壤的危害，过量重金属积累会造成土壤整体重金属浓度偏高，降低了土壤肥力及土壤质量；另一方面是对土壤中微生物的危害，过量重金属会抑制微生物发育，对微生物群落结构多样性及稳定性造成影响。例如，酸性矿山废水进入土壤会直接降低土壤的 pH；同时，会显著增加土壤电导率及磷和氮在土壤中的含量，直接影响土壤肥力和土壤微生物数量。夏国栋等（2022）通过研究西南某煤矿周边不同土地利用类型土壤酶活性及细菌群落特征发现，由于采矿污染的影响，林地中深层土壤的酶活性大于浅层土壤；研究区木糖苷酶活性中耕地较其他利用类型土地更高；矿区丰富度较高的菌群主要有变形菌门、酸杆菌门及绿弯菌门，土壤酶活性及铬、汞、铅对细菌群落影响较为显著。

3）对动物的危害。重金属对动物危害主要体现在对动物机体组织、免疫系统及繁殖能力的影响，主要毒性表现在改变动物体内信号通路、诱发机体氧化应激、对动物神经产生影响。重金属进入动物体内，不仅对动物身体造成危害，还容易在动物肉、脑、骨骼中积累，造成人体病变。例如，铅在人体内聚集，容易造成人体急性铅中毒，同时积蓄在脏器中的铅更容易引起慢性中毒，造成多种人体机能受损，如会造成幼儿大脑损坏，直接影响儿童的智力及生长发育。表 1-2 列出了农田常见的重金属对人体的危害。

表 1-2　农田常见重金属对人体危害

元素	对人体危害
砷（As）	砷（As）基本无毒，但其氧化物及砷酸盐毒性较大，As^{3+}毒性较 As^{5+} 更强。砷和无机砷化合物为 1 类致癌物，主要积累在肝、肾、肺及胃肠壁及脾脏。长期暴露在砷污染环境下，容易对人体皮肤造成损害，易造成皮肤色素改变及皮肤癌；也有研究证明长期砷暴露可能会引发肺癌，砷中毒重症可能出现休克，对肝脏、心脏危害较大
镉（Cd）	镉（Cd）具有强毒性，是非人体的必需元素，金属镉及其化合物为 1 类致癌物。主要通过肾脏积累进而影响泌尿功能；通过影响人骨中钙的吸收，引发骨质病；干扰胃肠功能，影响人体吸收；镉与人体肺癌、前列腺癌都有一定关系。高暴露人群主要为矿工、免疫力低下人群等
铬（Cr）	铬（Cr）主要以 Cr^{3+} 和 Cr^{6+} 两种形态存在，其中 Cr^{6+} 对人体健康危害最大，Cr^{6+} 为 1 类致癌物，主要通过皮肤、呼吸道、消化道进入人体。铬可引发中毒性腹泻、过敏性皮炎或湿疹，以及皮肤炎症等
铜（Cu）	Cu^{2+} 对肠胃有刺激作用，多见于恶心、呕吐等胃部症状，严重者极易对肾脏造成严重损害；同时，对眼和皮肤也有刺激性。长期接触可诱发皮炎和呼吸系统黏膜刺激等症状
汞（Hg）	汞（Hg）及其化合物属于剧毒物，甲基汞为 2B 类致癌物，汞和无机汞化合物为 3 类致癌物。人体可通过呼吸、饮食及皮肤接触摄入汞。汞中毒会诱发肝炎、肾炎、尿毒症等疾病；亚急性汞中毒会对人体神经末梢造成影响，造成听力及语言障碍；慢性汞中毒会影响人体消化功能，容易出现头晕、乏力等症状
镍（Ni）	镍（Ni）为 2B 类致癌物，而镍化合物为 1 类致癌物，是最常见的致敏性金属。在与人体接触时，Ni^+ 可以通过皮肤渗透，进而引起皮炎等过敏症状；镍化合物容易引起鼻癌和肺癌，还容易造成人体神经系统紊乱，引起失眠多梦等多种神经问题
铅（Pb）	铅（Pb）为 2B 类致癌物，无机铅化合物为 2A 类致癌物，主要通过皮肤、消化道、呼吸道进入人体。易受铅污染的人群主要为儿童、老人等人群。过量摄入铅容易引发高血压，并对血液及神经系统造成影响。此外，过量铅暴露也会对骨骼造成影响
锌（Zn）	锌（Zn）中毒表现为贫血等血液症状。长期处于高锌暴露环境下会影响人体对于铜的代谢，造成低铜、低锌等症状

农田土壤重金属污染成因可归纳为以下几类。

1）化肥农药污染。施用化肥农药是保障农作物产量的关键因素，在难以实施休耕轮作耕作模式的条件下，维系农作物稳产高产离不开化肥农药的保障作用。当前农业生产的主要问题是化肥农药年复一年的不合理施用甚至过量施用所带来的土壤重金属污染，正威胁着粮食生产安全。这些化肥农药在农田灌溉和雨水渗透的作用下会迁移到土壤之中，使农田土壤重金属污染程度日趋加重。

2）固体废弃物污染。家庭生活废弃物、畜禽排泄废弃物、设施栽培废弃物等随意堆积、排放，日积月累也会作用于土壤，影响土壤环境。尤其是各类生产加工企业、工业园区、餐饮服务业等产生的固体废弃物重金属含量较高，如果处理不当或不经处理，会有一部分含有重金属的废弃物进入农业土壤当中，污染土壤环境。

3）长期污灌。由于我国的水资源分布不均，在淡水资源缺乏地区，长期污灌是造成土壤重金属污染的另一个重要原因。由于我国仍处于发展阶段，大部分地区境内的小流域长期受采矿、冶金、化工、电力等行业的工业污水的污染，水质恶劣，重金属含量较高，因此，这样的污水灌溉很容易导致重金属在农田土壤中长期富集，易造成土壤重金属污染。

4）工业“三废”排放及大气和酸雨沉降。工业“三废”及大气和酸雨沉降，既造成了土壤的严重酸化，又造成土壤重金属的污染。建筑、化工、制造等行业的生产环节会产生大量废气。这些废气之中含有大量 Zn、Cu、Pb、Cr 等重金属元素，通过气溶胶、蒸气等形态进入大气空间后经雨等沉降至土壤中，从而直接影响农田土壤环境，导致土壤重金属含量超标。

土壤重金属污染具有迁移转化、形态多变和消除困难的特点。若其浸入农田土壤中，会引发一系列物理和化学反应，并在多种反应中迁移转变，导致农田生态环境出现多种问题。不同生物种类对重金属的耐受程度存在差异，如重金属元素沉积、氧化会使土壤环境改变，不利于水稻、花生等作物生长。鉴于重金属元素难以降解，故其在土壤中会长期富集，有的可转化为有机金属化合物，进而产生较大的危害性和毒性。

多数重金属元素存在化学活性，化合价变化相对明显，极易与其他元素产生化学反应。在土壤 pH 明显变化的时候，重金属元素特性也会改变，以至于形态、毒性、稳定性等差异明显，增大了治理难度。重金属元素由自然状态逐步转变为离子态过程会使重金属元素毒性有所强化，特别是 Zn、Pb 等重金属元素离子态危害加重，毒性高于络合物。目前，农田土壤重金属污染监测与评估受到越来越多的关注，除了分析重金属元素类型外，还要明确其基本形态，这样才能准确判断污染程度。

土壤中的重金属难以通过分解方式降低其浓度并加以利用，当其进入土壤后，会逐步聚集，然后通过多重反应生成毒性较强的物质，进而威胁水稻、玉米等农作物的正常生长。土壤重金属的毒性很难消除，既不利于后续种植，也会埋下安全隐患。也就是说，农田土壤中，重金属元素会逐渐富集，伴随着长期积累，使得土壤生态系统受到严重影响，人体健康也会受到威胁，并且短期内难以恢复。

目前，土壤重金属污染问题备受关注，但现有的治理措施存在不足之处。不同地区的农田环境和农业用地机制存在差异，导致缺乏有针对性的治理方案和完善的预防措施。农业土壤重金属污染的防治政策不够完善，经费支持力度不足，导致污染问题依然存在。农业土壤重金属污染的整体预防措施有待完善，治理手段有待进一步增强；重金属对农田生态系统和农作物的危害程度还缺乏细致的研究和科学认知，污染防治核心技术有待进一步完善。因此，快速检测土壤重金属污染技术意义重大，需要掌握动态化检测方案，并通过整体评估模式来处理重金属污染问题。

此外，还需要加强农民的科学知识和技术培训，提高农民对土壤重金属污染防治的认识和应对能力。通过宣传教育和培训，增强农民的环境保护意识，引导其采取科学合理的农业生产方式，减少对土壤的污染。

治理土壤重金属污染是一项复杂而长期的任务，需要政府、科研机构、农民等多方共同努力。只有通过科学的管理和有效的措施，才能实现农田土壤健康和农产品安全的目标。

1.1.2 农田土壤重金属污染现状

(1) 国内研究现状

土壤作为农业发展和人类生存的基础,不仅与人类生活息息相关,更与社会发展紧密相连。但随着我国经济的快速发展,工农业生产所带来的土壤重金属污染问题引起了社会公众和政府的高度重视,已成为社会发展亟需解决的重大环境问题。

目前我国农田受重金属威胁的面积呈扩张趋势,农村耕地土壤点位超标率高达19.4%,As、Cr、Pb等重金属已经污染了近2000万hm^2的耕地,约占我国耕地总面积的20%,Cd和As超标点位分别为7.0%和2.7%。

从地理分布角度来看,中国西南部和南部沿海地区农田重金属含量普遍较高,西北地区相对较低。易文利等(2018)研究发现,西南地区土壤重金属含量调查点位超标比例位于全国之首,以Cd污染最为严重;从土地利用方式来看,菜地和稻田的重金属含量高于荒地和林地。此外,我国农田重金属污染已经对农田生态系统造成难以逆转的影响。李想和张勇(2008)对我国主要城市蔬菜中重金属含量进行了分析,表明城市蔬菜重金属污染主要为Cd、Pb和Hg污染。我国24个省份的蔬菜重金属含量中,南方蔬菜污染比北方严重,50%的省份蔬菜中Cd、Pb含量平均值超过了标准限值。重金属会损害植物生理结构,导致植物发育不良;重金属对土壤微生物群落的多样性指数和均匀度指数产生消极影响,间接降低土壤肥力。对于人体,重金属Cu和Zn是维持机体正常功能的必要元素;血液中高水平Cd和Pb可引发动脉疾病;Cr会引起不同程度的皮肤和呼吸道系统病变。

重金属主要以离子态的形式存在于农田土壤中,具有较大毒性,会通过迁移富集到农作物体内,直接或间接食用重金属含量超标的农产品会使人体内累积过量重金属,不仅会影响人体器官和组织的正常功能,还会引起神经发育迟缓和营养失调等问题,最终损害人类身体健康。例如,Cr在人体内累积会危害肾脏,同时还会通过影响铁离子代谢而使人体产生贫血等症状;Pb含量超标时会对人体的神经、骨骼、血液等系统产生永久损害;长期接触Ni、Cd、As等重金属可能会导致人体罹患各类癌症,而过量Hg会导致严重的大脑和肝脏损伤。

农田生态环境保护与社会高质量发展是相辅相成的,农田土壤环境质量改善是我国城镇化进程推进过程中的重要部分,建设好农田土壤生态环境,才能为美丽乡村建设创造良好环境。

(2) 国外研究现状

农田土壤重金属污染是一个严峻的全球性问题。根据美国官方公布的优先治理名单,在1200处需要优先处理的污染土壤中,占60%的场地是重金属污染,这说明不论国内还是国外都已经建立了统一的观点,那就是重金属污染对于土壤的影响之深、危害之大,必须得到高度重视、快速解决。尽管如此，全球范围内的土壤重金属污染仍在加剧，污染面积不断扩大，污染比例快速上升，为土壤重金属污染治理带来严峻考验。

国外学者已经对重金属污染地区及其周围的土壤进行了大量的研究。例如，对巴基斯坦主要煤矿周边土壤重金属的调查表明，土壤中 Cd、Cr 等元素对当地居住的儿童有致癌的危险，其海岸沉积物重金属中 As、Cd 等的含量也已严重超出本底值；通过对尼日利亚金矿、煤矿、锡矿开采等的重金属污染现象的初步调查，发现在矿区及周围农田的地下土壤孔隙中重金属 Pb、Cd、As 等污染较为严重。庞文品等（2016）对孟加拉国农田土壤的调查结果研究分析，发现其重金属含量已经超出土壤允许残留的最大指标，污染程度较高。

1.1.3　绿洲农田定义及分类

近年来，学者们除了对土壤重金属污染进行了广泛研究，还逐渐关注典型区域重金属污染，如长江流域和珠江流域等典型区域重金属污染问题。这些流域位于我国经济发展较为集中的地区，工业活动和农业生产密集，因此重金属污染问题较为突出。绿洲农田是农业生产的重要组成部分，在保障粮食安全和农业可持续发展方面起着关键作用。由于人类活动和工业化进程的加速，绿洲农田已受到重金属污染的威胁，不仅对农作物的生长和品质产生负面影响，还导致土壤质量的下降和生态平衡的破坏。重金属的积累还可能通过食物链传递到人类体内，对人体健康造成潜在风险。

（1）绿洲的定义

绿洲通常指干旱区与半干旱区内具有丰富的水资源、较大的耕地面积和生长良好的植被的地区，其英文名称"oasis"起源于希腊语，是指在干旱环境中可以供吃（oweh）和喝（saa）的地方，引申为荒漠中能够进行生产和居住的地方。绿洲的内涵涉及土壤、地貌、植被、气候、水资源及人类活动等诸多因素。不同的学者和研究机构对"绿洲"的定义不尽相同：《辞海》中定义为"荒漠中通过人工灌溉且农牧业发达的地方"或"荒漠中水草丰美、树木滋生，宜于人类居住的地方"。《简明不列颠百科全书》中定义，"绿洲是在荒漠中常年有水滋养的沃土，规模大小不一，水源大多来自河流、地下水等补给"。

绿洲的特点是在大尺度荒漠背景基质上，以具有相当规模的小尺寸范围生物群落为基础，构成能够相对稳定维持的、具有明显小气候效应的异质生态景观。相当规模的生物群落可以保证绿洲在空间和时间上的稳定性以及结构上的系统性，其小气候效应则保证了绿洲能够具有人类和其他生物种群活动的适宜气候环境，有利于形成景观生态健康成长的生物链结构。

我国的绿洲面积仅占干旱区面积的 3%～5%，却集中了该区域 90% 以上的人口与 95% 以上的社会财富，是干旱区的精华所在。绿洲是干旱区人民生产、生活的核心地，其稳定性对绿洲社会经济的可持续发展至关重要。绿洲发育的初期高度依赖于降水和温度等条件，而在后续的发展过程中人类的改造活动成为主要动力。随着人类生产活动的日益复杂化，绿洲的变化层次、变化方向、变化内容也不再单一，给人们的认知带来了新的挑战。

（2）绿洲的分类

绿洲的形成可从自然和人文两方面来分析。水是自然因素中的决定性因素，绿洲规模的大小与环境的好坏主要由水来决定，绿洲分布受地貌条件的制约，土壤条件影响绿洲环境和经济功能，植被则是绿洲景观的标志。人文因素包括人口规模、经济水平等。两方面综合作用形成现代绿洲。

绿洲的类型很多，从绿洲的功能、历史时间尺度、水文条件、形成方式、土地利用类型和效益及区域工农产值比例等不同方面各有其分类标准。就绿洲的功能而言，可大体划分为生态绿洲、牧业绿洲、农业绿洲、城市绿洲四类；按开发利用的历史时间尺度，可将绿洲划分为古绿洲、老绿洲、新绿洲等类型；按水文环境，可以将绿洲分为外流河绿洲、内陆河绿洲、地下水绿洲、引水绿洲等类型；按形成方式，可将绿洲分成天然绿洲、半人工绿洲、人工绿洲三类；根据土地利用类型和效益及区域工农产值比例，可将绿洲可分为非工矿型绿洲和工矿型绿洲。其中，非工矿型绿洲包括农田绿洲、牧业绿洲和综合绿洲，并且农牧绿洲主要指农牧业为区域传统主导经济，其产值在区域工农业总产值中占有较大比重的绿洲，如张掖市、武威市等。工矿型绿洲是指在干旱荒漠地区水源有保证，通过矿产资源的综合开发而兴起的，满足人类从事工矿业、农业等社会经济活动的特殊经济地域系统。工矿型绿洲的工业产值占区域工农业总产值比例较大，如白银市、金昌市和嘉峪关市都属于工矿型绿洲。

甘肃省白银市作为典型的工矿型绿洲，是一个以 Pb、Zn、Cu 矿开采、冶炼为主体支撑的老工业城市，城区工厂多且分布集中，废水废气排放量大。目前，白银市是全国最为典型的重金属污染区之一。白银市城区工厂多且分布集中，废水废气排放量大，导致白银市农田土壤重金污染严重。与此同时，白银市作为我国首批资源枯竭型城市之一，生态环境的治理和农业等替代产业的发展是其完成城市转型的必由之路。

（3）绿洲的意义

绿洲农田对于解决食品安全和粮食自给有着重要意义。由于沙漠地区的气候干旱、土壤贫瘠，种植农作物非常困难。然而，通过灌溉和有效的水资源管理，绿洲农田能够成功种植各种农作物，为当地居民提供丰富的食物来源。这对于那些依赖进口食品的地区来说尤为重要，可以减少对外部粮食供应的依赖，提高食品安全性。

绿洲农田还对环境保护和可持续发展有着积极的影响。沙漠地区的生态系统非常脆弱，而绿洲农田的建设和管理需要注重环境保护和可持续利用水资源。通过合理的灌溉系统和水资源管理，可以减少水资源的浪费和污染，保护当地生态环境的稳定性。同时，绿洲农田的发展也可以促进当地经济的增长和社会的稳定，为可持续发展做出贡献。

绿洲农田的研究可以为其他干旱地区的农业发展提供借鉴和启示。随着全球气候变化的影响日益加剧，干旱地区的农业面临着巨大的挑战。绿洲农田的成功经验和技术可以为其他干旱地区提供宝贵的经验和启发，帮助它们克服水资源短缺和干旱气候带来的困难，实现可持续的农业发展。

综上所述，绿洲农田是一个值得关注和研究的重要主题。它对于解决食品安全和粮食自给问题、保护环境和促进可持续发展具有重要意义。此外，绿洲农田的成功经验也可以为其他干旱地区的农业发展提供借鉴和启示。因此，我们应该加强对绿洲农田的关注和研究，以推动更多地区实现可持续的农业发展。

绿洲是沙漠中的宝贵资源，其独特的地理环境和水文条件使得农业在绿洲地区得以发展。由于绿洲农田的特殊性，其面临着许多独特的挑战和困难。目前对于绿洲的研究主要集中在探索其自然环境、生态系统和水资源管理，对绿洲农田的研究相对较少。本书旨在对工矿型绿洲——白银市农田进行深入广泛的研究分析，并深入了解工矿型绿洲农田的特点、问题和发展趋势，以提供有关绿洲农田管理和可持续发展的重要信息。

通过对白银市农田的深入研究，可以更好地理解绿洲农田的生态系统和农业生产过程。本书将对土壤质量、水资源利用、农作物种植和农田管理等方面进行广泛的调查和分析，通过收集大量的实地数据和研究资料，得出关于绿洲农田可持续发展的重要结论，并提出相应的建议和措施。

1.2 典型区域农田土壤重金属污染特征

1.2.1 白银市农田土壤重金属污染特征

（1）研究区概况

甘肃省白银市位于黄河上游西北黄土高原中部丘陵地带；地处 103°3′E ~ 105°34′E，35°33′N ~ 37°38′N；东西宽约 176.75km，南北长约 249.25km，总面积约为 2.12 万 km²，地势由西北向东南倾斜；海拔 1275 ~ 3321m，年均降水量为 180 ~ 450mm，年平均气温在 6 ~ 9℃，四季分明，属典型的干旱与半干旱型气候。白银区位于白银市西部，是白银市的政治、经济和文化中心，是以有色冶金工业为主体的工业城市。城区建于四面环山的郝家川盆地，辖区东西宽约 47 km，南北长约 60 km，总面积为 1372 km²，总人口 150.2 人万左右（2022 年）。

白银区耕地总面积已从 1996 年的 649.48km² 减少到 2008 年底的 540.26km²。东大沟和西大沟是来自白银市北部山地的两条季节性冲沟，起到泄洪的作用。截至 2020 年，西大沟全长约 50km，汇水面积 525km²；东大沟全长约 43km，汇水面积 350km²，起源于白银公司露天矿。随着白银市工矿业的不断发展，主要从事重工业的企业沿东大沟而建，使其逐渐发展成为一条以工业废水为主的排污沟，由北向南穿过白银市东市区，于四龙口汇入黄河。

白银市白银区是我国重要的有色金属冶炼加工与化工业基地之一。区内矿产资源具有矿种多、资源储量相对丰富的特点。辖区内大中型企业 20 多家，其中白银有色集团股份有限公司（以下简称白银公司）Cu、Al、Pb、Zn 等有色金属年产能 30 多万 t；银光化学工业集团有限公司是我国目前最大的甲苯二异氰酸酯（TDI）生产企业，年生产能力达 2 万 t、甘肃稀土集团有限责任公司年产氯化稀土近 3 万 t，居亚洲之首。作为资源型城市，矿山开采、金属冶炼、电镀、化工、电池等行业在推动社会经济发展的同时，也将大量的重金属带入环境，导致白银区土壤重金属污染问题较为突出。由于气候干旱，水资源短缺，当地农民从 20 世纪 60 年代以来习惯用污水灌溉，使得土壤内重金属日渐积累，目前部分地带土壤重金属污染产生的生态环境问题已十分严重。随着人民生活水平的提高和城市发展，城市垃圾和污泥数量剧增，虽然农田垃圾污泥的使用具有改良土壤物理状况、提高土壤肥力的作用，在某种程度上缓和了城市废弃物处理的压力，但生活垃圾和污泥施用管理不健全，废渣无害化处理技术不具备，农民不加选择地把大量生活垃圾和污泥施入农田的同时，也将污染物带入了土壤。此外，现代农业生产过程中有机肥、化肥和农药的大量使用也导致区内农田土壤重金属含量日渐增高。

（2）分灌区农田重金属污染状况

根据农田灌溉用水来源的不同，将白银市的绿洲农田分为东大沟灌区、西大沟灌区和黄河水灌区。

A. 东大沟灌区农田重金属污染状况

东大沟起源于白银市区西北的白银公司深部铜矿，自北向南穿过白银市市区东侧，经郝家川、梁家，于白银区四龙镇汇入黄河，沿途汇集了白银公司所属深部矿业公司、第三冶炼厂、西北铅锌冶炼厂、铜冶炼厂和银光化学工业公司等数家企业的工业废水，以及市区东部城市生活污水。

东大沟流域土壤主要类型为钙质土。钙质土是一种干旱和半干旱地区常见的土壤类型，广泛分布于我国北方地区。这种土壤的特点是碳酸钙含量高，有机质含量低，可供植物生长的营养物质的含量低。长期以来，未经处理的含有重金属的工业废水经过东大沟和西大沟排入黄河。而东西大沟附近的农田由于使用这些废水进行灌溉，污灌面积最大曾达到 72.84km²，这些污灌农田的土壤以及其产出的农作物中的重金属含量均远远超过国家的相关标准，严重危害周边居民健康。陈伟和王婷（2020）研究发现，东大沟附近的污灌农田土壤中 Cd 和 Pb 的含量远高于黄灌区的农田以及其他自然土壤；白银污灌区生长的小麦对于人体的风险指数为 1.2 ~ 5.6，存在较大的健康风险。

东大沟流域内受重金属污染的农田土壤面积近 31.85km²。根据 20 世纪末白银区农田土壤重金属污染的调查报告东大沟污水灌溉区 Cd、Cu、Pb、和 Zn 的含量范围分别为 2.76 ～ 19.32mg/kg、110.51 ～ 368.15mg/kg、145.11 ～ 413.36mg/kg 和 122.24 ～ 352.51 mg/kg。2000 年以来,该地区的环境污染问题逐渐受到相关领域研究人员的关注。一方面,该地区干旱少雨,耕地资源有限。因而将受重金属污染严重的农田弃耕待到治理达标后再重新耕种的做法并不现实。另一方面,将粮食作物换种其他经济作物来规避因粮食污染而造成的潜在健康风险并保障农民权益的做法,因粮食短缺、土地适用性不兼容、耕作模式冲突等多方面因素而难以实现。陈韬等 (2020) 众多研究人员开始在东大沟流域开展了相应的防治重金属污染的研究与实践,如构建人工湿地、试点土壤化学淋洗、混播模式下的植物修复、大棚栽培降低人体的健康风险等,并因此取得了一系列的成果。然而现行的各种方法都有明显的缺陷,如人工湿地对灌溉水中重金属污染物的移除有良好效果,但对已经受污的农田土壤治理效果有限;化学淋洗方法效果显著,但所需的资金和人力投入过高,且其环境风险尚不可知;混播模式下的植物修复在极低污染程度的土壤上容易获得成功,而在污染较重的土壤中并不能达到预期的效果;大棚栽培的方式通常能降低风险,却不能完全将风险控制到安全范围以内。白银市工业区、交通区、公园绿地、生活区、山区五个功能区表层土壤 Cu、Cd、Hg、Pb 和 Zn 含量均显著高于甘肃省土壤背景值,各功能区污染程度表现为工业区>交通区>公园绿地和生活区>山区。东大沟蔬菜农田土壤中 Ni、Cr 无污染,但 Cd、As、Hg、Zn 污染较严重,达到了中度污染到重度污染范围,特别是东大沟部分地区 Cd 污染甚至达到极强污染。部分地区存在重金属污染农作物的情况,且当地居民已经出现慢性重金属中毒症状,如睡眠障碍、记忆力减退、头疼、头昏等症状表现明显。

B. 西大沟灌区农田重金属污染状况

西大沟是白银市西区的一条排洪沟,其污水主要来源于上游的西北铜加工厂,排洪沟两侧的长通电缆厂、白银针布厂、棉纺厂等小型加工企业,以及市区西部城市生活污水。自 20 世纪以来,受当地干旱气候条件的制约,西大沟沿线的农田使用排洪沟中的污水进行灌溉,其污灌历史长达 50 多年,21 世纪初该地区才停止污灌。根据 20 世纪末白银区农田土壤重金属污染的调查报告,西大沟清污混合灌区中的 Cd、Cu、Pb、和 Zn 的含量范围分别为 0.18 ～ 1.18mg/kg、38.70 ～ 230.11mg/kg、17.21 ～ 38.30mg/kg 和 69.87 ～ 565.00 mg/kg。

C. 黄河水灌区农田重金属污染状况

根据 20 世纪末白银区农田土壤重金属污染的调查报告,黄灌区 Cd、Cu、Pb、和 Zn 的含量范围分别为 0.14 ～ 0.33mg/kg、21.00 ～ 74.10mg/kg、14.96 ～ 30.83mg/kg 和 43.50 ～ 76.37 mg/kg。

总体来看,白银区农田土壤重金属污染程度表现为东大沟>西大沟>黄灌区。

(3) 农作物重金属污染状况

受土壤污染的影响,尤其是东大沟灌区的农作物受重金属污染更为严重。刘白林等

（2014）研究发现，白银东大沟流域不同土地利用类型下，表层土壤中重金属浓度的大小排列顺序大致为：果园>稻田/玉米田>村庄>荒山。其中，Cd 元素浓度均值范围为 1.27~2.51mg/kg，是甘肃省土壤环境背景值（0.116mg/kg）的 10.95~21.64 倍，亦是《土壤环境质量标准》（GB 15618—1995）二级标准中所规定最大允许浓度（0.6mg/kg）的 2.12~4.18 倍。除重金属 Cd 污染外，重金属 Zn、Pb、Cu 等的浓度水平也表现出一定程度的上升趋势，而 Cr、Ni、Mn 似乎未受到相关人为活动的明显干扰。不同土地利用类型下，果园土壤污染程度最重，高于稻田土壤和玉米田土壤。

1.2.2　研究区表层土壤重金属污染特征

为了解 Cd、Pb、Cu、Zn 等 7 种重金属在研究区表层土壤中的污染特征，分别取东大沟、西大沟多年种植蔬菜的农田土壤样品以做分析研究。调查中分别在东大沟、西大沟流域各选取 4 个采样区（大棚蔬菜地和无设施蔬菜地各 2 个），其中每个采样区选取 16 个采样点，共采样 128 个。具体按照《土壤环境监测技术规范》要求，随机选择有代表性的一定面积地块作为采样区，在每个采样区中，按棋盘式布点法布设 16 个采样点，用取土器对蔬菜地表层土（0~20cm）进行取样，然后均匀混合装入样品袋里，送至实验室。

研究区土壤样品的 pH 在 7.15~8.97，酸碱度在中性略偏碱性，属于正常范围。由表 1-3 可见，土壤样品中 Cd、Pb、Cu、Zn 的重金属平均浓度都不同程度地超过了甘肃省土壤背景值，且东大沟 Cd、Zn、As 和西大沟 Cd 平均含量超过国家土壤质量二级标准，表明该研究区 Cd、Pb、Cu、Zn 受到不同程度的污染，尤其 Cd、Zn 的污染状况较为严重。

变异系数可以反映总体样品中各采样点的平均变异程度。如表 1-3 数据所示，东大沟平均变异程度为 Cd>Pb>Cu>As>Zn>Ni>Cr；西大沟平均变异程度为 As>Zn>Cd>Pb>Cu>Ni>Cr。总体而言，东大沟和西大沟样品含量差异最大的分别为 Cd 和 As，变异系数分别达到了 68.0%、69.7%。

表 1-3　重金属基本参数描述性分析

样地	项目	Cd	Pb	Cu	Zn	Ni	Cr	As
东大沟 （n=64）	极小值/（mg/kg）	1.11	30.57	27.01	213.38	23.83	42.58	25.86
	极大值/（mg/kg）	8.51	157.66	181.10	721.98	46.59	56.07	181.12
	均值/（mg/kg）	2.15	61.13	73.90	330.71	31.95	49.47	95.79
	标准差	1.46	34.70	38.38	134.82	4.84	3.35	46.07
	变异系数/%	68.0	56.8	51.9	40.8	15.2	6.8	48.1
	人为影响倍数	8.60~72.38	0.63~7.39	0.12~6.51	2.12~9.54	0.06~0.32	—	1.05~13.37

样地	项目	Cd	Pb	Cu	Zn	Ni	Cr	As
西大沟 （n=64）	极小值/（mg/kg）	0.31	13.44	29.87	86.49	18.42	26.51	6.91
	极大值/（mg/kg）	1.99	39.08	82.89	749.72	45.86	63.52	272.06
	均值/（mg/kg）	0.82	19.96	47.17	238.71	34.50	49.31	103.06
	标准差	0.48	7.31	14.39	152.96	7.87	10.84	71.83
	变异系数/%	58.5	36.6	30.5	64.1	22.8	22.0	69.7
	人为影响倍数	1.63~16.14	0~1.08	0.24~2.44	0.26~9.94	0~0.30	—	0.26~20.59
甘肃省土壤元素背景值/ （mg/kg）		0.116	18.8	24.1	68.5	35.2	70.2	12.6
国家土壤环境质量二级 标准/（mg/kg）		0.6	350	100	300	60	250	25

　　人为影响倍数可以表征人为因素的影响程度，以甘肃土壤环境质量背景值作为评价标准，东大沟蔬菜地人为影响倍数范围从大到小依次为 Cd（8.60~72.38）＞Zn（2.12~9.54）＞As（1.05~13.37）＞Pb（0.63~7.39）＞Cu（0.12~6.51）＞Ni（0.06~0.32）；西大沟人为影响倍数范围从大到小依次为 Cd（1.63~16.14）＞As（0.26~20.59）＞Zn（0.26~9.94）＞Cu（0.24~2.44）＞Pb（0~1.08）＞Ni（0~0.30）。

　　就不同区域而言，东大沟蔬菜地的 Cd、Pb、Cu、Zn 和 Cr 的平均浓度高于西大沟；东大沟蔬菜地 Cu、Pb、Cd 的平均变异程度高于西大沟，Zn、Ni、Cr、As 的平均变异程度低于西大沟；东大沟蔬菜地重金属含量受人为影响程度普遍高于西大沟。

1.3　典型区域农田土壤重金属污染源解析

1.3.1　土壤重金属污染源识别方法

　　能够定性判断出主要的污染物来源类型的方法，称之为定性源识别。借助定性源识别方法可知，土壤重金属污染的来源识别方法主要包括对元素进行化学形态研究、剖面分布、同位素示踪研究，以及进行空间分析和多元统计等。

　　1）化学形态研究法。该方法通过元素的形态分布研究来判别土壤中污染物来源是基于自然还是人为来源。周以富和董亚英（2003）研究发现，土壤中本底重金属以不同的形态分布，其中绝大部分以残渣态存在于土壤中，而外源重金属进入土壤后会不断地发生形态转化，最后主要是以铁锰氧化态、有机态和残渣态积累。

　　2）土壤剖面分布法。在土壤剖面中，外源重金属大都富集在土壤表层，比较难向下迁移，因此可以借此判断是否有外源污染。程铖等（2021）对意大利那不勒斯市 0~

10cm、10～20cm、20～30cm 剖面深度的土壤重金属进行分析，在假定土壤未被扰动的情况下，通过土壤重金属含量 0～10cm>10～20cm>20～30cm 说明当地的土壤受到外源的污染。在此基础上，对土壤 Cu、Cr、Pb 和 Zn 的空间分布进行研究，表明这些元素高含量点主要分布于该市东部，与重工业和石油精炼厂分布位置一致。

3) 同位素示踪研究法。同位素示踪研究是地球化学领域经典的研究方法，地球化学领域根据稳定同位素的分馏原理，常用各种元素的同位素成分来区分各地质体的物质来源。同位素示踪方法在进行污染源识别中运用广泛。路远发等（2005）对杭州市土壤 Pb 污染进行了 Pb 同位素示踪研究，将土壤与杭州市的汽车尾气、大气等环境样品进行对比发现，随着土壤受污染程度的增加，Pb 同位素组成逐渐向汽车尾气 Pb 漂移，表明汽车尾气排放的 Pb 为其主要污染源。

4) 空间分析法。应用 GIS 技术分析重金属的空间分布与污染源的关系可直观地判断出异常的成因，如张长波等（2017）采用地统计学软件 GS+和 GIS 相结合的方法，研究了面积约 $10.9km^2$ 的重金属污染场地 7 种重金属含量的空间变异性，通过克里金插值法对未测点重金属含量进行最优估计，并对这些重金属的来源进行了初步识别。在研究区内 7 种重金属具有相似的空间分布特征，污染场地特殊的污染源分布状况、污染程度和地理条件导致点状污染源增大了重金属的空间结构性，呈现出与非典型污染区不同的特征。冶炼厂高炉粉尘排放对重金属的贡献明显高于母质等内在因素，是研究区重金属的主要来源。

5) 多元统计法。由于目前重金属来源定量解析多采用多元统计方法，为了得到准确的结果，需要采集足够多的样品并测定较多的项目，而只针对少数几种土壤重金属的研究不能实现地统计学定性分析结果和多元统计方法定量结果的相互校验。结合多元分析和地统计技术解析环境污染物的污染源研究也已有报道，如 Abollino 等（2002）用主成分分析（Principal Component Analysis，PCA）对意大利皮埃蒙特（Piemonte）地区重金属来源进行了定性分析，通过地统计学克里金插值和地理信息系统软件，分别对原始数据和主成分得分进行空间变异分析，从而对多元统计分析结果进行了验证与解释。

1.3.2 土壤重金属污染源解析方法

污染源解析方法主要分为两类：一种定性判断出主要的污染物来源类型，称之为源识别；另一种不仅判断出主要的污染源类型，还要定量计算各类排放源的贡献大小，称之为源解析。一般把二者统称为源解析。源解析研究最初起源于 20 世纪 60 年代的美国，早前主要应用于大气模型，后来广泛应用于土壤研究。虽然国内外诸多学者将大气源解析模型应用到土壤重金属污染源解析，但目前没有一个较为完善、系统的土壤重金属污染源解析方法体系。土壤介质的复杂性、土壤中重金属分布的高度空间异质性及重金属来源的多样性，为土壤重金属污染源解析的研究带来了很大的挑战。

定性源识别方法主要包括地统计分析、多元统计分析、土壤形态分级和土壤剖面分析法。定量源解析方法最初是从大气污染物研究中发展而来，主要包括以污染研究区域为研究对象的受体模型，还有一种是以污染源为研究对象的扩散模型。扩散模型是利用已知影响采样点处的污染源个数和方位，选取主要污染因子，估算这些污染源对采样点各个污染因子的贡献。由于扩散模型中的气象资料、流速、输送等条件难以获取，导致排放量计算不精确，使得扩散模型可信度较低。而受体模型是通过测量样品的化学和物理性质，分析受体的污染物含量，从而定性判断污染来源以及定量地计算出污染源的贡献率的一种方法。由于受体模型不依赖于污染源的环境因素，如地形、气象资料等，也不需要考虑污染物的迁移转化情况，因此目前应用较为广泛。常用的土壤重金属污染源解析方法有以下几种：多元统计分析与地统计分析法、土壤剖面分析及土壤形态分级方法、绝对主成分得分–多元线性回归分析法、正定矩阵因子分析法、源清单法等。其中，源清单法是近几年较常用的方法，它通过收集和计算不同源类的排放因子和活动水平，估算各类污染源的排放量，从而计算其贡献率。我国学者已经开展了大量农业土壤重金属污染源解析研究，然而目前只是使用较为单一的方法或是单独从某一个类型的源解析方法计算，所以尽管源解析方法复杂多样，但尚未成体系。

（1）多元统计分析与地统计分析原理及其应用

多元统计分析主要是通过分析重金属数据之间的内在联系找到其组合特征、分布规律等。多元统计分析有助于分析、推断和解释重金属元素含量异常的成因，区分人为污染源和自然来源，使用较多的包括相关性分析、主成分分析、聚类分析等方法，根本原理在于寻找变量之间的相互关系。地统计分析方法对研究区域的土壤重金属浓度进行空间插值，获取土壤重金属空间分布图。由于土壤介质并非一个均质体，而且重金属在土壤中难以迁移，因此它的分布具有高度的空间异质性。通过污染情况分布的规律及空间位置关系，可以找到土壤重金属的污染来源，判断其污染情况为点源污染还是面源污染，能有效进行定性的污染来源识别，可以初步地判断污染成因。诸多学者对 Pb、Zn、Cd 等元素进行相关性分析和空间分析，得出 Cd 在农田区域富集可能是因农业施肥污染引起，依据克里金插值，得出随着离运输公路距离的增加，重金属浓度 Pb、Zn 逐渐减小的研究结论；同时对重金属进行相关性分析，得出 Cu、Zn、Cd、Pb 显示正相关，表明可能存在共同的影响因素（张小敏等，2014）。

（2）土壤剖面分析及土壤形态分级方法

测定土壤剖面重金属的分布与迁移特征，可以初步判定土壤是否受到外源污染。若随着土壤深度的增加，土壤重金属浓度也随之增加，往往是其土壤母质本身的原因；若重金属在表层产生富集，往往是人为因素引起，如人类的采矿活动，使重金属物质通过大气降尘的作用进入到土壤中，在土壤表层出现富集，即便是在长期的淋溶作用之下，也能够影响到土壤剖面较上层的区域。但在土壤表层出现富集现象不排除存在植物腐烂后变成腐殖质回到土壤表层的情况。因此，可利用土壤形态分级进行污染类型的判断，通过不同深度土层的重金属不同形态占比可以了解土壤污染是否来源于成土母质。目前常用的形态分级有 1993 年欧洲共同体标准物质局提出的 BCR 提取法和由 Tessier 于 1979 年提出的 Tessier 连续提取法。例如，余世清和杨强（2011）在对杭州市进行土壤形态分级时，得出新桥矿区不同采样点表层土壤中 Zn 均以残渣态为主，主要表现为地质风化过程的结果；铁锰氧化物态是空气降尘和灰尘中 Pb 的主要形态。

（3）绝对主成分得分–多元线性回归分析法

绝对主成分得分–多元线性回归分析法（APCS-MLR）于 1985 年由 Thurston 和 Spengler 提出，其原理是在主成分分析得出主要污染因子的基础上，对各示踪元素的浓度进行线性回归，回归系数可用于计算对应污染因子对该元素的贡献率。该方法首先被应用在大气可吸入颗粒物的源解析研究，目前在水环境也广泛应用。由于重金属在土壤中的迁移有随着污染源距离的增加而逐渐减弱的规律，所以可以建立一个改进的受体模型——绝对主成分分析–距离线性拟合（PCA-MLRD）模型。PCA-MLRD 模型优点是适用于污染源多样的地区，尤其是在城乡接合部，不仅可以计算贡献率，还可以进一步计算污染源的污染范围、距离；但缺陷是它无法量化面源污染的贡献。

（4）正定矩阵因子分析法

正定矩阵因子法（Positive Matrix Factorization，PMF）是美国国家环境保护署（US EPA）推荐的源解析方法。其原理是先利用权重确定出化学组分中的误差，然后通过最小二乘法进行迭代运算来确定主要污染源及其贡献比率。李娇等（2019）利用 PMF 软件在对陕西省安乐河附近土壤进行研究时得出，主要的污染来源铅锌矿冶炼源（Pb、Cd）的贡献率分别为 51.82% 和 74.54%、金矿选冶污染源（As）的贡献率 82.34%、铜矿采选源（Cu、Mo）的贡献率 62.37% 和 78.22%、混合源（Mn）的贡献率为 89.49%；利用 PMF 对常熟市某地区土壤进行源解析，得出的主要污染来源中，垃圾焚烧和纺织/染色业、自然源、交通排放源、电镀行业和畜禽养殖贡献率分别为 28.3%、45.4%、5.3%、21.0%。

对以上源解析分析方法进行总体梳理，得出不同源解析方法特点和使用条件详见表 1-4。一般受体模型需要的数据量较多，例如 PMF 软件，所需的数据需要 100 个以上才可以使用该方法分析。并且，受体模型主要依靠多元统计方法，从土壤自身重金属浓度出发。源清单法中的投入品排放核算方法其优点是可以从污染源角度出发，但无法精准地计算其排放量。因此，表 1-4 中前两种方法只能定性识别污染来源，没有办法定量计算其贡献率，一般用作判断污染来源的辅助手段。

表 1-4　土壤重金属不同源解析分析方法比较

方法	方法类型	所需数据量	定性/定量	精度	来源	注意事项	优点
多元统计分析和地统计学	克里金插值、反距离插值/主成分分析、聚类分析	多	定性	一般	未知	无法得出贡献率，只能进行源识别	具有直观性
剖面及形态分级	化学法	少	定性	一般	未知	易受到土壤翻耕、挖掘等人为活动干扰	操作简单
APCS-MLR	多元统计	多	定量	中等	未知	解析结果为负值，无法辨别相似污染源	无需事先了解或获取污染源结构和数目
PMF	多元统计	多	定量	中等	未知	需剔除异常值，成分谱的元素和数量受限	分矩阵中元素为非负
投入品输入通量分析	化学法	少	定量	中等	已知	污染源排放难以准确统计	数据量少

1.3.3　农田土壤重金属污染源识别与解析

（1）多元统计分析

多元统计分析（包括主成分分析和聚类分析）常被用来鉴别土壤重金属元素的来源。外源因素（如人为活动）和内源因素（如土壤理化性质）均会对土壤重金属水平产生明显影响。一方面，矿石开采、金属冶炼、作物耕种及交通运输等活动均可显著提升土壤重金属含量。另一方面，土壤理化性质可通过吸附解析、溶解沉降、氧化还原和配位络合等方式影响重金属元素的迁移转化能力。本研究利用多元统计分析中的主成分分析对东大沟流域农田区表层土壤中重金属数据进行解析，采用 PCA 分析土壤重金属的来源。PCA 统计结果显示（表1-5），PC1 与 Cu（0.999）、Cd（0.969）、Pb（0.874）、Zn（0.864）、Ni（0.773）、Cr（0.767）等元素显著正相关。

表 1-5　白银东大沟流域农田区表层土壤中重金属元素成分矩阵

重金属	成分矩阵		重金属	旋转后成分矩阵	
	PC1	PC2		PC1	PC2
Cu	0.974	0.225	Cu	0.999	0.046
Cd	0.968	−0.252	Pb	0.969	−0.028
Pb	0.926	0.287	Cr	0.874	−0.306
Zn	0.877	−0.288	Cd	0.864	0.503
Ni	0.862	−0.214	Ni	0.773	0.439
Cr	0.759	0.530	Zn	0.767	0.514
As	−0.212	0.970	As	0.057	−0.992

白银东大沟流域农田区表层土壤中 Cd 和 Zn 含量，以及部分 Pb 和 Cu 含量均显著高于甘肃省土壤环境背景值，而 Ni 和 Cr 含量并未超标（参考 1.2.2 部分）。由此认为 PC1 为人为污染成分，PC2 为自然成分，表明该研究区表层土壤中 Cd、Pb、Cu、Zn 的主要来源为人为源，Ni 和 Cr 的主要来源为成土母质。

PCA 统计结果还发现：除 PC1 外，相当程度的 Cd（0.503）、Ni（0.439）、Zn（0.514）分布于 PC2 中（表 1-5）。这一现象表明部分 Zn、Ni、Cd 元素也源于成土母质。该研究地区表层土壤中 As 浓度低于其在甘肃省土壤环境中的背景值并未出现明显的污染迹象。

（2）重金属源解析

PCA 统计结果表明白银区东大沟流域农田表层土壤中 Cd、Pb、Cu、Zn 的主要来源为人为源，Ni 和 Cr 的主要来源为成土母质。长期以来，引黄灌溉被认为是该地区农田土壤重金属污染的主要污染源。冯旭等（2019）研究发现，一方面，人工湿地对该地区受污土壤具有良好的修复作用，利用人工湿地处理过的黄河水进行灌溉可显著降低农田土壤中 Cd、Pb、Cu、Zn 的含量，进而减少受污粮食作物对人体健康的潜在风险；另一方面，农化产品（杀虫剂和化肥）施用通常也是农田土壤重金属的重要来源。与此同时，与农业活动无关的其他污染源可能对当地表层土壤重金属含量也有贡献，如大气沉降。

白银区东大沟流域早期引黄灌溉措施并不完善，为了应对因地处干旱地区而长期缺乏农业用水的困境，当地农户相当长的时间内都在抽取东大沟的污水用来浇灌农田。由于缺乏环保意识，在部分靠近东大沟河道取水便利的地区，这种污灌模式一度持续到 2007 年前后。长期使用富含重金属污染物的东大沟污水灌溉农田，不可避免地造成当地农田土壤中重金属含量严重超标，危害农田生态系统安全，威胁当地居民身体健康。由此进一步证实白银东区大沟流域农田土壤中的重金属污染，主要是早期采用东大沟污水灌溉而造成的历史遗留问题。

当地政府近年来不断加大治污工作的监管力度，以及治污投资力度，相关工矿企业完成了一系列重金属污染治理项目，如 2005～2012 年，白银公司减排重金属废水约 290 万 t，减排二氧化硫 6.4 万 t。与此同时，随着民众环保意识逐步提升，以及当地引黄灌溉基础设施日益完善，东大沟流域重污染地区的农业用水已基本上使用相对无污染的黄河水替代污染严重的东大沟污水。这些积极有效的举措初步改善了白银地区的环境质量。然而，从减轻农田土壤重金属污染、确保粮食生产安全和维护当地居民机体健康的角度来看，这些措施是远远不够的。鉴于此，在东大沟流域采取更多强有力的重金属污染防治措施势在必行。

第 2 章

绿洲农田土壤–作物重金属迁移富集特征

土壤–蔬菜系统中重金属的富集特征受到多种因素的共同作用。土壤中的重金属元素含量、土壤质地、土壤理化性质等因素都会直接或者间接影响蔬菜中重金属的富集。蔬菜自身也会因遗传特性、生长需要、被动吸收等方式富集重金属，其重金属元素含量会随着种类、种植方式等条件的不同产生较大的差异。随着膳食方式的改变，人们对蔬菜的数量和种类需求越来越大。为了满足人们多样化的需求，反季节、高频次的大棚种植方式应运而生，使得蔬菜中富集了大量重金属元素，而较高的重金属元素含量意味着较高的健康风险。本章节通过对土壤–蔬菜系统中的重金属富集迁移特征的研究，分析土壤–蔬菜系统中的重金属富集迁移规律，揭示出不同浇灌方式和不同种植方式下土壤重金属对蔬菜安全性的影响，为评估土壤生态风险与不同重金属含量的蔬菜的摄入对人体的健康风险和当地土壤重金属修复及蔬菜的安全种植提供数据支持。

2.1 不同浇灌方式下绿洲农田土壤–作物重金属迁移富集特征

2.1.1 不同浇灌方式下土壤中的重金属含量和土壤基本理化性质分析

（1）不同浇灌方式下土壤理化性质分析

本研究采用现场控制实验，根据实验要求，纯净水选用诚德来纯净水进行浇灌，再生水（指污水经适当处理后，达到一定的水质指标，满足某种使用要求，可以进行有益使用的水）来自大田附近的河沟。表 2-1 为不同浇灌方式下不同蔬菜种植地土壤中 C、H、N 元素含量和 pH，可知蔬菜种植地土壤中重金属含量与浇灌水质（再生水、纯净水）和浇灌方式（叶部浇灌、根部浇灌）没有明显的关系。不同浇灌方式下，蔬菜种植地土壤中的 C 元素含量维持在 1.12~1.31mg/kg，其中再生水根部浇灌后白菜和油菜种植地土壤中的 C 元素含量达到极值，而土豆种植地土壤中 C 元素含量基本稳定在 1.26±0.1mg/kg，这说明再生水并不能有效提供土豆种植地土壤所需要的 C 元素含量。再生水根部浇灌后胡萝卜种植地土壤中的 H 元素含量最高为 0.31mg/kg，而白菜种植地土壤中的 H 元素含量为

0.19mg/kg，可见胡萝卜种植地土壤更容易吸收 H 元素。不同浇灌方式下四种蔬菜种植地土壤 N 元素含量没有明显的变化，基本维持在 0.09~0.10mg/kg，这可能是因为再生水并不能提供蔬菜种植地土壤能吸收的 N 元素。

总体而言，不同浇灌方式对土壤 C、H、N 元素含量的影响并不显著，对 pH 的影响较为显著。再生水浇灌后（包括根部浇灌和叶部浇灌）蔬菜种植地土壤 pH 有了明显的增加，再生水根部浇灌后白菜种植地土壤 pH 达到最大（7.94±0.11），而土壤 pH 最低值出现在纯净水叶部浇灌后白菜种植地土壤中（7.35±0.05），这说明再生水浇灌对白菜种植地土壤 pH 的影响大于其他三种蔬菜。崔玉静等（2003）的研究表明，重金属在植物体内的积累受土壤-植物体系中离子平衡的控制，pH 是影响离子平衡的主要因素之一，pH 的降低可以破坏重金属离子的溶解-沉淀平衡，促进重金属离子的释放。对 Cd 来说，土壤 pH 越低，被解析的量越多，土壤向植物体内的迁移量越大。可见，不同浇灌方式对土壤 pH 影响很大，在一定范围内再生水浇灌能改变土壤 pH。

表2-1 不同浇灌方式下不同蔬菜种植地土壤理化性质

项目	蔬菜种类	叶部浇灌		根部浇灌	
		纯净水	再生水	纯净水	再生水
C / (mg/kg)	白菜	1.22±0.03	1.23±0.03	1.23±0.01	1.12±0.03
	油菜	1.27±0.05	1.28±0.03	1.25±0.05	1.31±0.07
	胡萝卜	1.28±0.05	1.24±0.06	1.25±0.02	1.29±0.05
	土豆	1.26±0.10	1.25±0.05	1.27±0.09	1.27±0.05
H / (mg/kg)	白菜	0.25±0.01	0.29±0.01	0.25±0.01	0.19±0.00
	油菜	0.26±0.01	0.27±0.01	0.26±0.01	0.26±0.01
	胡萝卜	0.26±0.01	0.26±0.01	0.26±0.01	0.31±0.05
	土豆	0.25±0.02	0.25±0.01	0.26±0.03	0.24±0.03
N / (mg/kg)	白菜	0.09±0.01	0.09±0.01	0.09±0.00	0.09±0.00
	油菜	0.10±0.01	0.10±0.00	0.10±0.01	0.10±0.01
	胡萝卜	0.10±0.01	0.09±0.01	0.09±0.01	0.09±0.01
	土豆	0.09±0.01	0.09±0.01	0.09±0.01	0.09±0.01
pH	白菜	7.35±0.05	7.89±0.05	7.42±0.04	7.94±0.11
	油菜	7.41±0.06	7.61±0.12	7.44±0.02	7.61±0.17
	胡萝卜	7.43±0.06	7.60±0.05	7.47±0.04	7.59±0.14
	土豆	7.58±0.09	7.85±0.03	7.52±0.08	7.73±0.18

（2）不同浇灌方式下土壤中的重金属含量分析

表2-2 为不同浇灌方式下四种蔬菜种植地土壤中的重金属浓度，可看出 As、Cd、Pb、Zn 等重金属的元素含量远超正常水平。总体浓度值方面，As 元素为 14.77~45.57mg/kg，Cr 元素为 45.65~78.85mg/kg，Cu 元素为 52.40~93.02mg/kg，Pb 元素为 81.41~

144.34mg/kg，Cd 元素浓度最低，为 5.17 ~ 8.37mg/kg；Zn 元素浓度最高，为 254.85 ~ 429.18mg/kg。而测定的六种重金属元素中，As、Cd、Cr 和 Pb 为有毒元素，一旦进入食物链，就会对人体健康造成威胁。研究发现，蔬菜种植地土壤中重金属的平均浓度（Cr 元素和 Cu 元素除外）均超过《食用农产品产地环境质量评价标准》（HJ 332—2006）。虽然锌是植物必需的元素，但其浓度远远高于土壤中 70 ~ 400mg/kg 的临界值。有研究表明，高于这个临界值会对土壤肥力和作物产量产生负面影响。

表 2-2　不同浇灌方式下四种蔬菜种植地土壤中的重金属浓度 （单位：mg/kg）

重金属	蔬菜种类	叶部浇灌		根部浇灌	
		纯净水	再生水	纯净水	再生水
As*	白菜	24.62±7.05	29.96±5.39	30.06±8.44	30.86±5.18
	油菜	45.57±7.62	14.77±10.22	37.89±7.15	26.97±12.84
	胡萝卜	24.06±9.77	32.47±5.98	22.88±12.16	33.06±5.54
	土豆	31.93±5.19	44.06±6.42	36.48±9.90	33.64±14.09
Cd*	白菜	5.75±1.10	5.40±0.94	6.92±1.67	5.33±1.25
	油菜	8.37±0.36	5.17±1.74	7.24±1.38	5.69±2.06
	胡萝卜	5.55±1.66	5.93±0.80	4.93±1.90	6.25±0.54
	土豆	5.62±0.75	8.27±0.89	6.44±0.97	6.72±1.18
Cr*	白菜	52.30±11.17	52.21±9.66	59.95±16.34	51.63±9.03
	油菜	78.85±2.13	50.65±15.78	68.49±10.85	56.05±22.57
	胡萝卜	50.45±15.66	56.03±4.37	45.65±18.41	56.78±4.61
	土豆	50.98±6.00	69.67±6.52	61.48±8.91	60.99±12.25
Cu	白菜	64.04±12.99	70.95±25.44	76.33±19.49	58.85±12.76
	油菜	93.02±4.53	58.89±19.76	80.35±15.43	66.42±26.32
	胡萝卜	57.66±18.39	67.92±8.62	52.40±20.50	70.05±5.37
	土豆	59.97±5.82	80.27±12.51	67.53±10.20	68.84±11.43
Pb*	白菜	89.45±17.42	86.62±17.06	111.96±28.18	88.23±22.14
	油菜	140.44±5.78	81.41±22.74	120.78±21.26	90.75±35.82
	胡萝卜	97.20±30.43	92.10±13.63	84.50±38.27	101.02±12.92
	土豆	96.41±12.64	144.34±18.28	110.91±19.78	109.15±21.62
Zn	白菜	280.86±56.98	349.86±79.94	341.49±88.47	263.45±61.20
	油菜	429.18±8.10	271.03±85.19	380.94±63.83	296.65±102.09
	胡萝卜	272.69±86.63	326.27±21.30	254.85±90.61	343.33±53.60
	土豆	309.65±21.75	412.15±53.33	335.07±45.11	358.03±51.67

* 表示该元素为有毒元素

2.1.2　不同浇灌方式下土壤中的重金属分布特征

本研究对不同浇灌方式下不同蔬菜种植地土壤中重金属浓度分布特征进行了分析（图 2-1）。可以看出，不同蔬菜种植地土壤中重金属的具体分布情况存在显著差异，用纯净水在叶部和根部浇灌后，油菜种植地土壤中的六种重金属元素浓度均最高；而用再生水叶部和根部浇灌后土豆种植地土壤中的六种重金属元素的浓度最高（再生水根部浇灌方式下 Cu 除外）。这说明短期的再生水浇灌对叶菜种植地土壤中的重金属元素含量没有明显的影响。胡萝卜和土豆的情况与白菜和油菜的情况刚好相反，短期的再生水浇灌会改变胡萝卜与土豆种植地土壤中重金属的元素含量。这是因为叶菜通过再生水浇灌之后，受叶面积等蔬菜形态学特征的影响，致使再生水中的重金属元素不会迁移到土壤中，会残留在蔬菜表面或者进入蔬菜体内。但是胡萝卜和土豆经过短期再生水的浇灌重金属元素会迁移到土壤中，致使胡萝卜和土豆种植地土壤中的重金属元素含量增加。在再生水浇灌的处理方式下，胡萝卜种植地土壤中的重金属除 Pb 元素以外，其他元素均高于纯净水浇灌后胡萝卜种植地土壤中的重金属浓度，这说明再生水浇灌对胡萝卜种植地土壤中重金属元素含量有

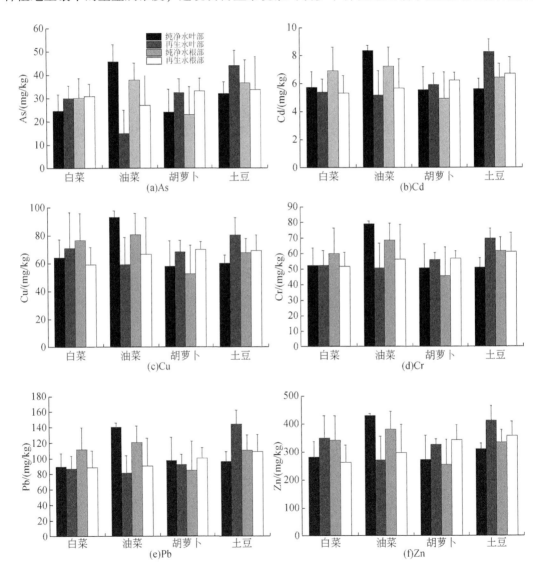

图 2-1 不同浇灌方式下不同蔬菜种植地土壤中重金属的浓度分布特征

显著的影响。土豆的重金属富集结果与胡萝卜的情况相似，再生水叶部浇灌处理会提高土豆种植地土壤中重金属的元素含量。这可能是因为用于盆栽实验的土壤有长期使用工业再生水浇灌的历史，致使土壤中的重金属具有较高的含量。

2.1.3 不同浇灌方式下作物重金属的富集能力

（1）不同浇灌方式下蔬菜地上部分中重金属的富集特征

不同浇灌方式下蔬菜地上部分不同重金属元素的富集情况，如图 2-2 所示。蔬菜地上部分重金属的平均浓度范围分别为：As 0.70~10.2mg/kg、Cd 1.08~8.90mg/kg、Cr 3.87~120mg/kg、Cu 7.95~34.3mg/kg、Pb 1.05~11.5mg/kg、Zn 24.7~231mg/kg。可见，蔬菜地上部分中 Cd 和 Pb 的浓度小于 Cu 和 Zn 的浓度，这与在再生水排放口下游生长的水稻中 Cu（2.22~6.70mg/kg）和 Zn（30.83~57.95mg/kg）浓度高于 Cd（0.05~1.09mg/kg）和 Pb（0.10~1.18mg/kg）浓度的研究结果一致。研究发现，蔬菜地上部分重金属浓度的最大值与最小值之比为 Cr（31.01）＞As（14.57）＞Pb（10.95）＞Zn（9.35）＞Cd（8.24）＞Cu（4.31）。

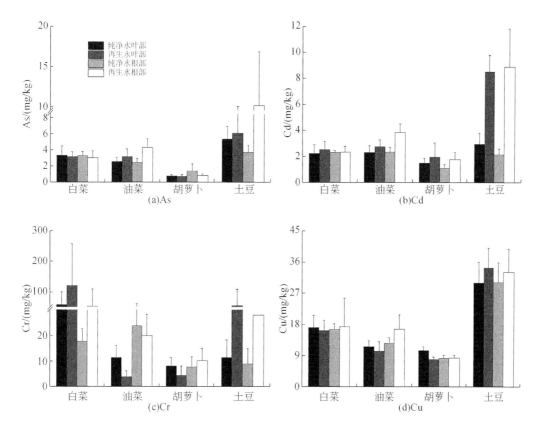

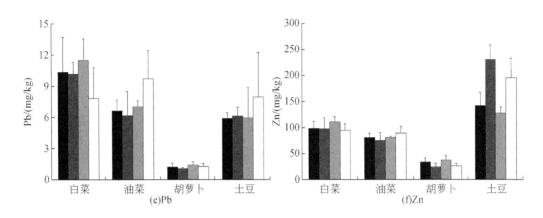

图 2-2 不同浇灌方式下蔬菜地上部分重金属的富集特征

用再生水根部浇灌的土豆地上部分 As 的浓度最大，为 10.2±6.66mg/kg，其次是再生水叶部浇灌后的土豆，其地上部分 As 的浓度为 6.09±3.97mg/kg。对比其他三种蔬菜地上部分的 As 浓度（2.43~10.2mg/kg），胡萝卜地上部分的 As 浓度（0.70~1.36mg/kg）相对较低。用再生水根部浇灌和叶部浇灌后土豆地上部分的 Cd 元素含量较高，分别为 8.90±2.91mg/kg 和 8.50±1.29mg/kg。这表明再生水浇灌有利于土豆地上部分对 As 和 Cd 的吸收。相比之下地上部分的 Cr 的富集顺序为：再生水叶部浇灌的白菜（120mg/kg）>纯净水叶部浇灌的白菜（58.3mg/kg）>再生水叶部浇灌的土豆（55.1mg/kg）>再生水根部浇灌的白菜（52.9mg/kg）>其他（3.87~27.9mg/kg）。

与其他三种蔬菜相比，白菜地上部分更容易富集重金属元素 Cr。与其他三种蔬菜相比，胡萝卜中六种重金属元素含量相对较低。Cr 在白菜、油菜、胡萝卜和土豆地上部分中的元素含量分别为 17.65~120.01mg/kg、3.87~23.74mg/kg、4.45~10.07mg/kg 和 8.69~55.11mg/kg，Cu 在白菜、油菜、胡萝卜和土豆地上部分中的元素含量分别为 16.17~17.38mg/kg、10.28~16.6mg/kg、7.95~10.36mg/kg 和 29.92~34.27mg/kg，Pb 在白菜、油菜、胡萝卜和土豆中的元素含量分别是 7.79~11.47mg/kg、6.15~9.70mg/kg、1.05~1.41mg/kg 和 5.86~7.93mg/kg，Zn 在白菜、油菜、土豆和胡萝卜中的元素含量分别是 95.31~111mg/kg、75.48~89.14mg/kg、24.74~37.06mg/kg 和 127.84~230.97mg/kg。由附表 A.1 可以看出，根部浇灌对蔬菜地上部分的重金属元素含量贡献最大，特别是再生水根部浇灌，纯净水叶部浇灌对蔬菜地上部分的重金属元素含量的贡献最小。再生水叶部浇灌处理方式下，蔬菜地上部分的重金属元素含量出现两极分化，说明再生水叶部浇灌对蔬菜重金属元素含量有明显的影响，但同时有其他因素在平衡这种影响。再生水根部浇灌能够促进油菜、土豆对 As、Cd、Cr、Cu、Pb、Zn 的吸收，其处理方式下油菜和胡萝卜地上部分的重金属浓度均大于再生水叶部浇灌处理方式下的重金属浓度，这可能跟蔬菜生长期及其生理遗传属性有关。纯净水叶部浇灌后蔬菜地上部分的 Pb 和 Zn（土豆除外）元素含量小于纯净水根部浇灌，而 Cr、As、Cd、Cu 的富集情况则因蔬菜种类不同表现出差异性，产生这种差异的原因可能是因为不同蔬菜种类根际环境之间存在一定的差异。根际环境的不同造成根系分泌物的不同，使得蔬菜地上部分对重金属的吸收表现出极大的差异性。

（2）不同浇灌方式下蔬菜地下部分中重金属的富集特征

本研究对不同浇灌方式下蔬菜地下部分重金属富集特征进行分析。蔬菜地下部分重金属的浓度与蔬菜种类和重金属元素种类有关，与短期浇灌水的类型和浇灌方式没有明显的关系（表2-3）。从图2-3所示的四种浇灌方式下四种蔬菜地下部分中重金属的分布情况，可以看出蔬菜地下部分的重金属平均浓度分别为：As 1.41～2.54mg/kg、Cd 1.41～5.45mg/kg、Cr 5.81～104mg/kg、Cu 9.38～77.1mg/kg、Pb 2.70～8.01mg/kg、Zn 36.1～138mg/kg。分析可得，蔬菜地下部分最大浓度与最小浓度之比，依次为Cr（17.90）＞Cu（8.22）＞Cd（3.87）＞Zn（3.82）＞Pb（2.97）＞As（1.80）。

表2-3　蔬菜种类、浇灌水质、浇灌方式和重金属种类与土壤、地下部分和地上部分中
生物量之间的影响分析

参数	df	土壤	地下部分生物量	地上部分生物量
蔬菜种类	3	0.001 11 **	0.000 264 ***	7.6×10^{-15} ***
浇灌水质	1	0.762 91	0.131 858	0.036 2 *
浇灌方式	1	0.559 33	0.589 374	0.361 1
重金属种类	6	$<2\times10^{-16}$ ***	$<2\times10^{-16}$ ***	$<2\times10^{-16}$ ***

***：$p \leqslant 0.001$；**：$p \leqslant 0.01$；*：$p \leqslant 0.05$；下表同

蔬菜地下部分中（附表A.2），用再生水根部浇灌后土豆中Cr的浓度最高（104.43±88.73mg/kg），其次是纯净水根部浇灌后的油菜（70.62±116.01mg/kg）和纯净水叶部浇灌后的白菜（49.96±47.06mg/kg）；再生水叶部浇灌后胡萝卜中Cu的浓度最高（77.13±133.70mg/kg），远远高于其他处理方式下蔬菜地下部分中重金属的浓度，这可能是因为蔬菜种类的高度差异性造成的。同时研究表明，胡萝卜中Pb和Zn的浓度低于其他三种蔬菜，白菜中Pb的浓度范围为5.38～8.01mg/kg，胡萝卜中Pb的浓度范围为2.70～3.59mg/kg，土豆中Pb的浓度范围为4.59～6.89mg/kg，油菜中Pb的浓度范围为4.60～6.07mg/kg。

四种蔬菜地下部分中重金属浓度的最低值往往出现在纯净水根部浇灌处理方式下，四种浇灌方式下四种蔬菜中六种重金属浓度最低值总共出现了24次，有13次是出现在纯净水根部浇灌处理后的不同蔬菜中。与此同时，蔬菜地下部分中重金属浓度的最高值一般出现在根部浇灌处理后的不同蔬菜中。虽然浇灌水的类型和浇灌方式对蔬菜地下部分中重金属浓度的影响没有统计学意义，但是通过研究可以看出，根部浇灌比叶部浇灌能略微减少蔬菜中重金属的浓度，所以纯净水根部浇灌能在一定范围内降低蔬菜中的重金属元素富集，是一种相对有效的降低蔬菜地下部分重金属浓度的有效浇灌方式，适合浇灌地下部分

为可食部分的蔬菜。

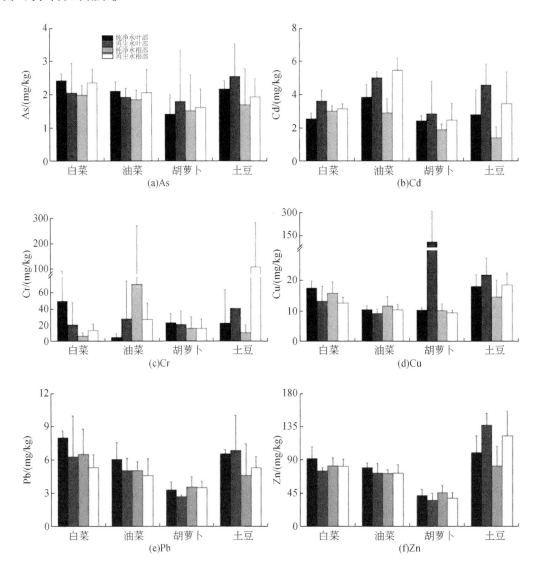

图 2-3　不同浇灌方式下蔬菜地下部分中重金属的富集特征

（3）不同浇灌方式下蔬菜可食部分中重金属的富集特征

本研究对不同浇灌方式下不同蔬菜可食部分的重金属富集情况进行分析。不同蔬菜可食部六种重金属浓度的最低值多数出现在纯净水根部浇灌方式下，四种蔬菜在四种浇灌方式下对不同重金属的吸收能力不同（图2-4）。As、Cd、Cr、Cu、Pb、Zn 在四种蔬菜中的最高浓度分别为：4.32mg/kg、4.58mg/kg、120.01mg/kg、77.13mg/kg、11.47mg/kg、137.50mg/kg。其中，Cd、Cr、Cu、Zn 最大值均出现在再生水叶部浇灌处理方式后种植的蔬菜中；四种蔬菜可食部分中的 As、Cd、Cr、Cu、Pb、Zn 最低元素含量分别为：1.41±0.59mg/kg、1.41±0.65mg/kg、3.87±2.23mg/kg、9.60±0.90mg/kg、2.70±0.18mg/kg、

36.06±9.9mg/kg，其中重金属浓度的 4 个最低值出现在再生水浇灌后的不同蔬菜中，这说明短期的再生水浇灌并不是造成蔬菜可食部分重金属元素富集的唯一因素。

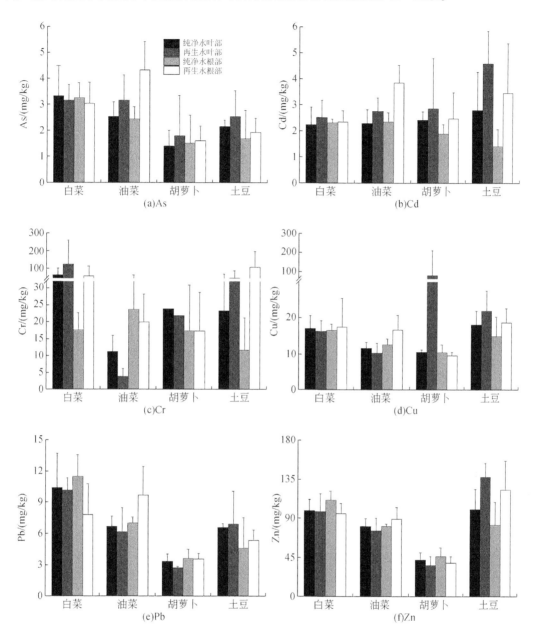

图 2-4　不同浇灌方式下蔬菜可食用部分中重金属的富集情况

与以往该区域的研究相比，该地区蔬菜可食部分中的重金属元素含量明显减少，这可能是因为短期的纯净水浇灌对蔬菜种植地土壤中的重金属浓度起到一定的稀释作用，但是恰恰是因为短期的浇灌，所以其效果表现出多元化。同种蔬菜在不同浇灌方式下其可食部分中的重金属元素含量不同，再生水浇灌后的油菜、胡萝卜、土豆这三种蔬菜可食部分中的 As 和 Cd 元素含量均高于纯净水浇灌，说明白菜相对于这三种蔬菜更难吸收再生水中的 As 和 Cd；再生水浇灌对白菜可食部分中重金属元素含量的影响略低于其他三种蔬菜，这可能跟白菜本身的特性有关。此外，蔬菜对重金属元素的吸收、富集能力取决于众多因素，除了再生水浇灌，还跟土壤中重金属的浓度、土壤理化性质、蔬菜品种等因素有关。

2.1.4 不同浇灌方式下作物重金属的迁移能力

（1）不同浇灌方式下重金属从土壤至蔬菜地下部分中的迁移特征

近年来，白银地区受有色重金属产业布局、生产以及农作物灌溉和人为活动等影响，农田土壤中重金属逐渐累积，并且对当地生态安全和农业安全生产造成了威胁。本节采用生物富集系数（bioconcentration factor，BCF=蔬菜地下部分重金属含量/土壤中的重金属含量）来表征蔬菜从农田土壤中吸收重金属元素并将其富集在蔬菜中的能力；用迁移系数（translocation factors，TF=蔬菜地上部重金属的含量/蔬菜地下部重金属的含量）表征重金属从蔬菜地下部分至蔬菜地上部分的迁移能力，阐明重金属元素在土壤-蔬菜体系中的迁移规律，对指导农业安全生产及评估人体健康风险具有深远意义。

本研究分析了不同浇灌方式下四种蔬菜中重金属元素的富集情况（表 2-4）。蔬菜 As、Cd、Cr、Cu、Pb、Zn 的 BCF 值范围分别为 0.046~0.160、0.228~1.035、0.074~1.730、0.114~1.176、0.030~0.092、0.110~0.346。可以看出土壤中的重金属浓度一般高于蔬菜地下部分，这说明农田土壤中仅有一小部分的重金属元素能被蔬菜的地下部分吸收，这是因为大多数蔬菜中的重金属元素来源于根吸收，与土壤中重金属的浓度呈正相关。此外，不同浇灌方式下不同蔬菜地下部分对不同重金属元素的富集能力不同，排列顺序大致是 Cd（0.46）>Cr（0.29）>Zn（0.24）>Cu（0.20）>As（0.06）>Pb（0.05），四种蔬菜地下部分对土壤 Cd 的吸收富集量最大，说明土壤中的 Cd 相对于其他元素更容易迁移到蔬菜地下部分。这可能跟 Cd 在土壤中的化学特性和高迁移性有关，即使土壤中 Cd 的元素含量很低，也很容易被蔬菜地下部分吸收。再生水浇灌处理方式下 Cd 的迁移量小于纯净水浇灌，根部浇灌方式下 Cd 的迁移量小于叶部浇灌，而且用再生水浇灌后的油菜地下部分 Cd 的 BCF 值大于 1，这说明蔬菜地下部分 Cd 的主要来源除了土壤污染、再生水浇灌之外还有其他污染源，比如大气沉降。研究发现，Cd 能扰乱蔬菜对重金属元素的吸收和分配，导致蔬菜中矿物质养分元素含量的不平衡，而且蔬菜内 Cd 的积累会干扰正常的细胞代谢功能，造成生长迟缓，中断植物-水分之间的关系，抑制光合作用、酶的合成、游离自由基的形成和超微结构的改变。蔬菜中过量的 Cd 积累，尤其在蔬菜的可食部分，Cd 会通过食物链途径威胁人体健康。研究发现，Cr 的 BCF 值较其他元素表现出多元化，最小值出现在纯净水叶部浇灌后的油菜中，最大值出现在再生水根部浇灌后的土豆中。不同浇灌方式下，不同蔬菜不同部位、同一蔬菜不同部位（地上部分、地下部分）对重金属的吸收情况不一样，而且不同的重金属在同一蔬菜体内的吸收、分布情况也有显著的差异。蔬菜在再生水浇灌下土壤对重金属的绝对吸收速率和纯净水浇灌一致，则蔬菜生物量的增加会对其吸收的重金属产生"稀释效应"，最终表现出蔬菜中重金属元素绝对含量变化不大，甚至会降低；不同浇灌方式下，白菜和胡萝卜在 Cd、Cu 的富集上表现出一致性，这可能与蔬菜的种类有关，白菜和土豆相对来说更容易吸收土壤中的 Cd、Cu。而 As 和 Pb 从土壤迁移到蔬菜地下部分的能力是一致的，并且其污染来源可能具有单一性、同源性。已有文献报道表明，土壤环境质量（土壤重金属元素含量、pH 等土壤理化性质）和蔬菜自身的情况（蔬菜品种、生长周期等）都会对蔬菜富集吸收土壤中的重金属元素产生影响（Chen et al.，2016）。本研究供试土壤取自白银市区大沟农田土壤。Chen 等（2016）研究表明，白银区东大沟流域土壤主要理化性质浮动范围相对较小，且土壤理化性质之间差异有限，这可能暗示该地区土壤的理化性质对不同蔬菜吸收富集重金属的影响程度可能一致。同时，有研究发现，土壤中的重金属元素（Zn、Cd）含量是决定作物中重金属元素含量的关键因素（Ye et al.，2014）。但是在研究蔬菜对重金属元素的吸收富集能力方面，农田土壤重金属浓度的总量并不是十分可靠的指标（Kubrakova et al.，1998）。这是因为重金属元素在土壤中的赋存形态多种多样，其中相当一部分的重金属元素存在于硅酸盐及其他复杂的土壤组分里，而这部分重金属元素往往难以被植物吸收利用，故不具备生物可利用性（Zhang et al.，2001）。

（2）不同浇灌方式下重金属从蔬菜地下部分至地上部分的迁移特征

本研究分析了不同浇灌方式下四种蔬菜中重金属元素的迁移情况（表 2-4）。As、Cd、Cr、Cu、Pb、Zn 的迁移系数值的范围分别为 0.511～5.646、0.549～3.438、0.215～32.987、0.603～2.304、0.357～2.565、0.666～1.688。可见蔬菜地上部分重金属元素含量大于地下部分，这与大多数植物优先将重金属存储在它们的根中，并且只有少量的重金属被转移到它们的地上部分中的研究结果相反（Sun et al.，2013；Fidalgo et al.，2011）。这可能是因为蔬菜地上部分中重金属来源广，除了来自土壤污染、再生水污染之外，还有其他来源。白菜、油菜和土豆中，大多数的 TF 值大于 1，胡萝卜的 TF 值大多都是小于 1。与重金属从土壤向地下部分的迁移特征相反，Cd 从白菜、油菜和胡萝卜地下部分向地上部分的迁移比其他五种重金属元素更困难，是因为大多数植物会通过根部保留的养分吸收截留了大部分的 Cd，从而限制了 Cd 在蔬菜地下部分向地上部分的迁移。As 和 Pb 更容易从白菜、油菜和土豆地下部分迁移到地上部分，可能是因为土壤中存在的 As 和 Pb 被蔬菜的地下部分吸收，而被蔬菜吸收到地下部分的 As 和 Pb 可能具有较高的活性，很容易被蔬菜地上部分吸收。用再生水浇灌的白菜、油菜、土豆地上部分有着较大面积的叶，这三种蔬菜地上部分的重金属元素含量大于地下部分。但是也有例外，白菜、油菜、胡萝卜中 Cd 的 TF 值均小于 1，说明 Cd 倾向于在这三种蔬菜的地下部分积累。除胡萝卜外，As、Cr、Cu、Pb、Zn 在地下部分的分配比例大多低于地上部分，说明这五种重金属从土壤到

表2-4 不同浇灌方式下不同蔬菜中每种重金属的 BCF 和 TF 值的对比

重金属	蔬菜种类	生物富集系数（BCF）				迁移系数（TF）			
		叶部浇灌		根部浇灌		叶部浇灌		根部浇灌	
		净水	再生水	净水	再生水	净水	再生水	净水	再生水
As	白菜	0.104±0.027	0.066±0.020	0.073±0.033	0.078±0.016	1.369±0.418	1.876±1.013	1.688±0.539	1.357±0.559
	油菜	0.046±0.003	0.160±0.058	0.049±0.008	0.081±0.019	1.242±0.386	1.621±0.321	1.364±0.404	2.248±0.809
	胡萝卜	0.065±0.031	0.064±0.070	0.083±0.057	0.052±0.024	0.618±0.189	0.519±0.235	1.218±1.377	0.511±0.081
	土豆	0.068±0.011	0.060±0.031	0.051±0.035	0.060±0.010	2.439±0.599	2.908±2.714	3.164±2.348	5.646±4.683
Cd	白菜	0.457±0.125	0.692±0.211	0.456±0.126	0.621±0.177	0.872±0.204	0.716±0.228	0.776±0.112	0.737±0.087
	油菜	0.459±0.101	1.035±0.274	0.426±0.212	1.027±0.258	0.617±0.211	0.549±0.067	0.904±0.445	0.708±0.092
	胡萝卜	0.462±0.132	0.472±0.305	0.419±0.132	0.388±0.137	0.627±0.136	0.713±0.085	0.561±0.068	0.748±0.167
	土豆	0.499±0.260	0.571±0.218	0.228±0.127	0.498±0.211	1.207±0.436	1.929±0.460	2.008±1.582	3.438±2.704
Cr	白菜	1.119±1.287	0.410±0.573	0.124±0.064	0.279±0.114	1.545±1.474	32.987±43.044	3.563±3.160	4.222±5.260
	油菜	0.074±0.059	0.435±0.655	0.971±1.550	0.523±0.260	2.709±2.142	0.687±0.492	0.423±0.303	1.004±0.925
	胡萝卜	0.457±0.108	0.393±0.295	0.325±0.217	0.313±0.206	0.459±0.397	0.215±0.130	4.275±7.968	1.809±2.666
	土豆	0.407±0.700	0.611±0.689	0.186±0.150	1.730±1.292	3.271±3.280	10.071±18.616	1.065±0.905	0.292±0.128
Cu	白菜	0.290±0.098	0.199±0.075	0.227±0.103	0.221±0.028	0.983±0.252	1.274±0.274	1.100±0.379	1.317±0.427
	油菜	0.114±0.018	0.168±0.039	0.149±0.025	0.179±0.077	1.112±0.240	1.085±0.106	1.083±0.216	1.554±0.227
	胡萝卜	0.191±0.044	1.176±2.046	0.212±0.048	0.138±0.018	0.996±0.134	0.603±0.399	0.816±0.187	0.871±0.088
	土豆	0.306±0.080	0.283±0.106	0.234±0.131	0.275±0.057	1.709±0.532	1.618±0.427	2.304±1.204	1.804±0.429
Pb	白菜	0.092±0.017	0.070±0.035	0.064±0.033	0.062±0.006	1.291±0.378	2.565±2.424	2.112±1.363	1.423±0.329
	油菜	0.044±0.013	0.064±0.011	0.042±0.004	0.052±0.006	1.169±0.419	1.187±0.160	1.408±0.286	2.211±0.589
	胡萝卜	0.035±0.006	0.030±0.003	0.047±0.012	0.035±0.005	0.383±0.161	0.391±0.065	0.410±0.118	0.357±0.037
	土豆	0.069±0.009	0.050±0.028	0.043±0.027	0.049±0.006	0.893±0.123	1.089±0.632	1.996±1.722	1.561±0.979
Zn	白菜	0.346±0.127	0.224±0.047	0.258±0.086	0.322±0.063	1.098±0.277	1.291±0.294	1.374±0.294	1.181±0.257
	油菜	0.187±0.019	0.278±0.043	0.194±0.046	0.257±0.053	1.014±0.185	1.036±0.036	1.127±0.087	1.240±0.131
	胡萝卜	0.161±0.034	0.110±0.027	0.190±0.033	0.115±0.022	0.815±0.146	0.691±0.054	0.830±0.248	0.666±0.078
	土豆	0.325±0.083	0.340±0.072	0.257±0.124	0.340±0.052	1.484±0.445	1.680±0.066	1.688±0.553	1.681±0.589

地下部分的迁移能力小于从地下部分到地上部分的迁移能力。胡萝卜更容易把重金属富集在地下部分，白菜、油菜、土豆更容易把重金属富集在地上部分，这可能是因为胡萝卜具有较大的根，而白菜、油菜和土豆的叶长大于根长也可能是造成这种差异的原因之一。

2.2 不同种植方式下绿洲农田土壤−作物重金属迁移富集特征

2.2.1 不同种植方式下土壤重金属的元素含量特征

由表 2-5 可见，研究区土壤重金属 As、Cd 含量及不同种植类型下的 Pb、Zn 等重金属的元素含量远超过正常水平。长期工业再生水灌溉的东大沟，大田和大棚土壤中除 Cr 和 Ni 外，As、Cd、Cu、Pb 和 Zn 平均浓度都不同程度地超过了甘肃省土壤元素背景值。以《食用农产品产地环境质量评价标准》（HJ 332—2006）为参比，东大沟大田土壤 As、Cd、Zn 重金属平均浓度分别超标 5.99 倍、3.33 倍、1.08 倍；大棚土壤 As、Cd、Pb、Zn 重金属的平均浓度分别超标 3.52 倍、7.58 倍、1.64 倍、1.14 倍。长期污水灌溉的西大沟大田和大棚土壤 As 和 Cd 平均元素含量均超过《食用农产品产地环境质量评价标准》，大田土壤 As 和 Cd 平均元素含量分别超标 7.33 倍和 2.23 倍；大棚土壤 As 和 Cd 平均元素含量分别超标 2.62 倍和 1.83 倍。总体而言，白银市东大沟、西大沟大棚和大田土壤受到 As、Cd、Pb、Zn 不同程度的污染，尤其 As 和 Cd 的污染状况较为严重。根据内梅罗污染指数，所有种植方式下的土壤重金属均处于污染严重水平，尤其是东大沟大田土壤。这可归因于白银地区因干旱缺水，城郊农业生产中不同程度地有利用污水灌溉的历史，其土壤环境早在 2002 年就表现出不同程度的重金属复合污染，污灌区土壤及生长的农作物污染严重，As、Cd、Pb、Zn 等超标明显。

近年来由于国家和当地政府部门的重视及农民环保意识加强，使通过工农业活动每年直接向环境中输入的 Cu、Cr、Pb 和 Zn 等重金属元素含量逐年减少，从 2006 年到 2022 年研究区土壤中重金属的元素含量已显著降低，但整体上污染仍然比较严重。例如，对于污染相对较轻的西大沟蔬菜基地来说，其大棚和大田土壤也受到了不同程度的重金属污染，其中大田土壤重金属污染顺序为 As>Cd>Zn>Cu>Pb>Ni>Cr，大棚土壤重金属污染顺序为 Cd>As>Zn>Ni>Pb>Cr>Cu。总体而言，西大沟蔬菜地土壤重金属除 Ni 和 Cr 外，其余 Cu、Zn、As、Cd 和 Pb 均为大田元素含量高于大棚（表 2-5），且大田土壤内梅罗综合污染指数远高于大棚，造成这种差异的主要原因可能是大田受大气沉降和不同的种植方式以及土壤理化性质等因素的影响。大棚种植方式，其环境多处于相对封闭的状态，外界大气沉降污染物相对较少，另外大棚温室环境常年温湿度稳定，一年四季均可进行耕作，而大田种

表 2-5 土壤重金属元素含量和 Nemero 指数基本统计

样地	As/(mg/kg)	Cd/(mg/kg)	Cr/(mg/kg)	Cu/(mg/kg)	Ni/(mg/kg)	Pb/(mg/kg)	Zn/(mg/kg)	内梅罗污染指数 Nemerow
DT (n=16)	119.75±45.24	1.33±0.24	52.16±2.36	60.59±33.37	32.18±2.64	40.05±8.39	323.43±118.59	6.42
XT (n=16)	146.62±72.33	0.89±0.63	45.51±12.38	55.57±13.6	30.51±8.58	22.31±9	241.66±183.47	5.25
DP (n=14)	70.39±30.24	3.03±1.79	45.65±2.17	88.58±40.9	31.89±5.85	82.12±40.41	342.8±158.95	5.58
XP (n=14)	52.38±30.7	0.73±0.15	52.5±7.93	19.31±17.65	39.07±3.43	17.26±2.79	235.34±107.89	1.97
《甘肃省土壤元素背景值》(DB62/T 4524—2022)	12.6	0.116	70.2	26.1	35.2	18.8	68.5	—
《食用农产品产地环境质量评价标准》(HJ 332—2006)	20	0.4	250	100	60	50	300	—

注：DT 为东大沟大田；XT 为西大沟大田；DP 为东大沟大棚；XP 为西大沟大棚；下同

植模式在当地气候环境下种植次数相对要少，这样大棚和大田经过多年种植蔬菜，大田土壤重金属元素含量更易受到大气沉降的影响，而大棚经过多年轮作，蔬菜对土壤重金属的富集转移致使土壤中重金属元素含量逐年减少。因此，西大沟蔬菜基地土壤重金属元素含量大田普遍高于大棚，对于个别重金属元素而言，大棚和大田 Cr 均未超过甘肃省土壤元素背景值，而大棚 Ni 元素含量超过了甘肃省土壤元素背景值，这可能由于大棚蔬菜使用农药化肥及畜禽粪便等有机肥较多，间接或直接导致土壤中 Ni 等重金属的元素含量增加。

研究区不同种植模式下土壤重金属元素含量对比，如图 2-5 所示（将 As、Zn 含量除以 10，Cd 含量乘以 10，以保证图表纵坐标轴数值范围更易对比），同一区域不同种植模式下的土壤重金属元素含量不同。在东大沟，大棚土壤的重金属元素含量总体上大于大田土壤的重金属元素含量，除了 As 和 Cr 两种重金属元素含量略低于大田外，Cd、Cu、Pb 和 Zn 等重金属的元素含量均大于大田，而 Ni 元素含量大棚和大田差距不大。这主要是因为大棚阻碍了大气中 As、Cr 的沉降，从而使得 As 和 Cr 在大棚中的元素含量低于大田。而大棚土壤长期受到相对频繁的工业污水灌溉，可能是导致 Cd、Cu 等重金属元素含量的表现与 As、Cr 相反的原因。

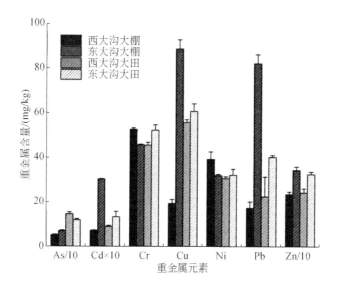

图 2-5　不同样地土壤重金属元素含量对比

就大棚土壤而言，除 Cr 和 Ni 外，东大沟大棚土壤的重金属元素含量显著高于西大沟大棚土壤的重金属元素含量。其中 Cd、Cu、Pb 三种重金属元素含量相差 2 倍以上，Zn 元素含量也差异显著。这是因为东大沟和西大沟灌溉水源不同，东大沟主要为工业污灌，西大沟主要为生活污灌，使得东大沟和西大沟大棚土壤重金属含量产生显著差异。就大田土壤来说，东大沟和西大沟大田土壤重金属元素含量的影响因素除了灌溉水源不同外，其他环境条件（风向、地形等）基本一致，这也是东大沟和西大沟大田土壤重金属元素含量相比之下相差较小的原因。比较东大沟和西大沟土壤重金属元素含量可以得出，东大沟的土壤重金属元素含量要高于西大沟，以 Zn、Cd、Cu、Pb 显著。这是因为东大沟沿途分布有 20 多家工业企业，在生产过程中产生的含有铜、铅、锌、镉等重金属的再生水进入东大沟流域，被用于农业灌溉。同时，分析东大沟和西大沟的水样，结果表明，东大沟灌溉水中 As、Cd、Cu、Pb 和 Zn 的元素含量大于西大沟，这也很好地解释了上面的现象。

此外，东大沟和西大沟均表现出 As、Zn、Cr、Cu、Ni、Pb 等重金属的积累，这几种重金属在土壤中有较高的元素含量，尤以 As、Zn 两种重金属元素含量为最高。重金属积累最高的土壤类型为东大沟大棚土壤，其 As、Zn 两种重金属的积累量远远高于其他重金属。另外，大棚蔬菜栽培会大量利用地膜，而在生产地膜的过程中，大量含有 Pb、Cd 等重金属的热稳定剂被加入，从而增加土壤重金属的污染。

研究区不同蔬菜种植地土壤重金属元素含量见图 2-6，不同蔬菜在不同的种植模式下土壤重金属的元素含量不尽相同。生菜和油麦菜蔬菜种植地的土壤 As 元素含量均呈现大

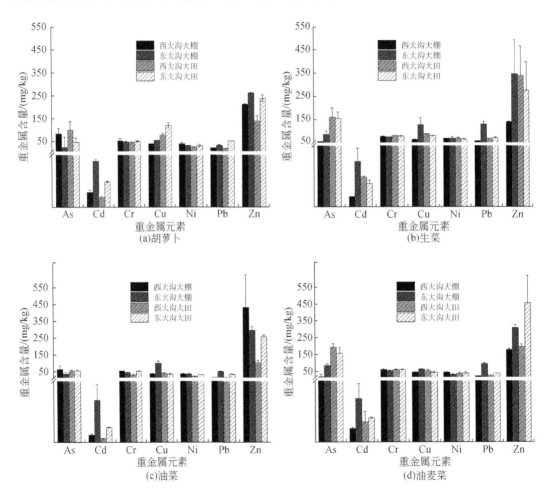

图 2-6　不同蔬菜种植地土壤重金属元素含量

田高于大棚；除生菜外，其他三种蔬菜种植地 Cd 元素含量均为东大沟远大于西大沟；Zn 元素在胡萝卜和油菜种植地土壤中表现为大棚大于大田，而在油麦菜种植地中则相反，为大田大于大棚。这一方面与东大沟较高的土壤背景值有关外，还与污水灌溉过程中 Cd 的不断沉积有关。Cr、Cu、Ni、Pb、Zn 等几种元素在土壤中具有的积累规律，除了不同生长区域土壤背景值不同、污染源来源不同外，还与不同作物施肥种类和频次有关。

2.2.2　不同种植方式下作物对重金属的动态积累

(1) 蔬菜地上、地下部分重金属的动态累积特征

从图 2-7 和图 2-8 中可以看出，蔬菜地上部分重金属元素含量显著高于地下部分，这是因为地上部分重金属的来源除了植物根系的迁移，还有叶面施肥、农药等。从土壤重金属元素和蔬菜重金属元素的相关性（表 2-6）也可以看出，除了 Cd、Pb 两种重金属在蔬菜中的元素含量与土壤元素含量具有极显著的相关性外，其他几种重金属的相关性都不是很显著。就不同重金属来看，除了 Zn 元素外，其他几种重金属的元素含量在地上部分显著高于地下部分。Xiong 等（2014）发现叶面施肥和农药对地上部分的贡献要大于蔬菜根系的迁移，这一结论正好解释了上面的现象。土壤−蔬菜系统中，土壤中重金属元素进入蔬菜的迁移性不同，其中 Zn、Cu、Cr、Ni 迁移性较高，而 As 虽然在土壤中有较高的元素含量，但其迁移性不强，因此蔬菜中 As 的元素含量不高。这一研究结果与杨刚等（2011）得出水田土壤重金属迁移性为 Cd>Zn>Pb>As>Cu>Cr 的结果略有不同，这可能和土壤重金属本底值及土壤环境的不同有关。地上、地下的重金属累积程度均表现为叶菜重金属浓度水平高于根菜，也就是说根菜重金属的迁移性比叶菜小。

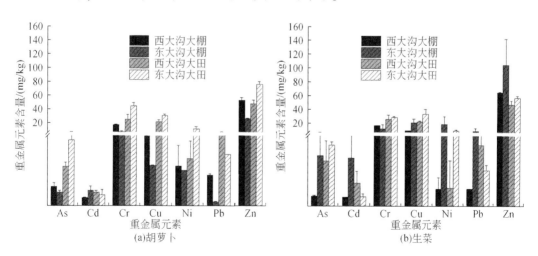

(a)胡萝卜　　(b)生菜

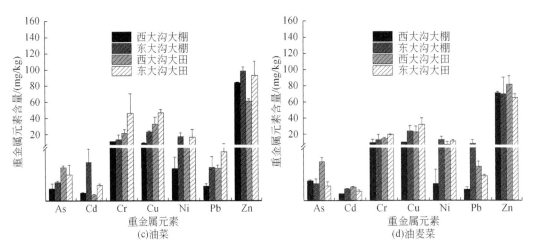

图 2-7　蔬菜地上部重金属富集特征

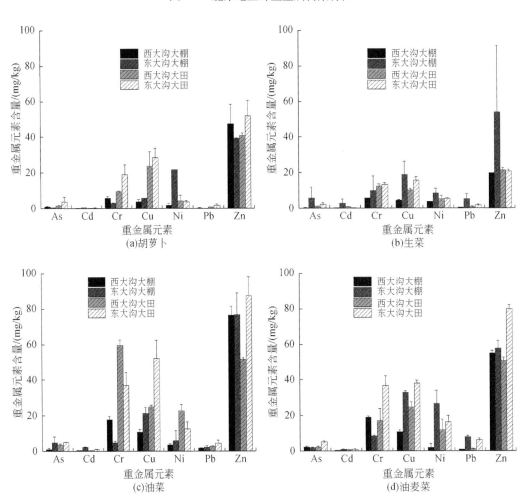

图 2-8　蔬菜地下部重金属富集特征

表 2-6 土壤重金属元素含量与蔬菜可食部分重金属元素含量相关性分析

（单位：mg/kg）

	元素	As	Cd	Cr	Cu	Ni	Pb	Zn
					蔬菜可食部分重金属元素含量			
土壤重金属元素含量	As	0.432*	0.996**	0.139	0.375*	−0.087	−0.031	−0.128
	Cd	0.393*	0.874**	−0.054	0.088	0.654**	0.545**	0.630**
	Cr	−0.017	−0.083	0.393*	−0.029	−0.114	−0.167	−0.066
	Cu	0.622**	0.595**	0.272*	0.410*	0.642**	0.675**	0.449*
	Ni	0.165	0.092	−0.117	−0.287*	−0.085	−0.149	0.280*
	Pb	0.275*	0.594**	−0.057	0.168	0.656**	0.623**	0.521**
	Zn	0.481*	0.492*	0.071	0.192	0.495*	0.309*	0.495*

（2）蔬菜可食用部分重金属分布特征

图 2-9 为蔬菜可食用部分（本研究中蔬菜可食用部分分别为生菜、油菜、油麦菜地上部分；胡萝卜为地下部分）的重金属富集量，从图中可以看出：大棚蔬菜和大田蔬菜可食用部位重金属元素含量普遍偏高，地上重金属分配远远高于地下。研究区所有蔬菜重金属元素含量均高于《食品安全国家标准　食品中污染物限量》（GB 2762—2012），东大沟大田中 As、Cd、Cr、Cu、Ni、Pb、Zn 浓度分别超标 5.31 倍、18.10 倍、57.36 倍、35.50 倍、9.92 倍、15.01 倍、3.39 倍；西大沟大田中 As、Cd、Cr、Cu、Ni、Pb、Zn 浓度分别超标 5.06 倍、20.07 倍、35.71 倍、25.32 倍、6.97 倍、15.08 倍、2.93 倍；东大沟大棚中 As、Cd、Cr、Cu、Ni、Pb、Zn 浓度分别超标 3.97 倍、47.35 倍、20.22 倍、18.29 倍、17.86 倍、26.62 倍、6.03 倍；西大沟大棚中 As、Cd、Cr、Cu、Ni、Pb、Zn 浓度分别超标 2.47 倍、12.21 倍、21.46 倍、7.63 倍、2.01 倍、5.29 倍、3.41 倍。这些重金属元素含量超过国家安全标准，对人体健康会构成直接的威胁。

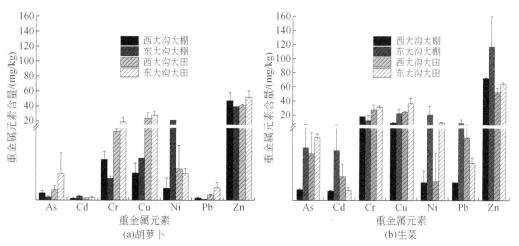

(a)胡萝卜　　　(b)生菜

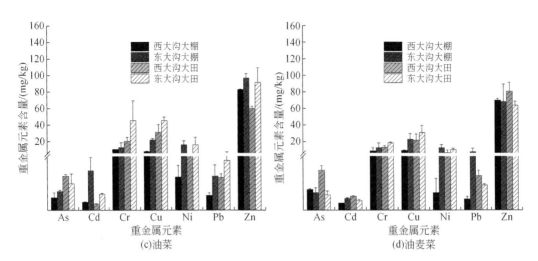

图 2-9　蔬菜可食用部分重金属富集特征

总体来说，重金属在叶菜（生菜、油菜和油麦菜）中的富集量大于根菜（胡萝卜），且也表现出东大沟大于西大沟、大田大于大棚的现象。与以往针对该区域的研究相比较，重金属的富集量显著减少，但污染程度仍相当严重（Chen et al., 2008; Wang et al., 2013）。

表 2-6 为土壤重金属元素含量与蔬菜可食部分重金属元素含量相关性，蔬菜中重金属的富集量不仅和土壤污染、水污染及蔬菜种植地的不同有关，而且和人类活动有很大关系。例如，东大沟大棚蔬菜种植地的土壤及灌溉水污染最严重，但是该区域蔬菜的重金属富集量并不是最大的，而且两者也没有表现出显著的相关性，这就说明土壤污染并不是导致蔬菜中重金属富集量增大的唯一因素。有研究表明，化肥的使用对蔬菜中重金属的富集有很大的贡献（Uzu et al., 2010）。

表 2-7 为不同种植模式下蔬菜不同部位重金属浓度对比情况。胡萝卜重金属元素含量在东大沟高于西大沟。叶菜中生菜和油菜重金属元素含量东大沟大于西大沟，油菜重金属元素含量大田大于大棚。这是因为东大沟属于工业污灌区，灌溉水中的重金属元素含量较高，因此东大沟整体上重金属元素含量要高。大田种植处于开放的状态，其蔬菜重金属来源除了施肥、农药和灌溉水的影响外，还受到交通尾气、工业废尘的沉降等因素的影响，所以叶菜中大田蔬菜重金属元素含量高。

不同重金属在不同蔬菜中的元素含量差别很大，Zn 和 As 三种重金属的元素含量均表现为生菜>油菜>油麦菜>胡萝卜；Cr、Cd、Cu 三种重金属均表现为油菜>生菜>油麦菜>胡萝卜；Ni、Pb 均表现为生菜>油麦菜>油菜>胡萝卜。不同蔬菜的生长期、生长速率、重金属富集能力以及不同重金属相互间的作用等因素，都会造成不同蔬菜中重金属元素含量的不同。东大沟大棚蔬菜中重金属元素含量由多到少依次为生菜>油菜>油麦菜>胡萝卜；东大沟大田依次为油菜>油麦菜>生菜>胡萝卜；西大沟大棚和大田均为油菜>生菜>油麦菜>胡萝卜。总体上看，叶菜的重金属元素含量要高于根菜。不同蔬菜的生长期、生长速率、重金属富集能力及不同重金属相互间的作用等因素，都会造成不同蔬菜中重金属元素含量的不同。本研究发现，叶菜总体上重金属元素含量要高于根菜中的重金属元素含量，这是因为叶类植物的蒸腾作用更强，而更强的蒸腾作用会加速蔬菜对重金属的吸收，这可能是造成叶菜中重金属浓度水平高于根菜的重要原因。

表2-7 不同种植模式下蔬菜不同部位重金属浓度 （单位：mg/kg）

样地	蔬菜	蔬菜部位	As	Cd	Cr	Cu	Ni	Pb	Zn
DT (n=16)	胡萝卜	地上部位	6.68	0.79	43.86	30.15	10.88	3.69	75.45
		地下部位	3.75	0.37	19.07	28.48	3.75	1.75	52.04
	生菜	地上部位	6.79	0.76	31.4	35.7	9.39	2.83	63.48
		地下部位	5.86	0.73	33.58	38.92	13.75	6.46	52.25
	油菜	地上部位	2.69	1.62	45.54	45.8	15.1	5.1	91.78
		地下部位	6.89	1	37.07	52.13	12.76	6.61	87.3
	油麦菜	地上部位	1.39	0.88	18.71	31.02	10.44	2.33	66.14
		地下部位	5.28	1.13	35.93	38.15	15.31	5.35	79.87
XT (n=16)	胡萝卜	地上部位	2.78	0.97	26.82	20.71	3.39	5.63	47.15
		地下部位	1.42	0.31	9.52	23.77	6.34	0.71	40.84
	生菜	地上部位	3.56	1.81	27.88	26.26	3.26	6.79	52.52
		地下部位	3.32	2.18	31.12	25.4	13.06	2.71	53.36
	油菜	地上部位	3.46	0.61	20.81	31.47	5.71	3.35	60.13
		地下部位	3.41	0.48	59.76	25.12	22.71	2.86	51.46
	油麦菜	地上部位	3.69	1.29	13.22	21.77	5.58	3.22	80.97
		地下部位	2.39	0.96	15.99	26.73	11.94	1.28	50.77
DP (n=14)	胡萝卜	地上部位	0.99	1.09	5.38	2.85	2.54	0.28	25.96
		地下部位	0.42	0.56	3.01	5.81	21.83	0.11	39.47
	生菜	地上部位	3.99	3.8	12.21	22.39	20.77	8.32	117.08
		地下部位	16.64	7.02	26.71	45.87	21.11	12.93	136.93
	油菜	地上部位	1.92	6.03	13	22.1	15.51	3.48	95.95
		地下部位	6.78	2.35	6.82	21.24	5.88	2.21	75.62
	油麦菜	地上部位	1.61	1.09	12.21	22.87	12.34	7.79	68.64
		地下部位	2	1.12	8.4	32.87	25.84	7.85	57.68
XP (n=14)	胡萝卜	地上部位	1.37	0.6	17.03	6.95	2.85	2.21	51.9
		地下部位	0.95	0.25	5.66	3.8	1.68	0.31	47.44
	生菜	地上部位	0.82	0.72	17.8	9.22	1.37	1.37	72.2
		地下部位	0.98	0.66	16.6	11.12	9.11	1.17	49.53
	油菜	地上部位	1.27	0.82	10.72	8.07	3.39	1.51	83
		地下部位	1.1	0.56	17.82	10.56	3.47	1.66	75.44
	油麦菜	地上部位	1.98	0.65	8.74	9.44	1.62	1.03	70.13
		地下部位	2.32	0.48	19.04	10.59	2.04	0.97	56.84

2.2.3　不同种植方式下作物地上部分和地下部分中重金属的富集性

（1）不同种类蔬菜地上部的重金属富集性

重金属富集系数能在一定程度上反映土壤植物系统中重金属元素迁移的难易程度，富集系数越高，这种元素越易迁移，反之，则越难迁移。由表2-8可知，植物的地上部分的重金属的富集能力总体上有以下规律：同一种植模式下的不同蔬菜，重金属富集能力不同；同一蔬菜在不同区域、不同种植模式下的重金属富集能力也不同。在东大沟大棚蔬菜中，蔬菜的重金属富集能力表现为油菜>生菜>油麦菜>胡萝卜；东大沟大田蔬菜的重金属富集能力为油菜>油麦菜>胡萝卜>生菜；西大沟大棚蔬菜的重金属富集能力为生菜>油麦菜>油菜>胡萝卜；西大沟大田蔬菜的重金属富集能力为油菜>胡萝卜>油麦菜>生菜。在不同区域不同种植方式下胡萝卜和油菜的规律类似，重金属富集系数表现为大田大于大棚，西大沟大于东大沟。生菜和油麦菜在东大沟都表现为大田大于大棚，而在西大沟则是大棚大于大田。

蔬菜在不同种植方式下总体的富集系数表现为西大沟大于东大沟，大田大于大棚。不同蔬菜地上部分对不同重金属的富集能力也不同相同。胡萝卜地上部分对重金属的富集能力表现为：Cd>Cr>Zn>Cu>Ni>Pb>As。Cd的富集性在西大沟大田蔬菜中表现得特别突出，而Cr的富集性在西大沟大田和东大沟大田蔬菜中表现得较为突出。

表 2-8　不同种类蔬菜地上、地下重金属富集系数

样地	蔬菜	蔬菜部位	As	Cd	Cr	Cu	Ni	Pb	Zn	平均值
DP	胡萝卜	地上部位	0.014	0.429	0.133	0.054	0.082	0.009	0.099	0.117
		地下部位	0.006	0.217	0.063	0.11	0.707	0.003	0.15	0.179
	生菜	地上部位	0.055	0.862	0.268	0.169	0.509	0.059	0.247	0.310
		地下部位	0.208	1.436	0.543	0.342	0.545	0.092	0.245	0.487
	油菜	地上部位	0.049	1.211	0.285	0.26	0.518	0.073	0.327	0.389
		地下部位	0.081	0.768	0.108	0.254	0.198	0.044	0.257	0.244
	油麦菜	地上部位	0.025	0.587	0.252	0.358	0.48	0.091	0.252	0.292
		地下部位	0.031	0.598	0.174	0.526	1.039	0.089	0.214	0.382
DT	胡萝卜	地上部位	0.071	0.517	0.861	0.266	0.358	0.073	0.313	0.351
		地下部位	0.046	0.222	0.373	0.251	0.122	0.034	0.212	0.180
	生菜	地上部位	0.033	0.58	0.609	0.663	0.286	0.068	0.177	0.345
		地下部位	0.04	0.543	0.652	0.673	0.417	0.103	0.143	0.367
	油菜	地上部位	0.026	1.356	0.848	1.297	0.507	0.155	0.325	0.645
		地下部位	0.046	0.845	0.695	1.456	0.403	0.139	0.31	0.556
	油麦菜	地上部位	0.01	0.753	0.354	0.889	0.316	0.072	0.178	0.367
		地下部位	0.037	0.973	0.698	1.079	0.493	0.196	0.218	0.528

样地	蔬菜	蔬菜部位	As	Cd	Cr	Cu	Ni	Pb	Zn	平均值
XP	胡萝卜	地上部位	0.018	0.652	0.368	0.249	0.079	0.107	0.227	0.243
		地下部位	0.012	0.269	0.118	0.19	0.047	0.015	0.207	0.123
	生菜	地上部位	0.022	1.033	0.343	0.588	0.034	0.077	0.434	0.362
		地下部位	0.026	0.943	0.281	0.71	0.23	0.065	0.298	0.365
	油菜	地上部位	0.02	1.333	0.194	0.406	0.087	0.089	0.27	0.343
		地下部位	0.022	0.906	0.323	0.529	0.089	0.098	0.246	0.316
	油麦菜	地上部位	0.325	0.949	0.167	0.473	0.04	0.075	0.378	0.344
		地下部位	0.346	0.693	0.359	0.528	0.054	0.07	0.294	0.335
XT	胡萝卜	地上部位	0.024	1.788	0.627	0.322	0.148	0.308	0.348	0.509
		地下部位	0.013	0.578	0.238	0.374	0.18	0.039	0.304	0.247
	生菜	地上部位	0.017	0.95	0.455	0.356	0.042	0.128	0.138	0.298
		地下部位	0.018	1.164	0.509	0.378	0.342	0.073	0.139	0.375
	油菜	地上部位	0.056	1.821	0.69	0.739	0.241	0.239	0.555	0.620
		地下部位	0.056	1.424	1.956	0.597	0.968	0.204	0.477	0.812
	油麦菜	地上部位	0.019	1.737	0.244	0.425	0.177	0.162	0.282	0.435
		地下部位	0.013	1.262	0.319	0.501	0.348	0.064	0.171	0.383

生菜对重金属的富集性表现为：Cd>Cu>Cr>Zn>Ni>Pb>As。其对重金属 Cd 的富集性在东西大沟大棚以及西大沟大田蔬菜中表现得较为突出；对重金属 Cr 的富集性在东大沟大田中表现得较为突出；对 Cu 的富集性在西大沟大棚和东大沟大田中表现较为突出；对 Ni 的富集性在东大沟大棚中表现较为突出；对 Zn 的富集性在西大沟大棚中表现突出。油菜对重金属的富集性大小与生菜的一致。其对 Cd 的富集性在西大沟大田蔬菜中表现得特别突出；对 Cr 的富集能力在东大沟大田中表现突出。油麦菜对重金属的富集性表现为：Cd>Cu>Zn>Cr>Ni>Pb>As。其对 Cd 的富集性在东西大沟大田和西大沟大棚蔬菜中表现较为突出；对 Cr 的富集性在东大沟大田中较为突出；对 Cu 的吸收在东大沟大田蔬菜中表现明显，对 Ni 的富集性在东大沟大棚和东大沟大田中表现明显；对 Zn 的富集性在西大沟大棚和西大沟大田中表现明显。总体上来说，不同蔬菜的富集能力表现为：油菜>油麦菜>生菜>胡萝卜。

（2）不同种类蔬菜地下部的重金属富集性

不同种类蔬菜地下部分重金属富集系数，如表 2-8 所示。蔬菜地下部分的重金属的富集能力总体上有以下规律：同一种植模式下的不同蔬菜，重金属富集能力不同；不同蔬菜地下部分对不同重金属的富集能力也不同。在东大沟大棚蔬菜地下部分的重金属富集能力表现为生菜>油麦菜>油菜>胡萝卜；东大沟大田蔬菜地下部分的重金属富集能力为油菜>油麦菜>生菜>胡萝卜；西大沟大棚蔬菜地下部分的重金属富集能力为生菜>油麦菜>油菜>胡萝卜；西大沟大田为油菜>油麦菜>生菜>胡萝卜；蔬菜在不同种植方式下总体的富集系数表现为大田>大棚。

胡萝卜地下部分对重金属的富集能力表现为 Cd>Ni>Cu>Cr>Zn>Pb>As。其地下部分对 Cd 的富集性在西大沟大田蔬菜中表现得特别突出，对 Cr 的富集性在西大沟大田和东大沟大田蔬菜中表现得较为突出，对 Ni 的富集性在东大沟大棚中表现得特别突出。生菜地下部分对重金属的富集性表现为 Cd>Cu>Cr>Ni>Zn>Pb>As。其对重金属 Cd 的富集性在东西大沟大棚及西大沟大田蔬菜中表现得较为突出。油菜地下部分对重金属的富集性大小表现为 Cd>Cr>Cu>Ni>Zn>Pb>As。其对 Cd 的富集性在西大沟大田蔬菜中表现得特别突出，对 Cr 的富集性在西大沟大田中表现得较为突出，对 Ni 的富集性在西大沟大田中表现得较为突出。油麦菜对重金属的富集性表现为：Cd>Cu>Ni>Cr>Zn>Pb>As。其对 Cd 的富集性在西大沟大田蔬菜中表现较为突出，对 Cu 的富集性在东大沟大田蔬菜中表现明显，对 Ni 的富集性在东大沟大棚中表现明显。

总体上来说，不同蔬菜地下部分的富集能力表现为油菜>油麦菜>生菜>胡萝卜。从蔬菜地下、地上部分的富集性可以看出，蔬菜地下、地上部分的重金属富集规律基本一致，地上部分重金属的富集顺序总体上是：Cd>Cr>Cu>Zn>Ni>Pb>As；地下部分的重金属富集顺序总体上是：Cd>Cu>Cr>Ni>Zn>Pb>As。Cd 的富集性最高，这是因为土壤中 Cd 的高活性所致。就不同蔬菜来说，Cd、Cr、Cu、Ni、Zn、Pb、As 七种元素在叶菜中的富集量要高于根菜中的富集量，尤其是 Cd 元素在叶菜中具有很高的富集性。

2.2.4 不同种植方式下作物中重金属迁移能力的动态变化特征

植物的地上/地下部分重金属分配比反映了重金属从植物根系迁移到地上部分的速度。从表 2-9 中可以看出，同一灌溉方式下，不同蔬菜的重金属从根系到地上部分的迁移速率不同。东大沟大田中蔬菜的迁移速率表现为油菜>生菜>油麦菜>胡萝卜；西大沟大田蔬菜中重金属的迁移速率为油麦菜>油菜>生菜>胡萝卜；东大沟大棚中蔬菜重金属的迁移速率为生菜>油麦菜>油菜>胡萝卜；西大沟大棚中蔬菜重金属的迁移速率为油菜>生菜>油麦菜>胡萝卜。同种蔬菜在不同的灌溉模式和种植模式下重金属的迁移速率不同。对根菜来说，西大沟不同种植方式下的重金属迁移速率大于东大沟。叶菜在西大沟大棚中重金属的迁移速率最高，而在东大沟大棚最低。不同重金属在蔬菜中的迁移速率也不相同。胡萝卜中重金属的迁移速率表现为 Pb>Cr>Cd>As>Ni>Zn>Cu；生菜中重金属的迁移速率表现为 Cd>Zn>Pb>Ni>Cu>Cr>As；油菜中重金属的迁移速率表现为 Cr>Zn>Pb>Cd>Cu>As>Ni；油麦菜中重金属的迁移速率表现为 Cd>Zn>Pb>Cu>As>Cr>Ni；根菜中 Pb、Cr、Cd 的迁移速率较大，而 Zn、Cu 的迁移速率较小。叶菜中 Zn、Cd 的迁移速率较大，而 As、Ni 的迁移速率较小。总体上来看，重金属在叶菜中的迁移速率要快于根菜，这可能就是遗传特性不同引起的。

表 2-9　不同种植方式下蔬菜地上部、地下部重金属含量分配比

样地	蔬菜	As	Cd	Cr	Cu	Ni	Pb	Zn	合计
DT	胡萝卜	1	1.2	1.5	0.7	1.8	1.3	0.9	8.4
	生菜	3.7	12	7.8	5.4	8	7.3	7.7	51.9
	油菜	8.9	10.5	10.4	10.2	7.5	7	13.6	68.1
	油麦菜	2.6	7.7	5.2	7.5	5.6	3.8	8.1	40.5
XT	胡萝卜	1.9	2.8	2.3	0.8	1.1	7.3	1.1	17.3
	生菜	5.5	5.7	1.8	5.4	1.3	5.2	5.2	30.1
	油菜	6.4	3.4	6.1	6.5	1.2	7.7	6.6	37.9
	油麦菜	8.6	7.7	6.4	6.5	2.5	13.9	9	54.6
DP	胡萝卜	2	1.6	1.8	0.4	0.1	2.2	0.6	8.7
	生菜	1.3	6.2	5.8	2.7	5.5	3.7	3.3	28.5
	油菜	1.6	2.4	2.3	1.9	3.3	2.4	3.8	17.7
	油麦菜	2.5	2.8	4	2.1	1.4	2.7	3.6	19.1
XP	胡萝卜	0.9	1.5	1.9	0.9	1.4	6.3	0.7	13.6
	生菜	11.5	17.2	7.1	9.1	11	10.8	12.8	79.5
	油菜	10.1	13.2	16.7	10	1.6	16.2	17.6	85.4
	油麦菜	8.7	16.7	6.4	9.6	6.5	11.1	13.7	72.7

　　蔬菜重金属的元素含量水平及其对土壤重金属的富集转移能力，直接关系到蔬菜生产和食用安全，土壤中过量的重金属可通过食物摄入、皮肤接触、呼吸等途径对人体产生健康风险，其中最直接且比例最大的途径为食物摄入。通过对健康风险指数（HRI）分析可知，东大沟蔬菜重金属对人体造成的健康风险表现为大田高于大棚，且重金属通过蔬菜摄入对儿童造成的健康风险明显高于成人，约是成人的 1.289 倍，东大沟大田中四种蔬菜对人体健康风险表现为：生菜>油麦菜>油菜>胡萝卜；大棚为：油麦菜>油菜>生菜>胡萝卜，其中最大的贡献因子 As 对综合健康风险指数（Total Health Risk Index，THRI）的贡献率为 76.06%～78.00%。李如忠等（2013）研究也表明，长期食用矿业城市周边菜地蔬菜可能带来身体受损风险，且重金属 As 对 HI（综合非致癌指数）的贡献率最大，达到 55.10%。因此，白银市东大沟蔬菜具有慢性毒性效应，食用大田生菜和大棚油麦菜对人体健康风险较大，且儿童的健康风险高于成人。

2.3　不同种类作物对重金属的迁移富集特征

2.3.1　不同种类作物中重金属元素的元素含量特征

（1）蔬菜地上和地下部分重金属元素含量特征

本研究在白银农田中种植了 20 种蔬菜（根茎类：胡萝卜、土豆；果菜类：黄瓜、架

豆、辣椒、龙豆、茄子、西葫芦、西红柿；叶菜类：白菜、菠菜、大葱、韭菜、甘蓝、芹菜、生菜、茼蒿、香菜、油麦菜、油菜），探究不同种类蔬菜对不同重金属类型（As、Cd、Cr、Cu、Pb、Zn）的吸收差异，不同种类蔬菜地下部重金属元素含量分布及变化特征如图 2-10 所示。总体来看，由于不同蔬菜对不同类型重金属元素的富集能力不同，导致六种重金属元素含量在蔬菜中的变化范围较大。与土壤直接接触的蔬菜地下部分重金属元素含量较高，As、Cd、Cr、Cu、Pb、Zn 的元素含量范围分别为：0.44 ~ 5.19mg/kg、0.48 ~ 5.15mg/kg、2.17 ~ 9.57mg/kg、4.50 ~ 17.47mg/kg、1.24 ~ 7.37mg/kg、22.61 ~ 118.83mg/kg，平均元素含量为：2.23mg/kg、1.83mg/kg、6.59mg/kg、10.29mg/kg、3.41mg/kg、54.17mg/kg（Zn>Cu>Cr>Pb>As>Cd）。其中，As、Cd、Cu、Pb 四种重金属元素含量的最高值均出现在叶菜类的地下部分，分别为韭菜（As 含量 5.19±2.49mg/kg）、菠菜（Cd 含量 5.15±0.84mg/kg）、芹菜（Cu 含量 17.47±4.74mg/kg）和芹菜（Pb 含量 7.37±2.29mg/kg），Cr 和 Zn 的最高元素含量出现于龙豆（9.57±2.84mg/kg）和茄子（118.83±20.71mg/kg）的地下部分。这与叶菜类根际土壤重金属元素含量较高的结果一致。地下部分中，As、Cd、Cr、Cu、Pb、Zn 的最低元素含量分别出现在龙豆（As，0.44±0.15mg/kg）、甘蓝（Cd，0.48±0.04mg/kg）、架豆（Cr，2.17±1.56mg/kg）、白菜（Cu，4.5±0.89mg/kg）和胡萝卜（Pb 和 Zn，1.24±0.27mg/kg 和 22.61±2.29mg/kg）中。从蔬菜种类来看，地下部中 As、Pb 元素含量表现为叶菜类>果菜类>根茎类，Cd 为叶菜类>根茎类>果菜类，Cr 为根茎类>叶菜类>果菜类，Cu 为果菜类>根茎类>叶菜类，Zn 则表现为根茎类>果菜类>叶菜类。根据显著性差异分析，三类蔬菜地下生物量中仅 As 的元素含量表现出显著差异，具体表现为根茎类蔬菜显著低于叶菜类（$p<0.05$），其余五种重金属的元素含量并未表现出差异性。整体表现为叶菜类>果菜类>根茎类。

不同种类蔬菜对重金属元素的迁移能力存在显著差异，因此不同种类蔬菜地上部分生物量中重金属元素含量特征各不相同。研究结果表明，20 种蔬菜地上部分生物量中 As、Cd、Cr、Cu、Pb、Zn 的元素含量范围分别为 0.16 ~ 4.18mg/kg、0.15 ~ 6.47mg/kg、0.82 ~ 47.18mg/kg、2.54 ~ 16.84mg/kg、0.65 ~ 7.81mg/kg、24.09 ~ 211.71mg/kg，均值为 1.55mg/kg、1.91mg/kg、8.89mg/kg、9.12mg/kg、3.65mg/kg、58.79mg/kg（Zn>Cu>Cr>Pb>Cd>As）。其中，根茎类蔬菜地上部分的均值分别为 1.70mg/kg、1.44mg/kg、35.04mg/kg、12.90mg/kg、5.20mg/kg、50.99mg/kg，果菜类分别为 1.85mg/kg、1.63mg/kg、7.95mg/kg、9.19mg/kg、4.64mg/kg、57.71mg/kg，叶菜类分别为 1.32mg/kg、2.19mg/kg、4.73mg/kg、8.39mg/kg、2.73mg/kg、60.89mg/kg。根茎类地上部分 Cr 和 Cu 的元素含量显著高于果菜类和叶菜类蔬菜，土豆中 Cr 和 Cu 元素含量在所有蔬菜中较高，分别为 47.18±52.33mg/kg 和 16.77±1.98mg/kg，甘蓝地上部分 Cr 和 Cu 的元素含量最低，分别为 0.82±0.29mg/kg 和 2.54±0.24mg/kg。同样，在根茎类蔬菜中，尤其是土豆中 Pb 元素含量较高，同时生菜中也具有较高的 Pb 元素含量，其均值分别为 6.33±2.65mg/kg 和

7.81±2.79mg/kg。虽然以上三种重金属元素在土豆地上部分含量较高，但值得一提的是，土豆所供食用的是地下部分。As、Cd 和 Zn 的元素含量在三类蔬菜中均未表现出差异性，三种重金属元素含量较高的蔬菜主要集中在叶菜类中，其中菠菜中 Cd 和 Zn 的元素含量在所有蔬菜中最高，其均值分别为 6.48±2.81mg/kg 和 211.71±37.55mg/kg，As 元素含量在茄子中相对较高（4.18±0.89mg/kg）。值得注意的是，As、Cd 和 Zn 的最低含量均出现在甘蓝中，均值分别为 0.16±0.02mg/kg、0.15±0.06mg/kg 和 24.09±1.38mg/kg，Liu 等（2021）同样发现甘蓝为重金属低累积蔬菜。综上所述，在所研究的 20 种蔬菜中，甘蓝地上生物量中六种重金属的元素含量均为最低值，最高元素含量主要集中在菠菜（Cd、Cu 和 Zn），As、Cr 和 Pb 的最大值分别出现在茄子、土豆和生菜的地上生物量中。

（2）不同种类蔬菜可食部分重金属元素含量特征

蔬菜可食部分重金属元素含量的统计分析结果如图 2-10 所示。20 种蔬菜可食部分重金属元素含量变化范围较大，存在明显差异。As、Cd、Cr、Cu、Pb、Zn 的元素含量范围分别为 0.12～2.88mg/kg、0.06～6.47mg/kg、0.81～20.38mg/kg、2.54～16.84mg/kg、0.32～7.81mg/kg、16.01～211.71mg/kg，平均元素含量分别为 0.93mg/kg、1.67mg/kg、3.94mg/kg、8.62mg/kg、2.01mg/kg、49.97mg/kg。根茎类蔬菜可食部分六种重金属的平均值分别为 0.45mg/kg、0.46mg/kg、4.14mg/kg、7.56mg/kg、0.78mg/kg、19.31mg/kg；果菜类可食部分重金属元素含量为其果实部分元素含量，平均元素含量分别为 0.49mg/kg、

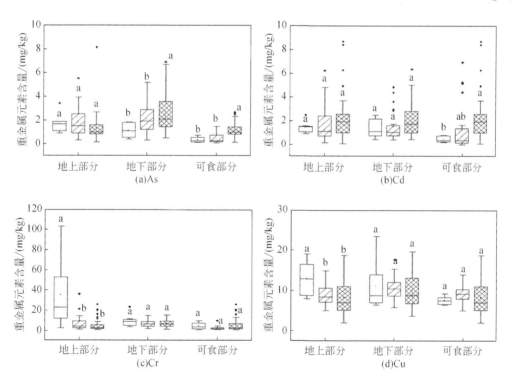

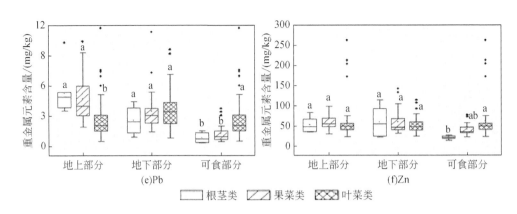

图 2-10　不同种类蔬菜地上部分、地下部分及可食部分重金属元素含量

1.20mg/kg、2.13mg/kg、9.27mg/kg、1.22mg/kg、38.96mg/kg；叶菜类可食部分即其地上部分重金属元素含量。其中，15 种蔬菜可食部分的 As 元素含量（除土豆、架豆、辣椒、西红柿、甘蓝），18 种蔬菜可食部分的 Cd 元素含量（除架豆、甘蓝），20 种蔬菜可食部分的 Pb 元素含量均超过《食品安全国家标准　食品中污染物限量》（GB 2762—2017）限量标准，这与土壤重金属元素含量超过农田标准限值的结果一致。由此可见，架豆和甘蓝的可食部分仅有 Pb 元素含量超过了食品污染物限量标准，这与甘蓝地上生物量中六种重金属的元素含量均为最低值相对应。20 种蔬菜可食部分中 As、Cd、Pb 元素含量最低的分别是西红柿（0.12±0.04mg/kg）、架豆（0.06±0.05mg/kg）、土豆（0.32±0.11mg/kg），最高的分别是韭菜（2.88±0.61mg/kg）、菠菜（6.47±2.81mg/kg）、生菜（7.81±2.79mg/kg），元素含量最高的均集中于叶菜类蔬菜。As、Cd、Pb 元素含量的最高值与最低值的差异达几十倍，甚至几百倍（Cd）。

　　研究结果表明，20 种蔬菜对重金属元素的累积存在明显差异。据报道，叶菜类蔬菜对 Cd 的吸收和累积大于非叶菜类蔬菜（Yang et al.，2009，2010）。在本研究中，叶菜类可食部分的 As、Cd、Pb、Zn 的元素含量显著高于根茎类（$p<0.05$），且与果菜类也存在一定的差异，Cr 和 Cu 元素在三类蔬菜可食部分中分布相对均匀。这些差异性可能是由于不同种类蔬菜的各个组织吸收和迁移污染物的能力不同，三类蔬菜可食部分 As、Cd、Pb 和 Zn 的元素含量顺序为叶菜类>果菜类>根茎类，Cr 的元素含量顺序为叶菜类>根茎类>果菜类，Cu 的元素含量顺序为果菜类>叶菜类>根茎类。这是由于不同种类蔬菜对重金属元素的吸收迁移会受到土壤理化性质、蔬菜种类、重金属类型等因素的制约，所以导致部分研究结果不总是符合叶菜类>果菜类>根茎类的重金属累积规律。六种重金属在可食部分总的元素含量整体呈现叶菜类>果菜类>根茎类的趋势，叶菜类蔬菜对重金属元素的吸收和富集能力高于其他两种蔬菜类型。叶菜类蔬菜重金属元素含量水平较高，重金属累积能力强，可能是由于叶片是植物进行光合作用的主要部分，因为强烈的蒸腾作用导致较高的重金属元素转移至叶片。并且，叶菜类蔬菜通常是矮生植物，其叶片比其他类型的蔬菜离地面更近，易暴露在受污染的土壤中。此外，大气重金属沉降也是叶菜类蔬菜地上部分重金属元素含量较高的原因之一。果菜类可食部分重金属元素含量偏低的原因可能是重金属从土壤向果实迁移的障碍比向叶和茎转运的障碍更多。陈志良等（2017）对广州市四类蔬菜的重金属（Cu、Zn、Pb、Cd、Ni、Cr）含量进行分析发现，叶菜类蔬菜污染程度最高，其次是茎类和茄果类，最低的为肉质根类。Gan 等（2017）同样发现，与果菜类蔬菜相比，叶菜类具有相对较高的重金属元素含量和转运因子，并且确定植物种类、土壤重金属元素含量及土壤 pH 是影响其有差异性的三个关键因子。

2.3.2 不同种类作物地下部分对重金属的富集能力

蔬菜地下部分生物富集系数（BCF_{bs}）越大，表明蔬菜地下生物量对土壤中重金属的吸收能力越强。研究结果显示，不同种类蔬菜对不同类型重金属元素的富集能力存在较大差异。富集系数分析结果见表 2-10，As、Cd、Cr、Cu、Pb、Zn 的 BCF_{bs} 范围分别为 0.018 ~ 0.220、0.085 ~ 1.653、0.033 ~ 0.380、0.078 ~ 0.618、0.015 ~ 0.123、0.075 ~ 0.665。在所研究的 120 对蔬菜和重金属（20 种蔬菜×6 种重金属）中，仅在菠菜（1.653±0.976）和香菜（1.010±0.347）中观察到 Cd 的 $BCF_{bs}>1$。尽管据报道，Cd 易从土壤迁移至植物中（Hu et al.，2017；Gupta et al.，2010），但在所研究的 20 对蔬菜中，有 18 种的 $BCF_{bs}=1$。这些结果表明，蔬菜地下部分中重金属元素含量普遍低于土壤。蔬菜收获后，根际土壤 pH 为 7.3 ~ 7.9，呈微碱性。与 pH<7 时相比，pH>7 时，由于氢氧化物/碳酸盐的沉淀与土壤有机质（SOM）可以形成不溶性的有机络合物，可以使重金属在土壤中的移动性变小。

表 2-10　蔬菜地下部生物富集系数（BCF_{bs}），以及地上、果实及可食部分迁移系数（TF_{ab}、TF_{fa}、TF_{es}）

	种类		As	Cd	Cr	Cu	Pb	Zn
BCF_{bs}	根茎类	胡萝卜	0.018±0.010	0.130±0.053	0.110±0.049	0.118±0.028	0.015±0.006	0.075±0.02
		土豆	0.148±0.034	0.998±0.308	0.380±0.24	0.618±0.255	0.123±0.034	0.665±0.138
	果菜类	黄瓜	0.060±0.009	0.175±0.006	0.130±0.053	0.173±0.018	0.020±0.001	0.120±0.022
		架豆	0.090±0.015	0.128±0.036	0.033±0.025	0.133±0.034	0.033±0.013	0.128±0.025
		辣椒	0.058±0.031	0.525±0.396	0.088±0.050	0.263±0.123	0.035±0.013	0.178±0.076
		龙豆	0.023±0.013	0.260±0.178	0.245±0.087	0.213±0.115	0.018±0.005	0.255±0.138
		茄子	0.128±0.044	0.875±6.287	0.180±0.062	0.250±0.015	0.078±0.038	0.413±0.101
		西红柿	0.063±0.048	0.188±0.095	0.108±0.024	0.108±0.018	0.028±0.005	0.255±0.088
		西葫芦	0.083±0.081	0.158±0.158	0.173±0.181	0.215±0.167	0.070±0.061	0.193±0.074
	叶菜类	白菜	0.023±0.005	0.210±0.135	0.050±0.022	0.085±0.024	0.023±0.005	0.135±0.013
		菠菜	0.070±0.015	1.653±0.976	0.198±0.055	0.263±0.081	0.073±0.039	0.405±0.082
		大葱	0.078±0.041	0.203±0.075	0.048±0.030	0.115±0.043	0.025±0.013	0.138±0.018

绿洲农田 土壤重金属污染行为与生态修复

	种类		As	Cd	Cr	Cu	Pb	Zn
BCF_{bs}	叶菜类	甘蓝	0.030±0.009	0.085±0.010	0.125±0.083	0.078±0.019	0.025±0.006	0.100±0.032
		韭菜	0.220±0.117	0.463±0.038	0.240±0.146	0.290±0.17	0.050±0.025	0.178±0.034
		芹菜	0.143±0.094	0.830±0.51	0.153±0.083	0.355±0.18	0.073±0.028	0.175±0.047
		生菜	0.055±0.010	0.295±0.041	0.115±0.064	0.118±0.013	0.043±0.005	0.180±0.020
		茼蒿	0.083±0.035	0.125±0.057	0.123±0.063	0.150±0.036	0.015±0.010	0.095±0.030
		香菜	0.160±0.07	1.010±0.347	0.185±0.076	0.328±0.106	0.073±0.010	0.203±0.073
		油菜	0.030±0.009	0.185±0.027	0.108±0.045	0.088±0.015	0.043±0.013	0.113±0.015
		油麦菜	0.050±0.009	0.303±0.034	0.095±0.047	0.128±0.010	0.030±0.009	0.110±0.009
TF_{ab}	根茎类	胡萝卜	2.230±0.772	1.893±1.173	4.063±2.032	1.285±0.104	3.403±0.985	1.545±0.185
		土豆	1.240±0.493	0.865±0.256	7.868±10.246	1.230±0.528	1.643±0.514	0.730±0.165
	果菜类	黄瓜	1.048±0.146	0.745±0.117	0.358±0.098	0.820±0.110	2.513±0.382	1.490±0.432
		架豆	0.505±0.071	0.375±0.120	4.703±4.332	0.778±0.114	0.943±0.113	0.785±0.153
		辣椒	0.730±0.330	1.628±0.673	1.435±1.295	0.665±0.25	1.060±0.478	1.405±0.345
		龙豆	2.858±1.168	1.145±0.270	0.783±0.521	0.945±0.165	1.570±0.450	1.258±0.277
		茄子	1.425±0.537	1.190±0.246	0.433±0.277	0.893±0.383	1.440±0.947	0.723±0.092
		西红柿	0.605±0.426	1.323±0.420	2.858±1.032	0.935±0.177	1.045±0.219	0.700±0.133
		西葫芦	1.035±0.684	1.148±0.665	0.625±0.224	1.330±0.388	2.323±1.110	1.498±0.495
	叶菜类	韭菜	1.438±2.522	0.858±0.235	1.268±1.614	0.725±0.418	0.905±0.960	1.043±0.198
		芹菜	0.325±0.059	0.645±0.087	4.003±2.867	0.345±0.043	0.383±0.154	0.840±0.185
		生菜	1.153±0.131	1.290±0.081	1.230±1.279	1.320±0.145	1.998±0.930	1.088±0.048
		茼蒿	0.550±0.046	1.280±0.140	0.398±0.160	1.230±0.303	1.548±1.215	1.653±0.252
		香菜	0.280±0.116	0.820±0.113	0.853±0.253	0.918±0.095	0.553±0.143	0.998±0.126
		油菜	0.555±0.277	1.303±0.234	0.258±0.216	0.623±0.14	0.473±0.175	0.835±0.121
		油麦菜	0.558±0.105	1.670±1.294	0.403±0.246	1.025±0.341	0.843±0.324	1.495±0.664
		白菜	0.783±0.168	1.143±0.543	1.193±1.749	0.823±0.223	0.988±0.291	0.723±0.232
		菠菜	0.980±0.570	1.275±0.597	0.623±0.472	1.293±0.237	1.328±0.802	2.078±0.569
		大葱	0.725±0.951	0.850±0.140	0.780±0.802	0.793±0.366	0.915±1.059	1.003±0.025
		甘蓝	0.170±0.067	0.313±0.127	0.235±0.227	0.548±0.105	0.253±0.079	0.788±0.161
TF_{fa}	果菜类	黄瓜	0.446±0.173	0.229±0.087	0.732±0.666	0.894±0.201	0.130±0.045	0.567±0.207
		架豆	0.110±0.053	0.219±0.159	0.473±0.565	0.977±0.159	0.340±0.133	0.927±0.156
		辣椒	0.292±0.044	0.551±0.040	0.684±0.576	1.471±0.219	0.280±0.022	0.653±0.142
		龙豆	0.466±0.186	0.676±0.591	0.612±0.274	1.535±0.558	0.818±0.580	0.999±0.214
		茄子	0.181±0.046	1.205±0.266	0.688±0.649	0.926±0.171	0.306±0.186	0.513±0.020
		西红柿	0.137±0.068	0.315±0.059	0.084±0.031	0.893±0.128	0.204±0.096	0.512±0.074
		西葫芦	1.295±2.345	0.959±1.460	0.554±0.206	0.917±0.415	0.118±0.053	0.933±0.561

		种类	As	Cd	Cr	Cu	Pb	Zn
TF$_{es}$	根茎类	胡萝卜	0.018±0.010	0.13±0.051	0.108±0.048	0.116±0.028	0.015±0.005	0.077±0.018
		土豆	0.012±0.005	0.111±0.021	0.072±0.072	0.326±0.049	0.010±0.004	0.113±0.024
	果菜类	黄瓜	0.028±0.010	0.030±0.010	0.032±0.029	0.125±0.021	0.007±0.003	0.094±0.027
		架豆	0.005±0.003	0.009±0.007	0.031±0.017	0.098±0.012	0.012±0.007	0.092±0.016
		辣椒	0.011±0.002	0.388±0.170	0.044±0.024	0.232±0.073	0.010±0.003	0.153±0.048
		龙豆	0.024±0.012	0.151±0.087	0.143±0.141	0.305±0.196	0.024±0.012	0.314±0.180
		茄子	0.030±0.010	1.269±0.688	0.033±0.013	0.199±0.076	0.026±0.017	0.153±0.039
		西红柿	0.005±0.005	0.071±0.029	0.024±0.008	0.089±0.023	0.006±0.003	0.088±0.028
		西葫芦	0.032±0.050	0.073±0.096	0.043±0.028	0.234±0.184	0.014±0.006	0.233±0.118
	叶菜类	白菜	0.018±0.008	0.225±0.142	0.019±0.011	0.072±0.034	0.022±0.007	0.097±0.022
		菠菜	0.075±0.057	2.210±1.551	0.106±0.051	0.352±0.174	0.098±0.059	0.870±0.421
		大葱	0.032±0.019	0.164±0.039	0.025±0.011	0.082±0.032	0.016±0.011	0.138±0.015
		甘蓝	0.005±0.001	0.026±0.010	0.016±0.006	0.042±0.007	0.007±0.001	0.077±0.012
		韭菜	0.103±0.107	0.397±0.094	0.288±0.076	0.173±0.045	0.034±0.019	0.184±0.054
		芹菜	0.043±0.020	0.512±0.255	0.435±0.094	0.119±0.048	0.026±0.006	0.140±0.015
		生菜	0.064±0.011	0.383±0.052	0.090±0.050	0.154±0.010	0.082±0.030	0.201±0.030
		茼蒿	0.045±0.014	0.159±0.064	0.044±0.014	0.178±0.021	0.019±0.009	0.152±0.029
		香菜	0.040±0.012	0.804±0.212	0.147±0.049	0.300±0.094	0.040±0.008	0.201±0.072
		油菜	0.015±0.006	0.242±0.045	0.022±0.007	0.055±0.012	0.019±0.014	0.094±0.022
		油麦菜	0.028±0.005	0.487±0.335	0.031±0.009	0.130±0.046	0.024±0.008	0.164±0.062

不同种类蔬菜地下部分对土壤重金属的富集能力不同。由图 2-11 可知,蔬菜地下部分对 As 的富集能力表现为叶菜类>根茎类>果菜类,Cd 和 Pb 为根茎类>叶菜类>果菜类,Cr、Cu 和 Zn 为根茎类>果菜类>叶菜类。具体来说,根茎类蔬菜对 Cr、Cu、Pb、Zn 4 种重金属元素的富集能力显著高于果菜类和叶菜类($p<0.05$)。这是因为根茎类地下生物量较大,植物生长过程中,根系会不断分泌有机物,可以影响根系周围重金属元素的赋存形态和生物有效性,进而影响植株对重金属的富集能力。例如,Li 等(2013)发现超累积生态型景天根际 DOM 与 Cd 形成可溶性配合物(DOM-Cd)的能力较强,使 Cd 在根际的迁移率显著增加。尽管根茎类蔬菜地下部分对个别重金属元素的富集能力较强,但由图 2-10 可知,其地下部分重金属元素含量低于叶菜类和果菜类。不同种类蔬菜地下部分对不同重金属元素的富集能力也不尽相同。根茎类蔬菜对重金属元素的富集能力大致表现为:Cd>Zn>Cu>Cr>As>Pb,Cd 和 Zn 元素相对于其他重金属元素而言更易被根茎类蔬菜地下部分富集,As 和 Pb 元素则相对来说不易被根茎类蔬菜吸收。果菜类地下部分的富集能力表现为:Cd>Zn>Cu>Cr>As>Pb,与根茎类蔬菜呈现相同的变化趋势。叶菜类地下部分重金属富集能力表现为:Cd>Cu>Zn>Cr>As>Pb,与根茎类和果菜类蔬菜的富集能力相似。总

体来说，三类蔬菜地下部分对 Cd 和 Zn 的富集能力较强，对 As 和 Pb 的富集能力相对较弱。在本研究中，灌溉水量根据不同蔬菜的生长周期进行间歇灌溉，有研究发现，干湿交替模式种植水稻会提高水稻对 Cd 的吸收，并显著提高水稻根系对 Cd 的富集。Chang 等（2014）通过探究蔬菜对 As、Cd、Cr、Pb、Hg 元素的富集能力时发现，蔬菜根系对 Cd 富集能力最强，这是因为 Cd 的高迁移率和水溶性可以使其更易通过根系皮层组织被植株吸收。

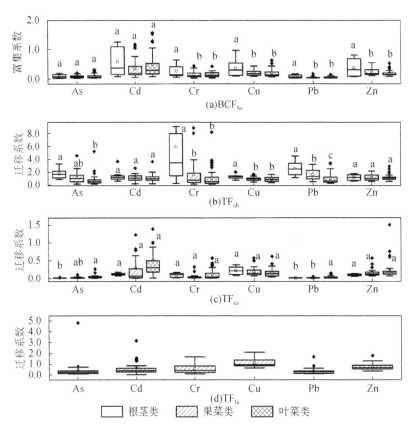

图 2-11　不同种类蔬菜地下部分生物富集系数（BCF$_{bs}$）、地上部分迁移系数（TF$_{ab}$）、
果实部分迁移系数（TF$_{fa}$）和可食部分迁移系数（TF$_{es}$）

2.3.3　不同种类作物地上部分对重金属的迁移能力

迁移系数（TF）为地上部重金属元素含量和地下部重金属元素含量的比值，代表了重金属从地下部迁移至地上部的能力，即化学物质在植物体内的迁移能力。由表 2-10 可知，三类蔬菜对 As、Cd、Cr、Cu、Pb、Zn 由地下部分转移至地上部分的迁移系数（TF$_{ab}$）范围分别为 0.170～2.858、0.313～1.893、0.235～7.868、0.345～1.330、0.253～3.403、0.700～2.078。六种重金属元素的 TF$_{ab}$ 整体上大于 1。根茎类蔬菜 As、Cd、Cr、Cu、Pb、Zn 的 TF$_{ab}$ 均值分别为 1.735、1.379、5.965、1.258、2.523、1.138（Cr>Pb>As

>Cd>Cu>Zn），除土豆中的 Cd（0.865）和 Zn（0.730）的 TF_{ab} 小于 1，其余均大于 1。果菜类（茎叶部分，不包括果实部分）地上部分的迁移能力表现为：Cr（1.599）>Pb（1.557）>As（1.173）>Zn（1.123）>Cd（1.079）>Cu（0.91），其中西葫芦地上部分对重金属的迁移能力相对较强，除 Cr 外 TF_{ab} 均大于 1。叶菜类的迁移能力表现为：Zn（1.140）>Cd（1.041）>Cr（1.022）>Pb（0.926）>Cu（0.877）>As（0.684），其中甘蓝对六种重金属的迁移能力均较弱（<1），这与甘蓝地上生物量中六种重金属元素含量均低于其他叶菜类蔬菜相对应，这意味着摄入甘蓝的健康风险相对较低；生菜中六种重金属元素的 TF_{ab} 值均大于 1，菠菜和茼蒿除 As 和 Cr 外，其余四种重金属的 TF_{ab} 值大于 1，油麦菜中 Cd、Cu 和 Zn 的 TF_{ab} 值大于 1。此外，三类蔬菜地上部分对于重金属的迁移能力存在较大差异，根茎类地上部分对 As、Cr、Cu 和 Pb 的迁移能力均显著高于果菜类和叶菜类（$p<0.05$），且果菜类对 As 和 Pb 的迁移能力强于叶菜类（$p<0.05$）。为了降低蔬菜摄入的潜在健康风险，根茎类和叶菜类蔬菜地上部分转移系数较高和较低是有利的，在本研究中重金属在根茎类蔬菜的地上部分比地下部分有较强的迁移能力，这有利于摄入根茎类蔬菜时的低健康风险。

果菜类蔬菜果实部分中 As、Cd、Cr、Cu、Pb、Zn 的迁移系数（TF_{fa}）的均值分别为 0.418、0.593、0.546、1.087、0.313、0.730（Cu>Zn>Cd>Cr>As>Pb），仅有 Cu 的 TF_{fa} 均值大于 1。在对应的 7 种蔬菜中，仅在西葫芦中的 As、茄子中的 Cd、辣椒和龙豆中的 Cu 中观察到 $TF_{fa}>1$，黄瓜、架豆、西红柿将六种重金属元素从茎叶向果实部分迁移的能力均较弱。结果表明，西葫芦和茄子果实部分具有较强的累积和迁移重金属的能力，尤其是其果实部分对 Cd 元素的迁移。从果菜类蔬菜自身的生理学特征分析，西葫芦和茄子的植株高度相对较低，茄子的根系较为发达，根系的吸收能力较强，这种生理特征可以解释西葫芦和茄子的重金属富集、迁移能力整体强于其他果菜类蔬菜。

2.3.4 不同种类作物可食部分对重金属的迁移能力

蔬菜可食部分对重金属的迁移能力是指蔬菜可食用部分重金属元素含量与根际土壤重金属元素含量之比，可以用来评价蔬菜可食部分累积迁移重金属的能力。由表 2-10 可知，六种重金属元素在根茎类、果菜类和叶菜类蔬菜可食部分迁移系数（TF_{es}）均值小于 1。TF_{es} 因蔬菜种类的不同而有显著差异。与根茎类和果菜类蔬菜相比，叶菜类可食部分迁移重金属元素的能力较强，尤其是 As 和 Pb 的迁移能力显著高于其他两种蔬菜（$p<0.05$）（图 2-11）。不同蔬菜可食部分迁移重金属的能力表现为叶菜类>果菜类>根茎类。蔬菜可食部分对不同重金属元素的迁移能力也不尽相同。根茎类可食部分（胡萝卜为根部、土豆为块茎）的迁移系数为 Cu（0.221）>Cd（0.121）>Zn（0.095）>Cr（0.090）>As（0.015）>Pb（0.013），根茎类对 Cu 和 Cd 有较强的迁移能力。果菜类可食部分（果实）

迁移系数为 Cd（0.285）>Cu（0.183）>Zn（0.161）>Cr（0.050）>As（0.019）>Pb（0.014），果菜类对 Cd、Cu 和 Zn 有较强的富集能力，其中茄子对 Cd 的迁移能力较强（$TF_{es}>1$）。叶菜类可食部分（地上部分）迁移系数为 Cd（0.510）>Zn（0.211）>Cu（0.151）>Cr（0.111）>As（0.043）>Pb（0.035），叶菜类对 Cd 和 Zn 的迁移能力较强，菠菜对 Cd 的迁移能力最强（$TF_{es}>1$）。总体来说，不同种类蔬菜可食用部分对 Cd 的富集能力最强，其次是 Cu 和 Zn，对 As 和 Pb 的富集能力较弱，该结果与以往的研究结果相似。蔬菜可食用部分对重金属元素迁移能力的差异性与蔬菜、重金属元素的种类、土壤重金属的污染程度及蔬菜对重金属的选择性吸收有关。Cu 和 Zn 是蔬菜生长必需的元素，通过主动运输进入植物体内，很容易在根系中累积并转移至可食部分。Cd 对于植物是非必需元素，一般通过被动运输进入植物体内，相对于其他重金属元素，Cd 元素具有较高的生物有效性，易被植物体吸收，Meng 等（2021）同样发现，叶菜类蔬菜对土壤中 Cd 的吸收能力最强，具体表现为：菠菜>香菜>芹菜。对于 As 和 Pb 元素，有研究发现 As 元素从土壤至根系的迁移会受到植物本身生理障碍的影响，同时 As 在土壤–蔬菜的交换能力还会受温度的影响（Wang et al., 2011），随着温度的升高而降低。而单一及复合 Pb、As 污染可显著降低蔬菜对 Pb 元素的转运（Mcbride et al., 2015）。

2.4 不同生长周期作物重金属迁移富集特征

2.4.1 不同生长周期作物重金属元素含量特征

不同种植方式下，胡萝卜和小白菜不同生长期根际土壤中重金属元素含量的变化特征见表 2-11。与播种前供试土壤重金属的元素含量相比较，不同种植方式下不同蔬菜各生长期根际土壤中 As、Cd、Cu、Pb、Zn 的元素含量均降低。大棚和大田种植方式下胡萝卜根际土壤中 Cd 的变化范围分别为 4.46～5.35mg/kg 和 4.83～5.30mg/kg，Zn 的变化范围为 279.17～354.06mg/kg 和 290.05～363.67mg/kg，小白菜根际土壤中 Cd 的变化范围分别为 5.96～6.53mg/kg 和 6.20～6.55mg/kg，Zn 的变化范围为 319.29～360.64mg/kg 和 339.13～353.23mg/kg。由于不同种植方式下蔬菜生长过程中的 pH 均大于 7.5，因此根据《土壤环境质量 农用地土壤污染风险管控标准（试行）》（GB 15618—2018），两种种植方式下不同蔬菜土壤中 Cd 和 Zn 元素含量高于该标准，不符合蔬菜的生长要求，其中属 Cd 污染最严重。这主要是因为本研究的供试土壤具有近 50 年的工业再生水灌溉史，农田土壤重金属污染严重。虽然近年来国家加强监管和治理，从 2006 年以来土壤重金属元素含量显著降低，但是整体上污染仍比较严重。例如，Cao 等（2016，2018）和 He 等（2021）的研究中东大沟农田土壤样品中 Zn 的元素含量为 332 ± 138mg/kg，Cd 为 0.68～5.24mg/kg，均超过了筛选值；南忠仁和李吉均（2000）发现白银市东大沟农田土壤 Cd、Pb、Cu 和 Zn 等超标明显。根据土壤重金属含量分布的变异系数（CV）结果（表2-11），除了中期大棚小白菜根际土壤 Cr 的变异系数达到20%以外，其他重金属含量分布变异系数均小于20%，证明蔬菜生长过程中根际土壤的重金属分布均匀，变异性较小，来源单一。

随着胡萝卜和小白菜的生长，大棚与大田种植方式下胡萝卜和小白菜根际土壤中 As 和 Cd 无明显的变化趋势，Cr、Cu、Pb 和 Zn 呈现一定的变化趋势。胡萝卜根际土壤中 Cr 元素含量表现为生长前期>中期>后期，各生长期 Cr 元素含量差异显著（$p<0.05$）；Cu、Pb、Zn 元素含量均为生长中期>后期>前期，各生长期 Cu、Pb、Zn 元素含量差异显著（$p<0.05$）。小白菜根际土壤 Cr 元素含量生长后期>中期>前期，各生长期 Cr 元素含量无显著差异（$p>0.05$）；Cu 和 Zn 元素含量为生长后期>前期>中期，各生长期 Cu、Zn 元素含量无显著差异（$p>0.05$）；Pb 元素含量为生长后期>前期>中期，各生长期 Pb 元素含量无显著差异（$p>0.05$）。结果表明，胡萝卜和小白菜根际土壤对不同重金属的积累不同，随着时间的推移，胡萝卜根际土壤中重金属元素含量的变化更显著。本研究蔬菜生长过程中根际土壤不同重金属元素含量的累积变化情况不同主要与两方面因素有关：一是土壤中各类重金属的元素含量不同及外部环境向土壤中输入重金属不同，如大气沉降；二是由于研究测定的是蔬菜根际土壤中重金属元素含量，而植物自身的生理特征会影响其对重金属的吸收，包括根系分泌物、植物遗传特性、主动吸收功能和生长期长短等因素。因此大棚和大田种植方式下胡萝卜与小白菜根际土壤中重金属元素含量表现出不同的变化趋势，且相较于小白菜，胡萝卜生长周期更长，对根际土壤重金属元素含量的变化趋势影响更明显。

对比不同种植方式下同一种蔬菜中重金属元素含量差异时发现，大棚和大田种植方式下胡萝卜和小白菜各生长期根际土壤重金属（除 Pb 和 Zn 以外）元素含量无显著差异（$p>0.05$），说明蔬菜生长周期内种植方式对其根际土壤重金属元素含量的影响较小。虽然与小白菜相比较，胡萝卜生长周期更长，但这两种蔬菜整体上的生长期还是相对较短，因此种植方式对土壤中重金属元素含量的影响有限，另外根际土壤本身环境比较复杂，而且土壤具有一定的自净能力，因此不同种植方式下根际土壤重金属元素含量未表现出明显的差异。对比不同蔬菜根际土壤中重金属的元素含量时发现，整体上，胡萝卜和小白菜各生长期根际土中 As 和 Zn 元素含量无显著差异（$p>0.05$），Cd 和 Pb 元素含量表现为胡萝卜<小白菜，Cu 和 Cr 元素含量为胡萝卜>小白菜。结果表明，不同蔬菜根际土壤中重金属元素含量与蔬菜种类相关，这主要是因为重金属的性质不同以及蔬菜根系分泌物的作用。研究表明，相较于其他重金属，土壤中 Cd 和 Cr 具有较强的迁移性，而且 Cd 和 Cr 在土壤中相关性较高，随着胡萝卜的生长对土壤 Cd 和 Cr 的吸收量增加，且本研究盆栽试验的供试土壤相同，因此表现出胡萝卜根际土壤中 Cd 和 Cr 元素含量降低。此外，作物根系分泌物是土壤微生物的重要的碳源和能源，即根际土壤 C 元素含量也在一定程度上反映出

表2-11　蔬菜根际土壤重金属元素含量分布统计描述表

（单位：mg/kg）

生长期	蔬菜种类+种植方式	As Mean±SD	As CV	Cd* Mean±SD	Cd* CV	Cr Mean±SD	Cr CV	Cu Mean±SD	Cu CV	Pb Mean±SD	Pb CV	Zn* Mean±SD	Zn* CV
前期	胡萝卜+大棚	23.64±1.78a	0.08	4.46±0.35c	0.08	80.46±5.35b	0.07	56.86±5.33e	0.09	62.69±1.72d	0.03	279.17±10.77c	0.04
前期	胡萝卜+大田	25.55±2.69a	0.11	4.83±0.52d	0.11	95.86±5.78a	0.06	62.10±9.16de	0.15	66.11±4.84cd	0.07	290.05±52.58bc	0.18
前期	小白菜+大棚	23.65±1.75a	0.07	5.96±0.71abc	0.12	57.99±1.72cd	0.03	78.35±5.33bc	0.07	78.05±1.70b	0.02	360.64±21.38a	0.06
前期	小白菜+大田	23.68±1.75a	0.07	6.20±0.33abc	0.05	56.70±3.71d	0.07	72.06±0.25bc	0.00	90.38±11.99a	0.13	339.13±4.08a	0.06
中期	胡萝卜+大棚	23.23±1.40a	0.06	5.35±0.28bcd	0.05	67.97±0.24c	0.00	90.93±6.59a	0.07	84.34±3.85ab	0.05	354.06±7.57a	0.02
中期	胡萝卜+大田	24.89±2.52a	0.10	5.19±0.64cd	0.12	68.21±1.44c	0.02	80.75±1.41b	0.02	78.79±7.38b	0.09	363.67±11.31a	0.03
中期	小白菜+大棚	24.09±1.43a	0.06	6.53±0.51a	0.06	58.27±11.62cd	0.20	71.15±6.11cd	0.09	77.48±5.03bc	0.06	319.29±38.21abc	0.12
中期	小白菜+大田	24.94±0.05a	0.00	6.55±0.38a	0.00	59.32±1.38cd	0.02	74.29±0.56bc	0.01	85.10±2.90ab	0.03	347.71±4.94a	0.01
后期	胡萝卜+大棚	24.89±0.01a	0.00	4.85±0.57d	0.12	54.55±0.04cd	0.00	76.10±3.19bc	0.04	79.50±6.31ab	0.08	344.27±21.09a	0.06
后期	胡萝卜+大田	23.68±1.27a	0.05	5.30±0.08cd	0.02	58.24±0.91cd	0.02	78.40±1.27bc	0.02	77.28±1.67bc	0.02	355.35±13.74a	0.04
后期	小白菜+大棚	24.02±1.42a	0.06	6.46±0.66a	0.10	59.25±2.52cd	0.04	72.15±2.44bc	0.03	85.12±5.09ab	0.06	325.89±16.12ab	0.05
后期	小白菜+大田	23.25±1.44a	0.06	6.45±0.66ab	0.10	59.42±7.12cd	0.12	76.34±2.47bc	0.03	86.45±4.95ab	0.06	353.23±18.33a	0.05
播种前		27.83±1.38	—	8.02±0.55	—	59.69±4.44	—	85.39±4.16	—	116.93±9.09	—	387.73±21.39	—
《土壤环境质量 农用地土壤污染风险管控标准（试行）》(GB 15618—2018)		25 (pH>7.5)		0.6 (pH>7.5)		250 (pH>7.5)		100 (pH>7.5)		170 (pH>7.5)		300 (pH>7.5)	
《食用农产品产地环境质量评价标准》(HJ 332—2006)		20		0.4		250		100		50		300	

注：不同小写字母代表差异显著（p<0.05）

不同作物根系分泌物的大小。根系分泌物会与重金属生成螯合物以阻止重金属离子向植物根中迁移。由于根际土壤 C 元素含量整体上表现为胡萝卜<小白菜，因此，胡萝卜根际土壤重金属元素含量相对较低。而 Cu 和 Pb 元素含量表现出相反的情况，Cu 是蔬菜所需要的微量元素，Pb 不易被植物吸收，主要表现为根表皮的吸附，由于胡萝卜地下部生物量相对较高，易将 Cu 和 Pb 固定在根系周围，导致这两种重金属元素被固定在根际土壤中。

2.4.2 不同生长周期作物重金属影响因素

不同种植方式下，蔬菜三个生长期重金属元素含量的主成分分析（PCA）结果如图 2-12 所示。结果显示，主成分分析解释率为 88.73%，其中 PCA1 轴的解释率为 69.36%，PCA2 轴的解释率为 19.37%。可以看出，蔬菜中重金属的元素含量按照蔬菜种类不同聚集分布，在胡萝卜中重金属元素含量的聚集区域内部不同种植方式和各个生长期的聚集程度较高，小白菜各生长期的重金属元素含量的聚集在一起未有明显的区块分布，这表明不同蔬菜之间重金属含量有明显的差异。此外，种植方式对胡萝卜中重金属影响较大，且不同生长期胡萝卜中重金属元素含量不同；而小白菜中重金属元素含量受种植方式影响较小，不同生长期小白菜中的重金属也并无明显的聚类，这与不同种植方式下小白菜中重金属元素含量无显著差异的结果一致。

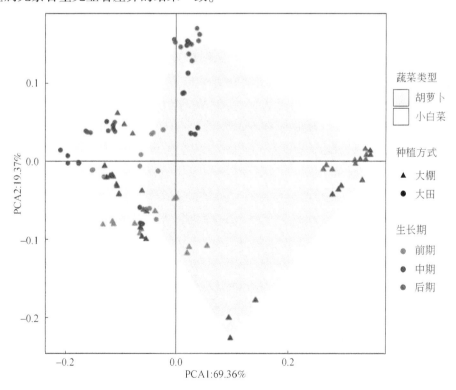

图 2-12 蔬菜生长过程中重金属元素含量的主成分分析（PCA）

(1) 胡萝卜不同生长期重金属元素含量的影响因素

基于三个生长期胡萝卜中重金属元素含量与根际土壤理化性质和重金属元素含量间的回归分析见表 2-12。结果显示，生长前期，大棚胡萝卜地下部分 Cu 元素的含量主要受地上部 Cu 元素含量的影响，呈显著正相关（$p<0.05$）。大田胡萝卜地下部分 Cd 元素含量主要受 CEC 的影响，呈显著正相关。土壤理化性质和重金属元素含量对大棚胡萝卜地下部分其他重金属元素含量的影响较小，对大田胡萝卜地下部分 As 和 Cr 元素含量有显著影响，影响程度分别为：CEC>As-s>SOM>pH>As-a，CEC>Cr-s>pH>SOM>Cr-a，且与 CEC 呈显著正相关（$p<0.05$）。阳离子交换量相对较高时，可能会提高土壤中重金属的有效性，使得根表面与根系土壤溶液发生离子交换的量在增大，使得重金属离子进入根部的概率增大，从而使植物对重金属的吸收增加。本研究中大田土壤 CEC 相对较高，促进了蔬菜对重金属的吸收。如表 2-12 所示，生长前期，大棚胡萝卜地下部分中仅 Cu 元素含量受地上部 Cu 影响，而影响大田胡萝卜地下部分重金属元素含量的主要因素为土壤 CEC 和相应土壤中重金属的元素含量。

生长中期，四种重金属中，大棚胡萝卜地下部分 Cd 和 Zn 与地上部分 Cd 和 Zn 元素含量呈极显著正相关（$p<0.01$），地下部分 Cr 与地上部 Cr 呈显著负相关（$p<0.05$），As 与土壤理化参数和对应的土壤中的重金属没有明显的相关关系；大田胡萝卜只有 As 元素含量与土壤 pH 呈显著负相关（$p<0.05$）。这表明，在生长中期，大棚胡萝卜中 Cd 和 Zn 在地上部分的积累主要来自地下部运输，大田胡萝卜中重金属元素与对应地下部分中的重金属元素无明显的相关关系。这一方面是因为 Cd 具有较强的生物可利用性，并在植物体内具有较高的迁移能力，而 Zn 是植物生长必需的微量元素之一；另一方面主要是因为生长中期蔬菜地上部分和地下部分的生物量均在加速累积，而且植物通过根系向地上部输送养分，其间重金属随之迁移至植物地上部分，因此植物地上部分与地下部分中重金属表现出显著的相关性。但是由于大田种植方式下蔬菜可以通过叶片从外界吸收重金属，所以蔬菜中重金属受到大气沉降的影响比较大。

生长后期，大棚胡萝卜地下部分 Cd 元素含量主要与土壤 SOM 和地上部分 Cd 元素含量有关，影响程度大小顺序为：Cd-a>SOM。根际部 Zn 元素含量主要与土壤 pH 和对应的土壤中 Zn 元素含量相关，影响程度大小顺序为：Zn-s>pH。并且，大棚胡萝卜地下部分 Cd 与地上部分 Cd 呈极显著正相关，地下部分 Zn 与对应土壤中 Zn 呈显著负相关，说明大棚胡萝卜地上部分 Cd 主要来自于地下部分。大田胡萝卜地下部分 As 与土壤 pH、SOM 和土壤中 As 元素含量有关，影响因素的大小为：pH>As-s>SOM；而 Cr 主要受土壤 pH 的影响，Zn 主要与土壤 SOM 相关。结果表明，大棚种植方式下胡萝卜生长后期地上部分 Cd 的主要来源是地下部分的 Cd，地下部分 Zn 的主要来源于对应的土壤中的 Zn；大田种植方式下胡萝卜生长后期重金属元素含量主要受土壤理化参数的影响。

绿洲农田 土壤重金属污染行为与生态修复

表 2-12 胡萝卜地上地下部分中重金属的回归分析

生长期	重金属	大棚			大田		
		调整后 R^2	影响因素	显著性和回归方程	调整后 R^2	影响因素	显著性和回归方程
前期	As	—	—	—	1	CEC>As-s>SOM>pH>As-a	0.01，$Y=25.72-2.54\text{pH}+1.62\text{CEC}-0.33\text{SOM}+0.05$ As-s-1.26As-a
	Cd	—	—	—	0.65	CEC	0.02，$Y=3.1\text{CEC}$
	Cr	—	—	—	1	CEC>Cr-s>pH>SOM>Cr-a	0，$Y=133.7-17\text{ pH}+10.29\text{ CEC}-3.41\text{ SOM}+0.31$ Cr-s-3.18Cr-a
	Cu	0.37	Cu-a	0.05，$Y=1.07\text{Cu-a}$	—	—	—
中期	As	—	—	—	0.80	pH	0.02，$Y=62.48-6.52\text{pH}$
	Cd	0.96	Cd-a	0，$Y=1.22\text{Cd-a}$	—	—	—
	Cr	0.75	Cr-a	0.02，$Y=-0.051\text{Cr-a}$	—	—	—
	Zn	0.86	Zn-a	0，$Y=0.44\text{Zn-a}$	—	—	—
后期	As	—	—	—	0.98	pH>As-s>SOM	0，$Y=-3.42+0.51\text{pH}-0.01\text{SOM}+0.03\text{As-s}$
	Cd	0.97	Cd-a>SOM	0.03，$Y=-0.07\text{SOM}+0.75\text{Cd-a}$	—	—	—
	Cr	—	—	—	0.64	pH	0.03，$Y=-4.93\text{pH}$
	Zn	0.89	Zn-s>pH	0.03，$Y=389.48-36.18\text{pH}0.08\text{Zn-s}$	0.67	SOM	0.02，$Y=-1.89\text{SOM}$

"s" 表示根际土壤；"a" 表示蔬菜地上部分

综上所述，在大棚和大田两种种植方式下，胡萝卜生长前期大部分重金属的积累更易受土壤理化性质的影响。到生长中期时，大棚胡萝卜地上部分重金属的主要来源为地下部分，而大田胡萝卜地上部分与地下部分重金属元素含量并未表现出一定的相关性，表明胡萝卜生长到中期时，大棚胡萝卜中的重金属更易在体内迁移，而大田胡萝卜由于受外环境的影响表现出一定的差异性。到生长后期时，大棚胡萝卜中重金属的主要来源还是蔬菜体内运输，大田胡萝卜中重金属主要影响因素还是土壤的理化性质。

（2）小白菜不同生长期重金属元素含量的影响因素

对小白菜 3 个生长期重金属元素含量与根际土壤理化指标和重金属元素含量进行回归分析，发现小白菜中重金属的元素含量在各生长期聚集在一起未有明显的区块分布，说明不同生长期小白菜地上部分和地下部分重金属元素含量之间无明显的差异。因此小白菜不同生长期重金属元素含量的差异主要关注种植方式的影响（表 2-13）。结果表明，大棚小白菜地上部分 As 和 Cr 主要受土壤有机质的影响，呈显著正相关关系；大田小白菜地上部分 As 与土壤理化性质和重金属元素含量及蔬菜地下部分重金属元素含量无显著相关性（$p>0.05$）。大田小白菜地上部分 Cr 与土壤有机质元素含量呈极显著正相关（$p<0.01$）。另外，大棚小白菜地上部分 Cu 的主要影响因素主要包括地下部分 Cu 元素含量、土壤有机质元素含量和阳离子交换量，影响程度的大小顺序为：Cu-b>SOM>CEC；而大田小白菜 Cu 元素含量主要受土壤 pH 的影响，且呈极显著负相关（$p<0.01$）。与此同时，大棚小白菜地上部分 Pb 与地下部分 Pb 元素含量显著正相关（$p<0.05$），土壤中 Zn 元素含量与地上部分 Zn 呈显著正相关（$p<0.05$）；大田小白菜 Pb 元素含量与土壤 pH、CEC 和 Pb-b 有关，其中土壤 pH 的影响作用最大（极显著负相关），地下部分 Pb 的影响作用最小（极显著正相关）。总体上来说，两种种植方式下小白菜中 As 和 Cr 元素含量的主要影响因素为土壤 SOM。大棚小白菜地上部分 Cu 和 Pb 主要来源于地下部分的 Cu 和 Pb，大田小白菜地上部分 Cu 和 Pb 主要与土壤 pH 有关。大棚小白菜 Zn 的主要影响因素为土壤中的 Zn。综上所述可知，大棚小白菜地上部分中重金属的元素含量主要来源为地下部分重金属，而大田小白菜中重金属的元素含量与土壤性质之间的作用关系更显著。

2.4.3 不同生长周期作物重金属富集能力

在大棚和大田两种不同的种植方式下不同蔬菜地上部分重金属的富集能力有以下规律：不同种植模式下蔬菜的重金属富集能力不同。对于胡萝卜，As 和 Cd 的富集系数表现为大棚<大田，其他重金属富集系数无显著差异；对于小白菜，仅 Cu 的富集系数表现为大棚<大田。说明短期内种植方式的改变对蔬菜中大部分重金属的富集能力影响较小，且有明显差异的重金属的富集系数还表现为大棚<大田。另外，同一种植模式下的不同蔬菜重金属的富集能力不同。在大棚蔬菜地上部分 Cd、Cu、Zn 的富集能力表现为胡萝卜<小白菜，

表 2-13 小白菜中重金属的回归分析

部位	重金属	大棚			大田		
		调整后 R^2	影响因素	显著性和回归方程	调整后 R^2	影响因素	显著性和回归方程
地上部分	As	0.28	SOM	0.03,Y=0.15SOM	—	—	—
	Cd	—	—	—	—	—	—
	Cr	0.42	SOM	0.04,Y=-337.83+2.66SOM	0.58	SOM	0,Y=3.13SOM
	Cu	0.58	Cu-b>SOM>CEC	0.01,Y=1.71CEC+0.67SOM+0.71Cu-b	0.70	pH	0,Y=187.44-20.81pH
	Pb	0.35	Pb-b	0.04,Y=0.55Pb-b	0.75	pH>CEC>Pb-b	0.01,Y=61.82-5.70pH-1.79CEC+0.28Pb-b
	Zn	0.36	Zn-s	0.02,Y=0.19Zn-s	—	—	—
地下部分	As	—	—	—	0.23	CEC	0.01,Y=-0.56CEC
	Cd	—	—	—	0.33	CEC	0.02,Y=5.84-0.21CEC
	Cr	—	—	—	—	—	—
	Cu	0.72	Cu-a>CEC	0,Y=81.71-2.60CEC+0.70Cu-a	0.29	CEC	0,Y=-3.56CEC
	Pb	0.33	Pb-a	0.04,Y=0.40Pb-a	0.49	Pb-a	0,Y=1.26Pb-a
	Zn	0.49	SOM	0.02,Y=3.19SOM	0.64	pH	0,Y=436.59-59.61pH

"s"表示根际土壤;"a"表示蔬菜地上部分;"b"表示蔬菜地下部分

As、Cr、Pb 的富集能力无显著差异；大田蔬菜 As 和 Cr 的富集能力为胡萝卜>小白菜，Cu 和 Zn 的富集能力为胡萝卜<小白菜。整体而言，胡萝卜地上部分对土壤重金属的富集能力低于小白菜。土壤−蔬菜系统中，土壤中重金属元素进入蔬菜的迁移性不同，其中，胡萝卜地上部分对重金属的富集能力表现为：Cr>Cd>Zn>Cu>As>Pb。对 As 和 Cd 的富集性在大田胡萝卜中表现得比较突出。小白菜对重金属的富集性表现为：Cd>Zn>Cr>Cu>As>Pb。研究结果表明，胡萝卜和小白菜对 Cd 均表现出较强的富集性，尤其是在大田种植方式下。这一结果与陈洁宜等（2019）得出土壤重金属迁移性为 Cd>Zn>Pb>As>Cu>Cr 的结果略有不同，这主要与土壤重金属背景值、土壤环境、作物不同有关。一般情况下，蔬菜本身对于 Cu 和 Zn 等元素具有一定的吸收能力，而对于其他非必要元素蔬菜会通过自身的保护机制对其吸收有一定的限制作用。例如，本研究中 Pb 元素在土壤中的元素含量相对较高，但在蔬菜中的富集则比较少。值得注意的是，重金属 Cr 被植物吸收和转运至地上部分的能力较低，但在本研究中却有较高的富集能力。一方面是因为本研究土壤中 Cr 元素含量较高，另一方面是 Cr 与其他重金属产生协同作用，从而导致蔬菜对其的富集作用增强。

蔬菜地下部分的重金属的富集能力总体上有以下规律：不同种植模式下蔬菜的重金属富集能力不同（附图 A.2）。对于胡萝卜，两种种植方式下重金属的富集系数无显著差异；对于小白菜而言，仅 Cr 的富集系数表现为大棚<大田，其他重金属富集系数无显著差异。蔬菜地上部分和地下部分重金属的富集系数的变化情况相同，表明蔬菜生长期内种植方式对其重金属的富集能力影响较小，这也进一步说明蔬菜生长周期内种植方式对其重金属的累积影响有限。此外，同一种植模式下的不同蔬菜地下部分中重金属的富集能力不同。在大棚种植方式下，蔬菜地下部分重金属（除 Cu 以外）的富集能力表现为胡萝卜<小白菜；大田蔬菜重金属（除 As 以外）的富集能力为胡萝卜<小白菜。不同蔬菜地下部分对不同重金属的富集能力也不同。胡萝卜地下部分对重金属的富集能力表现为：Cd>Zn>Cu>Cr>As>Pb。小白菜对重金属的富集能力表现为：Cd>Cr>Cu>Zn>As>Pb，大田小白菜对 Cr 的富集表现得比较突出。研究结果表明，与胡萝卜相比，小白菜对于土壤中 Cd 的富集能力较强。这与以往的研究结果较为一致：重金属在叶菜类中的富集浓度最大，且叶菜类对 Cd 的富集浓度较高。此外，胡萝卜和小白菜对土壤 Cd 和 Zn 的富集能力较强，对 As 和 Pb 的富集能力较弱。植物在 Cd 胁迫下能刺激叶片中植物螯合肽（PCs）的生成，PCs 通过巯基与 Cd 螯合形成无毒化合物，不但可以减轻 Cd 对植物的伤害，还可以促进 Cd 向地上部分长距离运输。研究表明，植物地下根含有大量棕榈酸、棕榈树 1−单甘油酯、胡萝卜苷等有机物质，通过这些有机物质将吸收的 As 螯合固定在植物根系土壤中（周文婷等，2018）。因而，蔬菜对 As 的富集能力不强。

2.4.4　不同生长周期作物重金属迁移能力

大棚和大田两种种植方式下，胡萝卜和小白菜中重金属的迁移系数如表 2-14 所示。

从结果来看，不同种植方式下蔬菜重金属的迁移能力不同，不同蔬菜的重金属迁移能力有差异，同种蔬菜在不同生长期重金属的迁移能力不同。蔬菜生长前期至后期，胡萝卜中 As 和 Cd 的迁移能力呈增加的变化趋势，其他重金属的 TF 基本呈先增加后下降的趋势；小白菜中仅大田小白菜的 Cu 的 TF 呈一直增加的趋势，其他重金属的 TF 呈波动变化。对比不同种植方式下蔬菜重金属的 TF 可以发现，大棚胡萝卜生长过程中 As 的 TF 显著低于大田（$p<0.05$），其他重金属的 TF 无显著差异（$p>0.05$）；不同种植方式下小白菜中重金属的 TF 也未表现出显著差异（$p>0.05$）。

表 2-14　胡萝卜和小白菜重金属迁移系数（TF）描述统计表

重金属	种植方式	胡萝卜			小白菜		
		前期	中期	后期	前期	中期	后期
As	大棚	0.38±0.11d	0.26±0.33cd	1.58±0.27c	0.66±0.13cd	0.94±0.32cd	0.82±0.15cd
	大田	0.81±0.20cd	4.68±2.01b	6.73±1.00a	0.64±0.16cd	1.08±0.41cd	1.04±0.09cd
Cd	大棚	0.73±0.11d	1.45±0.22bc	1.62±0.20bc	1.65±0.11b	1.49±0.12bc	1.49±0.19bc
	大田	0.61±0.13d	1.42±0.28bc	2.43±0.35a	1.48±0.32bc	1.35±0.14bc	1.52±0.12bc
Cr	大棚	0.58±0.49c	19.72±14.73ab	12.46±2.08b	0.42±0.20c	0.41±0.21c	1.13±0.42c
	大田	0.72±0.42c	24.45±14.75a	12.54±5.28b	1.02±0.91c	0.95±0.69c	0.86±0.33c
Cu	大棚	1.00±0.15bc	1.33±0.25a	1.18±0.13ab	0.92±0.27c	0.90±0.17c	1.27±0.14a
	大田	1.00±0.25bc	1.04±0.12bc	1.11±0.13abc	0.57±0.10d	0.67±0.18d	1.33±0.13a
Pb	大棚	0.59±0.18d	1.94±0.71bc	1.98±0.38bc	0.74±0.29bc	1.00±0.57cd	0.91±0.16cd
	大田	0.88±0.41cd	5.99±2.62a	2.54±0.41b	0.61±0.17a	0.61±0.15d	1.21±0.12cd
Zn	大棚	0.90±0.14d	1.50±0.17ab	1.29±0.19b	1.27±0.23bc	0.99±0.11d	0.94±0.04d
	大田	1.03±0.36d	1.60±0.28a	1.30±0.15b	0.97±0.13d	1.05±0.16cd	0.93±0.08d

注：不同小写字母代表差异显著（$p<0.05$）

对比不同蔬菜中重金属的 TF 的变化，重金属的 TF 在不同蔬菜中存在一定的差异。As 和 Cd 的 TF 在胡萝卜生长过程中不断增加，而在小白菜中 TF 的变化幅度较小。Cr、Cu、Pb 和 Zn 的 TF 在胡萝卜生长期内呈先增加后下降的变化趋势，而在小白菜中迁移系数的变化无明显的趋势。整体上，蔬菜生长过程中，胡萝卜中重金属的迁移能力呈上升的趋势，而小白菜中重金属的迁移能力无明显的变化情况。同时，本研究中还发现胡萝卜中重金属的迁移能力整体上略低于小白菜。

第 3 章

绿洲农田土壤重金属污染影响机制及相关性分析

绿洲土壤是中国西北干旱区重要的农田土壤。干旱缺水导致的污灌及化肥、农药的不合理施用等行为造成重金属不同程度地进入土壤并通过作物进行迁移，不仅威胁生物多样性，还会改变土壤的物理化学特性，从而降低农田的整体生产力，并通过食物链危害人类健康。重金属在土壤–作物体系中的迁移转化受多种因素的影响，因此需要进一步探究重金属在土壤–蔬菜体系中环境行为的影响因子和转运机制，以改善土壤现状。

3.1 绿洲农田土壤重金属污染主要影响因子识别

以下分析数据源于现场控制实验，供试土壤为工矿型绿洲——白银东大沟试验样地的耕作层表土 (0~20cm)，将土壤混合均匀之后备用。2018 年 4 月 27 日，将混匀后的土壤称量约 27kg 装入半径为 25cm 的盆栽盆中，于每盆点播 3~5 粒种子，每盆大约种植 4 棵，种植了 20 种蔬菜 (根据植物器官分为根茎类、果菜类、叶菜类)，种子购自甘肃省农业科学院。

3.1.1 土壤 pH 和电导率

土壤 pH 和电导率的大小会影响到土壤的多种性质。pH 的测定方法如下：按 1:2.5 的质量体积比称取适量土壤样品 (10 目) 和超纯水，置于 50mL 烧杯中，充分搅拌，待土壤颗粒完全分散后，静置 30 分钟，将上清液转移到另一个干净的烧杯中，用 pH 酸度计 (PB-10，Sartorius，Germany) 进行测定，待读数稳定后记录数据。

土壤 pH 是影响植物吸收重金属的主要土壤因素。大棚和大田种植方式下，胡萝卜和小白菜不同生长期根际土壤 pH 的变化各不相同 (表3-1)。生长前期、中期和后期三个时期大棚和大田种植方式下胡萝卜根际土壤 pH 变化范围分别为 7.55~7.64 和 7.54~7.66；小白菜根标土壤 pH 变化范围分别为 7.55~7.60 和 7.38~7.73，整体呈弱碱性。赵转军等 (2013) 研究表明，甘肃省河西走廊地区的绿洲灌淤土 pH 呈碱性 (均值：8.16)。生长期内胡萝卜根际土壤 pH 呈上升趋势，小白菜根际土壤 pH 呈下降趋势。整体来看，大棚和大田种植方式下蔬菜根际土壤 pH 浮动范围小且较稳定，种植方式对胡萝卜和小白菜根际土壤 pH 的影响不显著。

表 3-1　胡萝卜和小白菜生长过程中土壤理化性质变化特征统计描述表

生长期	蔬菜种类	种植方式	理化参数				
			pH	CEC /(cmol/kg)	SOM /(g/kg)	C/%	N/%
前期	胡萝卜	大棚	7.55±0.07cd	9.84±0.34e	19.82±0.32f	22.00±0.00e	240.00±4.38d
		大田	7.54±0.07d	10.34±0.27cde	22.00±0.25cd	24.00±0.00bcd	246.50±7.12bcd
	小白菜	大棚	7.60±0.04bcd	10.02±0.74de	22.14±0.99bcd	23.00±1.10de	240.50±20.27d
		大田	7.73±0.07a	11.13±0.26a	23.12±0.63abc	25.50±1.64abc	253.00±15.34abcd
中期	胡萝卜	大棚	7.64±0.05abc	9.97±0.82de	20.18±1.89ef	24.67±1.80abcd	267.00±21.55ab
		大田	7.64±0.10abc	10.52±0.24bcd	23.23±0.58ab	25.67±3.28ab	255.33±31.10abcd
	小白菜	大棚	7.55±0.06cd	9.89±0.25e	22.74±0.62abc	24.33±0.50abcd	243.00±6.54cd
		大田	7.57±0.12bcd	10.93±0.51ab	22.87±0.88abc	26.00±0.87a	261.67±6.61abc
后期	胡萝卜	大棚	7.61±0.04bcd	10.11±0.24de	21.29±0.57de	23.00±0.87de	247.00±12.12bcd
		大田	7.66±0.11ab	10.36±0.29cde	22.42±0.96bcd	24.67±1.32abcd	254.33±10.58abcd
	小白菜	大棚	7.55±0.11cd	10.83±0.20abc	23.65±0.41a	23.67±0.50cde	237.33±12.32d
		大田	7.38±0.05e	11.36±0.35a	23.75±1.08a	26.00±1.73a	269.33±18.86a

注：不同小写字母代表差异显著（$p<0.05$）

　　一般认为，随着土壤 pH 的升高，土壤对重金属的吸附能力相对增强，有效态重金属含量降低，且土壤 pH 对重金属可利用性的影响可能不是单一的线性关系。赵转军等（2013）研究表明土壤 pH 在 6 以下时 Cd 的生物有效性随 pH 的升高而增加，而 pH 在 6 以上时 Cd 的生物有效性则随 pH 升高而降低。由于土壤中胶体带负电荷，而绝大多数金属离子带正电荷，因此土壤 pH 越低，土壤中解析的重金属越多，其活性越强，越容易迁移至植物体内。李婷等（2011）发现随着 pH 下降，土壤中 Cr 的活性逐渐增强，蔬菜中的积累量也随之增加，即蔬菜吸收重金属能力与土壤 pH 呈反比。

　　土壤的酸化伴随着土壤中离子浓度的增加，也就是土壤导电性的增强，因此，土壤电导率的分布规律与 pH 的变化规律存在一定的一致性。随着电导率的增加，重金属含量呈下降趋势，说明土壤 pH 与电导率和土壤重金属含量呈显著的负相关关系，由此说明 pH 降低是导致土壤电导率和重金属有效性增加的原因之一。

3.1.2　土壤阳离子交换量

　　土壤的阳离子交换容量（cation exchange capacity，CEC）定义为在 pH 为中性条件下，单位质量干土所吸附的 K^+、Na^+、Ca^{2+}、Mg^{2+} 等阳离子的总量。不同种植方式下，蔬菜不同生长期 CEC 的变化各不相同，但与有机质含量的变化存在一致性，具体变化如表 3-1 所示。随着蔬菜的生长，生长前期至后期土壤 CEC 变化与 SOM 变化基本相同，均表现出上升趋势。在生长前期，与大田相比，仅大棚小白菜根际土壤 CEC 显著下降（$p<0.05$）。与小白菜相比，大田胡萝卜土壤 CEC 显著降低（$p<0.05$）。生长后期，胡萝卜和小白菜土壤 CEC 均表现为大棚<大田。一般情况下，CEC 与重金属有效性呈负相关，随着氧化还原电位（Eh）的上升，土壤对于重金属离子的吸附固持能力增大，从而降低了生物有效性。

本研究中胡萝卜和小白菜生长期大棚和大田种植方式下土壤 CEC 范围在 9.84 ~ 11.36cmol/kg（表 3-1），属于中等水平，随着蔬菜的生长，两种种植方式下胡萝卜和小白菜根际 CEC 含量均表现出上升趋势。此外，土壤 CEC 不仅受种植方式的影响，还与蔬菜种类有关。李想等（2020）的研究发现，大棚较高的气温，使土壤有机胶体分解加快，CEC 含量降低。

3.1.3 土壤碳、氮

碳（C）和氮（N）是蔬菜生长发育过程中所需要的大量营养元素，C 和 N 元素的缺乏会影响蔬菜根系营养和代谢活动，进而影响蔬菜的生长和品质。植物生长所需的 C 和 N 主要靠土壤提供。本研究中，称取 50mg 土壤样品，采用 Elementar Vario MACRO Cube 分析仪测定样品中的 C 和 N。试验结果表明，不同种植方式下胡萝卜和小白菜根际土壤 C 和 N 有差异，具体变化如表 3-1 所示。随着胡萝卜和小白菜的生长，对比生长前期到后期的变化，发现大棚蔬菜根际土壤 C 含量较大田有不同程度的降低。生长前期和后期，不同种植方式下土壤 C 和 N 含量均为大棚<大田，但无显著差异（$p>0.05$），同一种植方式下胡萝卜和小白菜根际土壤 C 和 N 差异较小。

3.1.4 土壤有机质

土壤有机质（soil organic matter, SOM）是土壤非常重要的组成部分之一。取 0.2g 左右样土过 100 目尼龙筛的待测土样（精确到 0.000 1g），放入硬质试管底部，加入 10mL 的 0.40mol/L 的重铬酸钾—硫酸溶液，进行油浴加热，油浴温度为 185 ~ 190℃，使溶液沸腾 5min。加入邻菲罗啉指示剂，使用硫酸亚铁标准溶液滴定。土壤中的有机质可通过与土壤中的重金属发生络合作用而产生的络合物来影响土壤中重金属的移动性及其生物有效性。不同分子量、矿化结构的有机质与重金属发生配位作用和络合作用，对重金属的生物有效性有不同的效应。小分子有机质具有活化重金属的作用，可以促进植物富集，而分子量大的有机质如腐殖酸等，很大程度上是与重金属结合形成不溶于水的络合形态，降低重金属的迁移能力和植物可给性。

SOM 是有效养分的重要组成部分，是衡量土壤肥力的重要指标之一。本研究中，大棚和大田两种种植方式下，胡萝卜生长期内根际 SOM 的变化范围分别为 19.82 ~ 21.29g/kg 和 22.00 ~ 23.23g/kg，小白菜分别为 22.14 ~ 23.65g/kg，22.87 ~ 23.75g/kg。刘白林的研究表明，白银市东大沟玉米田土壤有机质含量在 8.04 ~ 15.28g/kg。这与本研究的结果不同，主要是因为土壤有机质含量受农作物种类、种植模式和温度等多因素影响，另外盆栽试验限制了土壤中有机质的迁移，而且本研究中植物根系分泌物直接作用于根际土壤从而使有机质含量增加。张掖绿洲农田土壤有机质含量背景值为 15.49g/kg，低于白银工矿型绿洲农田土壤有机质含量。

不同种植方式下，胡萝卜和小白菜不同生长期根际 SOM 含量的变化各不相同，具体变化如表 3-1 所示。对比生长前期到后期变化，随着蔬菜的生长，可以发现两种种植方式下胡萝卜和小白菜根际 SOM 含量均表现出上升趋势，分别增加 1.47，0.42，1.51，0.63 个单位（g/kg），但仅大棚胡萝卜与大田呈显著差异（$p<0.05$）。生长后期，胡萝卜和小白菜根际 SOM 均表现为大棚<大田，大棚根际 SOM 含量分别下降了 5.31% 和 0.42%。此外，本研究还发现大棚胡萝卜根际 SOM 含量显著低于小白菜，但是大田种植方式下不同蔬菜根际 SOM 含量无显著差异。因此，研究结果表明，大棚种植能有效降低胡萝卜根际 SOM 含量，且胡萝卜根际 SOM 低于小白菜。这主要是因为大棚土壤温度较高加速了有机质的分解，而且胡萝卜属于块茎类蔬菜，地下部属于可食部，生长周期较长，因此对土壤中有限的养分作用更显著。

综合来看，有机质与重金属的相互作用，如吸附解吸、络合和螯合及有机质的降解等都是影响重金属迁移转化及生物有效性的重要机制。任丹（2022）研究发现不同种植方式下，大棚胡萝卜根际 SOM 含量显著低于小白菜，但是大田种植方式下不同蔬菜根际 SOM 含量无显著差异。

3.1.5　根源溶解性有机质

溶解性有机质（dissolved organic matter，DOM）广泛存在于有机废弃物、土壤和水体中，对植物有很大影响。DOM 有着与土壤类似的胶体性质，一般主要通过阳离子交换来吸附重金属离子，从而降低土壤中重金属的活性，因而 DOM 与土壤中重金属有着密切联系。一方面，DOM 的低分子量组分和亲水成分如碳水化合物、有机酸和氨基酸等，能极大地影响重金属在土壤中的生物有效性。研究表明，当 DOM 进入土壤后，能够改变土壤对重金属的吸附、解吸和络合等行为状态，影响重金属的生物有效性，使植物体内的重金属含量和光合能力发生变化，改变植物生长状况（Huang et al.，2019）。此外，DOM 的结构和组分显著影响重金属与其相互结合，不同生态系统中重金属的环境化学行为与 DOM 的物质组成密切相关。DOM 作为有机物的组分之一，富含多种植物必需元素（如 N、P、K 等），这类元素对植物生长具有一定程度的促进作用，土壤有机质中富含 DOM，而土壤养分含量的提高能促进植物良好的根系形态建成，高根系表面积、根长和根体积能增加植物与养分的接触面积从而促进生长。由此可见，不论是环境自身的 DOM 还是外源添加的 DOM 都会影响植物体内重金属的迁移和转化，从而影响植物正常的生长发育过程。

为探究根源 DOM 对蔬菜重金属含量的影响，首先对蔬菜中根源 DOM 进行提取。其步骤为：将制备好的蔬菜根系样品均质化后加入超纯水，蔬菜与水的比例为 1∶80（称取 0.2 000g 蔬菜根系样品），将混合液避光放置于恒温摇床进行浸提，浸提时间为 2h。随后将混合液进行离心，将上清液通过 0.45μm 的聚醚砜树脂材质滤膜（Millipore Express© PLUS）。浸提液保存在 4℃冰箱中待测。

根据所测溶解性有机碳（dissolved organic carbon，DOC）的浓度计算 DOM。测定 DOC 的方法为不可吹扫有机碳（non-purgeable organic carbon，NPOC），使用仪器为总有机碳分析仪（TOC-L CSH/CSN，Shimadzu，Japan）。其步骤为：将约 20mL 样品加入 TOC 小瓶，使用 2mol/L 盐酸调节 pH 至 2，加盖反复摇匀，以去除无机碳。使用氧气对酸化样品进行吹扫，以去除无机碳影响。TOC 仪采用高温催化氧化法，在 900℃的高温和铂氧化剂的作用下将样品中所有含碳物质燃烧并氧化为 CO_2，检测 CO_2 生成量，从而得到样品 DOC 浓度。通常使用 mg C/g 表示根源 DOM 含量，计算公式为：（DOC 浓度×测定体积）/浸提样品质量。

由图 3-1 可知，蔬菜根源 DOM 含量范围为 12.78～238.54mg C/g，平均含量是 72.91mg C/g。胡萝卜（156.93±21.41mg C/g）、土豆（20.83±7.40mg C/g）、黄瓜（35.46±3.83mg C/g）、架豆（43.49±15.11mg C/g）、辣椒（20.17±6.18mg C/g）、龙豆（30.01±7.44mg C/g），茄子（13.08±6.12mg C/g）、西红柿（20.52±7.87mg C/g），西葫芦（12.78±4.51mg C/g）、白菜（88.89±18.13mg C/g）、菠菜（38.42±2.58mg C/g）、大葱（174.86±25.89mg C/g）、甘蓝（81.73±26.20mg C/g）、韭菜（238.54±24.46mg C/g）、芹菜（77.43±7.49mg C/g）、生菜（103.69±31.52mg C/g）、茼蒿（16.83±1.95mg C/g）、油菜（98.62±19.74mg C/g）、油麦菜（113.76±21.11mg C/g）。含量均值最高的蔬菜种类为叶菜类（103.01±64.54mg C/g），最低的为果菜类（25.07±13.07mg C/g）。

蔬菜根源 DOM 含量顺序呈现为：叶菜类>根茎类>果菜类，果菜类蔬菜显著低于根茎类和叶菜类（$p<0.05$）。DOM 含量最高的植株样品为叶菜类中的韭菜，最小值为果菜类中的西葫芦。这主要是因为叶菜类蔬菜具有更高的光合作用速率，根茎类蔬菜有更长的生长周期和根系生物量。在根茎类蔬菜中，胡萝卜和土豆的 DOM 的差异较大，这可能是因为胡萝卜是根类蔬菜，所测部分为可食部分，其生物量较大，土豆是块茎类蔬菜。研究结果表明，果菜类根源 DOM 含量均值小于其他两类蔬菜，这是因为果菜类蔬菜在生长过程中需要将更多的养分用于自身的生长和器官的构建。DOM 作为易被植物根系和微生物利用的有机质，植物器官产生的 DOM 有利于促进植物自身养分循环及新陈代谢。这一结果与纪宇鹏等（2018）的研究类似，研究表明由于比叶面积较大的树种，需要更多的养分维持

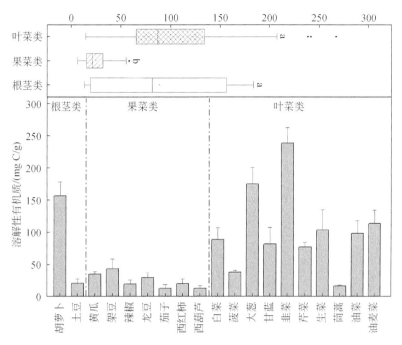

图 3-1 蔬菜根源 DOM 分布水平

生长，淋溶出的 DOC 和溶解性有机氮（dissolved organic nitrogen，DON）含量均较低。综上可知，蔬菜种类会影响蔬菜根源 DOM 的含量，进而影响络合或螯合重金属的过程，改变重金属元素的生物有效性和毒性。

为探究蔬菜根源 DOM 的相关化学特征，使用紫外吸收光谱和可见光吸收光谱及荧光光谱检测 DOM 的光学特性。紫外吸收光谱和可见光吸收光谱都是由于有机质分子中价电子跃迁吸收能量而产生，表现为有机质分子中部分基团可以吸收紫外（200～400nm）与可见光（400～800nm）辐射。这些基团被称为发色团，即有色溶解性有机质（chromophoric dissolved organic matter，CDOM）。发色团与荧光团的存在使得 DOM 呈现出一定的光谱特征，CDOM 为研究 DOM 的代谢及迁移转化过程提供了载体，与其特殊的结构相关，一般含有 π 键和孤对电子等不饱和结构。有机分子在特定的波长处的吸光度取决于原子之间的成键轨道与反键轨道的能量差异。π 键连接物质主要包括烷烃、芳香性物质及一些杂环化合物。因此，紫外可见光吸收光谱主要是检测共轭结构的吸光度，共轭程度越高，成键轨道与反键轨道的能量差异越低，分子吸收较长波段的光，即低能量光。

利用紫外可见光吸收光谱可以对 DOM 的组成、含量和结构进行初步的判断。因此，紫外可见光吸收光谱作为简便、快捷的有效分析手段被广泛使用，同时通过一些光学参数来表征 DOM 的化学特征。目前常用的指示参数如表 3-2 所示。

三维荧光光谱分析原理是指分子在受到激发后跃迁到激发电子态，激发电子态为不稳定的状态，将很快衰变到基态。多数激发态分子会通过溶剂分子的碰撞，以热传递的方式将多余的能量散发掉，进而回到基态，如振动弛豫和内转化。在这样的变化过程中，分子受到激发光获取能量，返回基态时以磷光或荧光的形式产生发射光释放能量，由于能量的热耗散，发射光的能量要低于激发光的能量，因此发射波长大于激发波长，两者的波长差即为斯托克斯位移。分子结构是控制能量扩散的主要因素，烯烃类、脂环族类物质主要以热消散为主，极少会散发出荧光，而刚性结构较强的化合物因为其内部分子振动较弱，因此更容易出现荧光现象。同时，π电子共轭的结构，基态到激发态的能量较低，因此容易被激发，也容易产生荧光。3D-EEM 是在 3D 模式下对样品的荧光值扫描，获得由激发波长和发射波长及荧光强度三维数据表达的完整荧光矩阵光谱信息。

表3-2　DOM 光谱指数

名称	定义	意义
350nm 吸收系数：a（350）	在波长 350nm 下的吸光系数	表征 CDOM 的相对丰度
单位质量有机质特定吸收：specific ultraviolet absorbance at 254 nmSUVA$_{254}$	单位光程长度下，波长 254nm 下吸光度与溶解有机碳浓度的比值	指示 DOM 中芳香性化合物的相对含量，值越大，表示芳香性物质贡献越高
光谱斜率比值：spectral slope ratio S$_R$	波长 275～295nm 与波长 350～400nm 处的光谱斜率比值	指示 DOM 平均分子量，与 DOM 平均分子量呈负相关

从 EEM 的荧光谱图中可以提取不同荧光组分信息，常用的处理方法包括区域积分和平行因子分析方法（parallel factor analysis，PARAFAC），其中 PARAFAC 能够识别并分离重叠峰，从而实现谱图的有效分析，这使其应用得以广泛推广。目前常用的荧光特征峰共五类，主要包括两种类蛋白峰：酪氨酸（B：tyrosine-like）和色氨酸（T：tryptophan-like），其中 B 峰降解程度比 T 峰相对更高；三种类腐殖酸峰：UVA 类腐殖质（M：ultraviolet a humic-like）和 UVC 类腐殖质（A 和 C：ultraviolet a humic-like），其中 UVA 类腐殖质通常出现在海洋水体环境中，在废水、湿地和农业环境中也普遍存在，具有分子量较低及与生物活动相关等特点。UVC 类腐殖质 A 峰和 C 峰的分子量较高，并且 A 峰分子的芳香性较高，在湿地和森林中信号明显。此外，通过 3D-EEM 分析，可对 DOM 进行定性和半定量研究，其中广泛使用的相关指数如表 3-3 所示。荧光指数、腐殖化指数等可以提供有机质来源、腐殖化程度等信息，对 DOM 的形成来源以及不同水团混合情况进行示踪，并且能够指示迁移转化过程中的生物地球化学过程。

表3-3　荧光分析相关指数及指示意义

名称	定义	意义
荧光指数：Flourescence Index（FI）	Ex 在 370nm 处，Em 在 470nm 和 520nm 处的荧光比值	指示陆源和微生物来源的有机质的相对贡献。FI～1.8 表示来自细菌或藻类代谢产物；FI～1.2 表示来自陆源植物或土壤有机质
腐殖化指数：Humification Index（HIX）	Ex 在 254nm 处，Em 在 435～480nm 的积分面积与和 300～445nm 和 435～480nm 积分面积的比值	指示腐殖质的相对含量或腐殖化程度。值越高表示腐殖化程度越高

名称	定义	意义
新鲜度指数： Biological Index（BIX）	Ex 在 310nm 处， Em 在 380nm 处荧光强度与 420～435nm 范围内最大荧光强度的比值	指示新产生的 DOM 的相对贡献。高值表示较高的新鲜 DOM 输入

本研究利用三维荧光光谱（EEMs）结合 PARAFAC 对根源 DOM 进行分析。识别出三类蔬菜根源样品中主要含有 2 个荧光组分（component 1，C1；component 2，C2），C1 为类腐殖质组分，C2 为类蛋白质组分。如图 3-2 所示，不同种类蔬菜根源 DOM 的荧光组分贡献各不相同。根茎类蔬菜主要表现为 C1（42.65%±17.28%）贡献，显著高于果菜类和叶菜类水平（$p<0.05$）。这说明根茎类蔬菜根源 DOM 主要为类腐殖质组分。果菜类蔬菜则表现出显著较高的 C2（70.24%±10.8%）贡献，说明存在较多的类蛋白质组分。从不同种类蔬菜来看，蔬菜根源 DOM 中的成分较为简单，以类蛋白物质为主。

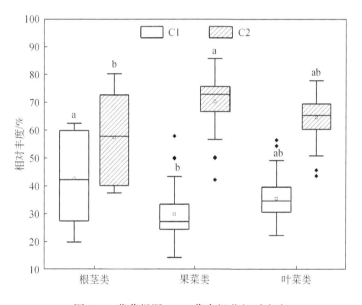

图 3-2　蔬菜根源 DOM 荧光组分相对丰度

单位质量有机质特定吸光度（$SUVA_{254}$）与 DOM 的芳香结构有关，$SUVA_{254}$ 的值越大，DOM 的芳香度水平越高。本研究中 $SUVA_{254}$ 的范围为 0.273～1.708L/（mg·m），其中胡萝卜为 0.27±0.04L/（mg·m）、土豆为 1.29±0.59L/（mg·m）、黄瓜为 0.71±0.12L/（mg·m）、架豆为 0.56±0.21L/（mg·m）、辣椒为 0.47±0.12L/（mg·m）、龙豆为 0.90±0.56L/（mg·m）、茄子为 1.71±0.51L/（mg·m）、西红柿为 1.05±0.53L/（mg·m）、西葫芦为 1.58±0.45L/（mg·m）、白菜为 0.35±0.07L/（mg·m）、菠菜为 0.86±0.20L/（mg·m）、大葱为 0.18±0.03L/（mg·m）、甘蓝为 0.48±0.08L/（mg·m）、韭菜为 0.29±0.40L/（mg·m）、芹菜为 0.44±0.08L/（mg·m）、生菜为 0.26±0.09L/（mg·m）、茼蒿为 1.17±0.21L/（mg·m）、油菜为 0.36±0.08L/（mg·m）、油麦菜为 0.39±0.06L/（mg·m）。均值

最高的为果菜类 [0.997±0.577L/(mg·m)]，最低的为叶菜类 [0.480±0.331L/(mg·m)]，三类蔬菜均表现出一定的差异性，果菜类蔬菜显著高于叶菜类（$p < 0.05$）（图3-3）。与叶菜类蔬菜相比，果菜类和根茎类根源 DOM 表现出更强的芳香性，表明含有较多芳香族和不饱和共轭双键结构，因此其芳构化程度最高。

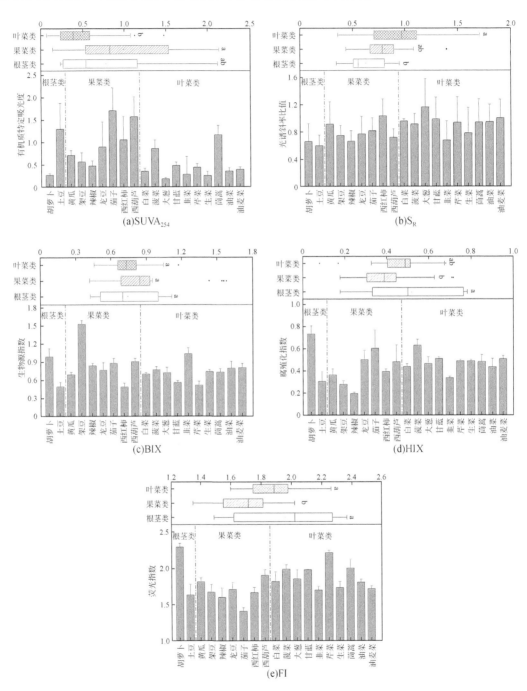

图 3-3　蔬菜根源 DOM 光谱指数

光谱斜率比值（S_R）用以指示 DOM 的平均分子量，S_R 与 DOM 分子量呈负相关。由图 3-3 可知，胡萝卜为 0.66±0.26、土豆为 0.60±0.16、黄瓜为 0.91±0.33、架豆为 0.75±0.15、辣椒为 0.67±0.16、龙豆为 0.77±0.26、茄子为 0.82±0.19、西红柿为 1.03±0.25、西葫芦为 0.72±0.13、白菜为 0.96±0.03、菠菜为 0.92±0.15、大葱为 1.17±0.41、甘蓝为 0.99±0.33、韭菜为 0.68±0.28、芹菜为 0.94±0.38、生菜为 0.78±0.38、茼蒿为 0.94±0.34、油菜为 0.95±0.26、油麦菜为 1.01±0.27。三类蔬菜根源 DOM 的 S_R 的均值分别为 0.63、0.81、0.93。S_R 值的具体顺序为：叶菜类>果菜类>根茎类，叶菜类的分子量显著低于根茎类蔬菜（$p < 0.05$）。一般来说，S_R 值越小，DOM 的分子量越高，芳香度越高；反之，S_R 值越大，DOM 的分子量越低，芳香度越低。三类蔬菜根源 DOM 的分子量大小与 $SUVA_{254}$ 呈现出的芳香度顺序基本一致。这说明根茎类根源 DOM 中大分子物质含量较高，叶菜类根源 DOM 多低分子量物质。

蔬菜根源 DOM 的荧光光谱指数见图 3-3。腐殖化指数（HIX）表征 DOM 的腐殖化程度，值越高表示腐殖化程度越高。其中，胡萝卜为 0.73±0.08、土豆为 0.31±0.09、黄瓜为 0.36±0.05、架豆为 0.28±0.03、辣椒为 0.19±0.01、龙豆为 0.50±0.09、茄子为 0.60±0.16、西红柿为 0.39±0.03、西葫芦为 0.48±0.15、白菜为 0.44±0.03、菠菜为 0.63±0.05、大葱为 0.47±0.06、甘蓝为 0.51±0.06、韭菜为 0.34±0.01、芹菜为 0.49±0.01、生菜为 0.49±0.01、茼蒿为 0.49±0.34、油菜为 0.44±0.08、油麦菜为 0.51±0.03。根源 DOM 的 HIX 值位于 0.20 ~ 0.73，根茎类蔬菜的 HIX 数值最高（0.52±0.24），果菜类最低（0.40±0.16），两者之间存在显著差异（$p < 0.05$）。HIX 表现出的规律为：根茎类>叶菜类>果菜类，该结果与 DOM 的排列结果较为吻合。

荧光指数（FI）和生物源指数（BIX）均可表征 DOM 来源。FI 的变化范围为 1.405 ~ 2.289，根茎类（1.960±0.367）和叶菜类（1.883±0.172）的 FI 值差异不显著，果菜类蔬菜（1.68±0.169）显著低于根茎类和叶菜类（$p < 0.05$）。因此，可以判断微生物活动是蔬菜根际中有机质转化的主要驱动力。BIX 具体表征新产生的 DOM 在整体 DOM 中所占的比例。BIX 的变化范围为 0.490 ~ 1.528，由图 3-3 可知，根茎类、果菜类和叶菜类根源 DOM 的 BIX 均值分别为 0.744±0.282、0.874±0.31 和 0.740±0.15，果菜类蔬菜高于根茎类和叶菜类，但三者之间并无明显差异。这与植株的生理特征有关，植株根系活动较为强烈时，会分泌产生更多的新近成分。Huguet 等（2009）研究结果说明 BIX 值范围在 0.6 ~ 0.8 之间时，DOM 的腐殖质成分主要是新近产生的自生源组分。在本研究中，三类蔬菜根源 DOM 的成分主要是新生产的自生源组分。

已有研究发现不同来源的 DOM 化学组成和性质差异较大（Han et al., 2024）。本研究发现叶菜类和根茎类蔬菜根源 DOM 含量显著高于果菜类，叶菜类蔬菜较高于根茎类，但差异不明显，这可能与不同种类蔬菜根部质量和结构差异有关。万菁娟等（2015）研究发现，不同树种叶片的 DOC 浓度不同，杉木鲜叶 DOC 浓度显著高于米槠鲜叶；Wieder 等

（2008）研究同样发现阔叶树的 DOC 含量显著高于针叶树。根据 SUVA$_{254}$ 的结果可知，果菜类和根茎类根系芳香族化合物含量较多，通过紫外可见光吸收光谱结果对根源 DOM 的 S$_R$ 指标分析可知，相对于其他两类蔬菜根茎类大分子物质相对较少。HIX 同样也是衡量 DOM 化学性质差异性的指标，本研究中果菜类根源 DOM 的 HIX 显著低于根茎类和叶菜类。根茎类蔬菜根源 DOM 具有更高的芳香性和腐殖化程度，且呈现出更大的分子量。有研究指出，DOM 的芳香化和腐殖化程度越高，DOM 的稳定性越高，更易被土壤颗粒吸附，最终有利于有机质积累（Liu et al., 2023）。叶菜类蔬菜根源 DOM 具有较低的芳香性和腐殖化程度，呈现出更小的分子量。

3.2 根源溶解性有机质与蔬菜重金属的相关性分析

3.2.1 重金属与溶解性有机质丰度的相关性分析

对不同种类蔬菜和所有蔬菜样品地下部分重金属含量与 DOM 含量、蔬菜根系 C 与 N 含量、根系有机碳官能团相对丰度进行相关性分析，结果如图 3-4 所示。从蔬菜种类来看，DOM 与根茎类（As、Cd、Cu、Pb、Zn）、果菜类（Cd、Pb）蔬菜中的地下部分重金属含量显著负相关（$p<0.05$），与叶菜类地下部分的 As 含量正相关（$p<0.05$）。同样，对所有蔬菜样品地下部分重金属含量进行相关性分析发现，DOM 与 As 含量显著正相关（$p<0.05$）。DOM 具有较多的活性位点，可以通过络合或螯合作用固定重金属元素，可以与重金属反应生成 DOM—金属复合物，从而改变重金属的有效性。Antoniadis 等（2002）研究发现在土壤中施用 DOC 后，黑麦草对 Cd、Ni、Zn 等可生物利用金属的吸收增加。Li 等（2021）发现超累积生态型东南景天由于其根际 DOM 与 Cd 形成可溶性络合物（DOM-Cd）的能力较强，其根际 Cd 的迁移能力显著增加。相反，Zhang 等（2018）发现土壤溶液中的铅含量（mg/kg）与溶解性有机碳浓度（mg/L）呈负相关（$R^2 = 0.575$），这是由于铅与溶解性有机碳的强亲和性降低了土壤的生物有效性。

根系 N 含量与根茎类地下部分中的 As、Cd、Pb、Zn 含量显著正相关。由此可知，有机质可以增加根茎类蔬菜根系中重金属的累积。易文利等（2017）在研究河流沉积物中有机质对重金属吸附的影响发现，有机质的减少会降低沉积物对重金属的吸附。此外，利用固态 ^{13}C 核磁共振，我们观察到在所有研究的蔬菜种类的根部，O-烷基官能团占主导地位（67.8%～83.0%），但差异不大。由图 3-4 可知，蔬菜根系有机碳中 O-烷基 C 的相对丰度与根茎类蔬菜地下部分中 As、Cd、Cu、Pb、Zn，以及叶菜类蔬菜地下部分中 Cd、Cu、Pb、Zn 的含量呈显著负相关（$p<0.05$）。芳香与酚基 C 的相对丰度与根茎类蔬菜（As、Cd、Cu、Pb、Zn）、果菜类蔬菜（Cd、Cu）和叶菜类蔬菜（As、Cd、Cr、Cu、Pb）的地

下部分含量显著正相关（$p<0.05$）。同样，以所有蔬菜地下部分重金属含量为目标进行分析，O-烷基 C 的相对丰度与蔬菜地下部分 Cd、Cu、Pb、Zn 含量呈显著负相关（$p<0.05$）。芳香与酚基 C 的相对丰度与蔬菜地下部分 As、Cd、Cu、Pb 和 Zn 含量呈正相关（$p<0.05$）。本研究发现羧基和苯酚等含氧酸性官能团对重金属表现出较强的结合亲和力。Ren 等（2015）发现 DOM 组分中与重金属元素结合的最关键的组分为黄腐酸（24.5%±7.4%），DOM 以亲水性酸为主（68.2%±10.6%），DOM 中的羧基和酚基均在形成 DOM-重金属配合物中起着重要作用。Yan 等（2020）的研究表明在施用相对含量较高的烷基 C、烷基 C 和羧基 C 的猪粪 DOM 后，水稻土壤中 As 甲基化增加。

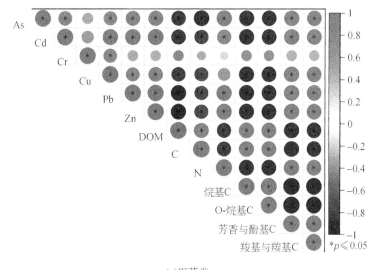

(a)根茎类

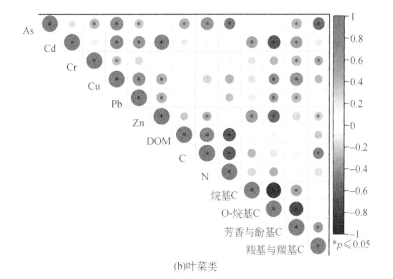
(b)叶菜类

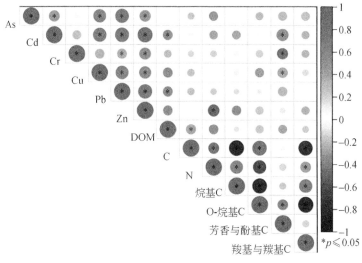

(c)果菜类

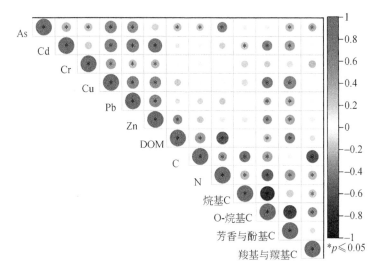

(d)全部蔬菜

图 3-4　蔬菜地下部分重金属含量与根源 DOM 含量的相关性热点图

3.2.2　重金属与溶解性有机质光谱指数的相关性分析

为了最大程度减少不同种类蔬菜 DOM 含量水平的差异性带来的干扰，本研究通过蔬菜地下部分重金属含量（mg/g）与根源 DOM 含量（mg C/g）的比值（统一为［HM］/［DOM］）来评估重金属与 DOM 的结合能力。用 SUVA$_{254}$（单位质量有机质特定吸光度：表示 DOM 的芳香性）、S$_R$（光谱斜率比值：表示 DOM 分子量的大小）、FI（荧光指数）、HIX（腐殖化指数）、BIX（生物源指数）、［Fmax］/［DOM］（表示 DOM 中荧光组分的丰度）值表示 DOM 的光谱特征，从而揭示重金属与 DOM 化学性质和组成结构之间的相关联系。

如图 3-5 所示，以蔬菜种类（根茎类、果菜类、叶菜类）进行分析，作为 DOM 芳香性指标的 $SUVA_{254}$ 与三类蔬菜中所研究的 6 种重金属元素（As、Cd、Cr、Cu、Pb、Zn）的 ［HM］/［DOM］比值均呈显著正相关（$p<0.05$）。同样，本研究的所有蔬菜样品中 6 种 ［HM］/［DOM］比值与 $SUVA_{254}$ 均呈显著正相关（$p<0.05$）。这表明蔬菜根源 DOM 芳香组分在将重金属元素从土壤环境迁移至蔬菜根系中具有重要作用。这与前人研究河流溶解性有机质与重金属的相关性结果一致，As、Cd、Pb、Zn 与 $SUVA_{254}$ 呈正相关关系。研究发现，［HM］/［DOM］比值与指示 DOM 芳香度的光谱参数 $SUVA_{254}$ 显著正相关，$SUVA_{254}$ 与 Cu 的亲和力之间也存在相似的相关性。鉴于 $SUVA_{254}$ 与 DOM 的芳香性特征有很好的相关性，Spencer 等（2012）对美国 30 条河流进行研究结果，表明 $SUVA_{254}$ 与 DOM 中疏水部分的比例有很强的相关性，在水体系中，Fe 和 Cu 等过渡金属可能优先被具有高 $SUVA_{254}$ 的 DOM 芳香部分络合。梅德罡（2018）通过对沉积物中的重金属各形态含量与溶解性有机质光谱指数进行相关性研究发现，$SUVA_{254}$ 与 Cr 和 Zn 的可交换态呈极显著正相关（$p<0.01$）。重金属与根源溶解性有机质的比值（［HM］/［DOM］）和 $SUVA_{254}$ 的相关性表明，As、Cd、Cr、Cu、Pb 的 ［HM］/［DOM］与 DOM 的光谱参数 $SUVA_{254}$ 具有显著的相关性，芳香性是决定蔬菜地下部分重金属含量的一个重要的 DOM 光谱因素。

腐殖化指数（HIX）表征 DOM 的腐殖化程度，如图 3-5 所示，根茎类蔬菜中的 ［As］/［DOM］、［Cd］/［DOM］、［Pb］/［DOM］、［Zn］/［DOM］与 HIX 显著负相关（$p<0.05$），果菜类蔬菜中的 ［Cr］/［DOM］、［Zn］/［DOM］与 HIX 显著正相关（$p<0.05$），叶菜类蔬菜中的 ［Cd］/［DOM］、［Cu］/［DOM］、［Pb］/［DOM］、［Zn］/［DOM］与 HIX 显著正相关（$p<0.05$）。总体而言，重金属离子更倾向与 HIX 呈正相关。Wang 等（2015）同样发现芳香化程度和腐殖化程度较高的 DOM 与重金属的结合亲和力较高，具体体现在 Ni、Cu、Zn、Cd 和 Pb 的浓度均与 $SUVA_{254}$ 和 HIX 呈正相关。生物源指数（BIX）表征新产生的 DOM 的相对贡献率，在三类蔬菜中虽无显著差异。BIX 与根茎类蔬菜中的 ［As］/ ［DOM］、［Cd］/［DOM］、［Pb］/［DOM］、［Zn］/［DOM］呈显著负相关（$p<0.05$）。此外，FI（荧光指数）与根茎类蔬菜和所有蔬菜样品中的 6 种 ［HM］/［DOM］比值、果菜类蔬菜中的 ［Cd］/［DOM］和 ［Zn］/［DOM］呈负相关（$p<0.05$）。这表明新产生的 DOM 在将 Cd、Zn 元素从土壤中迁移至蔬菜根部的过程中可能起到了负作用。

如图 3-5 所示，本研究的所有蔬菜样品和各类蔬菜的 6 种 ［HM］/［DOM］比值与 ［Fmax］/［DOM］值呈显著正相关（$p<0.05$）。这表明三类蔬菜根系中类腐殖质和类蛋白质组分能显著增加蔬菜根系中重金属的含量。Yang 等（2023）研究表明，DOM 中的类腐殖质物质和类蛋白物质可以为重金属提供更多的结合电位。Huang 等（2019）利用二维相关光谱法分析了 DOM 组分与重金属结合的敏感性，结果表明类蛋白质组分和多糖类组分

的有机质与重金属元素（如 Cu）结合有更高的敏感性和优先性。在水体研究中同样发现，DOM 的类蛋白组分与水体中的溶解态重金属浓度存在较强的相关性。梅德罡（2018）在沉积物中的重金属与 DOM 的相关性研究中同样发现，微生物类腐殖质组分与 Cr、Cu、Pb、Zn 显著正相关，陆源和海源类腐殖质组分可以显著增加沉积物中 Cu、Zn 和 Pb 的含量。重金属与 DOM 组分的相关研究表明，蔬菜根源 DOM 的类腐殖质和类蛋白质组分在与重金属络合等相互作用过程中起着极为重要的影响（杨瑛，2023）。

综上所述，所有蔬菜样品中 6 种［HM］/［DOM］比值与表征 DOM 芳香性的参数 $SUVA_{254}$ 呈显著正相关，表明重金属更倾向于富集于含有较多的芳香族的化合物中。荧光指数（FI）和生物源指数（BIX）与［Cd］/［DOM］、［Zn］/［DOM］呈负相关。同样，As、Cd、Cr、Cu、Pb 的［HM］/［DOM］比值与 DOM 的荧光组分（［Fmax］/［DOM］）具有显著的相关性。

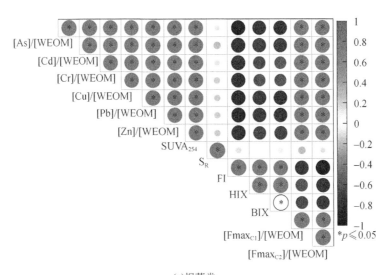

(a)根茎类

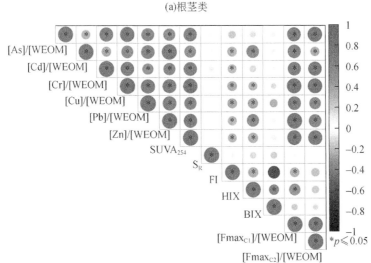

(b)叶菜类

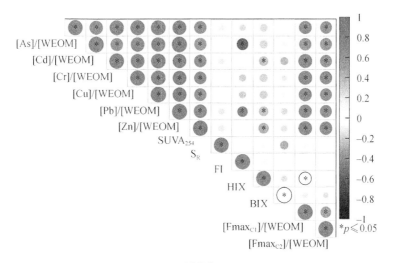

(c)果菜类

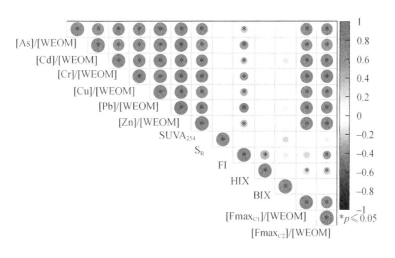

(d)全部蔬菜

图 3-5 重金属/DOM 的比值与 DOM 光谱参数的相关性分析

3.3 根源溶解性有机质对绿洲农田土壤重金属的影响

3.3.1 根源溶解性有机质对土壤重金属形态的影响

土壤中的重金属总量分析一直是国内外学者研究土壤污染问题的主要手段之一，但并不能表明该元素在土壤中的存在状态、迁移能力及植物吸收的有效性，也不能作为评估它们对生物影响的充分标准。重金属在土壤中以不同的形态存在，各形态共同决定了重金属的行为特征，因此，不仅应对土壤重金属的总量进行分析，还应对土壤重金属的不同赋存形态进行分析。

Cao 等（2018）采集了白银绿洲农田 60 个复合根际土壤（拿刷子轻轻刷掉附着在植物根部的土壤）和 60 个非根际土壤（距离植物根部 1 ~ 8cm 处的松散土壤），每个土样由 4 种蔬菜类型和 4 个不同地点混合组成，采用欧洲共同体参考局（BCR）委员会开发的三步连续提取技术，将重金属分离成四种形式：可溶性和可交换的重金属的酸溶性部分（F1）、与 Fe/Mn 氧化物结合的重金属的可还原部分（F2）、与有机物结合的重金属的可氧化部分（F3）和残留的重金属如硅酸盐的残留部分（F4）。具体操作步骤如下：第一步，称量 1g 过 100 目筛的干燥土壤样品并置于 100ml 离心管中；加入 40ml 0.1mol/L 乙酸（HOAc）溶液后，在 25℃ 下连续振荡 16h，然后放入离心机中 8000r/min 下离心 10min；迅速提取离心管中的上清液，将管中的上清液转移至 50ml 容量瓶中，并用 2% 硝酸（HNO₃）溶液稀释至 50ml 体积；将 50ml 稀释的上清液视为弱酸提取态并储存在 4℃ 下，然后在下一次萃取之前，用 0.1mol/L HOAc 溶液冲洗剩余的沉淀物两次。第二步，向上一步残渣中加入 40ml 0.5mol/L 盐酸羟胺（NH₂OH·HCl）溶液后，在 25℃ 下振荡 16h，然后放入离心机中 8000r/min 下离心 10min；将管中的上清液转移至 50ml 容量瓶中，并用 2% HNO₃ 溶液稀释至 50ml 体积；将稀释的上清液视为可还原态，并储存在 4℃ 下，然后在下一次提取之前，用 0.5mol/L NH₂OH·HCl 溶液冲洗剩余的沉淀物两次。第三步，向上一步残渣中缓慢加入 10ml 30% 过氧化氢（H₂O₂）溶液（pH=2 ~ 3）后，搅拌均匀后 25℃ 下静置 1h 后用水浴加热至 85℃±2℃，盖子去掉，浓缩到 3ml，再加入 10mL H₂O₂，在恒温水浴箱中保持 85℃±2℃ 1h；浓缩到 1ml，加入 40mL 1mol/L NH₄OAc（乙酸铵），放在恒温振动器中 22℃±5℃ 下连续振荡 16h，然后 8000r/min 下离心 10min；迅速提取离心管中的上清液，过滤至 50mL 容量瓶中，加 0.5ml HNO₃，摇匀，定容至 50mL。将上清液视为可氧化态并储存在 4℃ 下；最后留在管中的样品被认为是残余部分，通过从总浓度中减去分级 F1、F2 和 F3 中的浓度，获得 F4 中重金属的浓度。

在 F1、F2、F3 和 F4 中，Cu 的平均浓度分别为 1.24mg/kg、1.83mg/kg、10.09mg/kg 和 46.48mg/kg，对应的百分比分别为 2.09%、2.75%、16.13% 和 79.03%（表 3-4）。Cu 的分布由大到小的顺序为 F4>F3>F2>F1。在所有重金属中，Cu 在可氧化态中具有最高百分比。可氧化态中的重金属与有机物质和硫化物结合，并将在氧化条件下释放到环境中。与 Nannoni 和 Protano（2016）研究未污染和污染土壤，以及 Sungur 等（2016）的研究相比，本研究中，F3 和 F4 中 Cu 的平均浓度较高，但 F2 中较低。F1、F2、F3 和 F4 中 Ni 的平均浓度分别为 0.87mg/kg、1.09mg/kg、3.64mg/kg 和 28.01mg/kg，分别占总浓度的 2.76%、3.15%、11.07% 和 83.07%。Ni 的降序为 F4>F3>F2>F1。Pb 的浓度为 0.69mg/kg、2.09mg/kg、1.65mg/kg 和 35.05mg/kg，占比分别为 1.80%、5.23%、3.48% 和 89.46%。Pb 的含量由高到低的顺序为 F4>F2>F3>F1。与之前的研究相比，本研究结果表明白银绿洲农田土壤中的 Ni 和 Pb 在 F4 中具有更高的百分比，表明更高的稳定性。F1、

F2、F3 和 F4 中 Zn 的平均浓度分别为 29.20mg/kg、25.37mg/kg、17.3mg/kg 和 207.11mg/kg，对应的百分比分别为 11.69%、9.62%、6.11% 和 72.62%。Zn 含量由高到低的顺序为 F4>F1>F2>F3。Zn 主要存在于残留部分中，因此认为其无生物利用度。值得注意的是，在所有研究的重金属中，Zn 在 F1、F2、F3 和 F4 中具有最高浓度。

表 3-4 土壤中重金属的平均质量百分比 （单位:%）

重金属	F1	F2	F3	F4
As	3.65±6.85	1.91±3.77	1.31±2.30	93.14±12.56
Cr	0.17±0.17	0.29±0.32	2.20±1.99	97.35±2.02
Cu	2.09±1.40	2.75±6.17	16.13±8.49	79.03±12.09
Ni	2.76±3.26	3.15±4.18	11.07±6.15	83.07±10.02
Pb	1.80±1.34	5.23±3.45	3.48±2.89	89.46±6.87
Zn	11.69±7.10	9.62±4.33	6.11±4.44	72.62±13.89

基于 BCR 分级，重金属可被分离为生物可利用（F1）、潜在生物可利用（F2+F3）、生物可利用（F1+F2+F3）和非生物可利用（F4）重金属。在本研究中每种重金属的一半以上在残留部分中被检测到，相应被认为是非生物可利用的，表明白银绿洲农田土壤重金属污染环境风险较低。另外，在根际土壤中没有特定的改良剂的情况下，F1+F2+F3 中的重金属含量（$p>0.05$）和百分比（$p>0.05$）在四种根际土壤（种植四种不同蔬菜）之间以及根际土壤和非根际土壤之间均无显著差异。这一发现不同于以前基于实验室盆栽研究报道的根际土壤重金属形态随植物生长的变化（白利勇等，2019），这种差异可能是由于所选蔬菜的单一生长周期不足以引起土壤重金属形态的任何显著变化。对土壤化学性质进行分析可以发现，土壤 pH、CEC 和有机质含量在根际和非根际土壤之间没有显著差异。根际和非根际土壤中 F1、F2 和 F3 的重金属含量存在显著差异。Zhao 等（2016）观察到根际土壤中潜在生物可利用重金属的百分比较高，非根际土壤中的残留部分的百分比较高。薛粟尹等（2012）以白银市城郊东区农田土壤为研究对象，研究了干旱区工矿型绿洲城郊土壤氟的形态分布特征及其影响因素，氟的形态分布为残余态>水溶态>有机态>铁锰氧化态>可交换态，并且不同形态的氟在一定条件下可相互转化；农田土壤中各形态氟与理化性质相关分析表明，土壤可交换态氟、铁锰氧化态氟与土壤 pH 显著正相关；有机态氟与土壤 pH 呈极显著正相关，与土壤 EC 呈负相关关系。

我国西北地区干旱区绿洲有效降水少、水分蒸发大、昼夜温差大，且该区域土壤一般呈现 pH 高、碳酸盐含量高、土壤有机质含量低等异于其他类型土壤的特点。赵传军等（2010）研究发现，在干旱区绿洲土壤中碳酸盐含量较高，因而碳酸盐结合态重金属也有较高的生物有效性；因此白英等（2014）研究发现，随着外源 Ni 添加质量分数的增加，张掖绿洲土壤中 Ni 的存在形态发生了较大变化，可交换态 Ni 和碳酸盐结合态 Ni 所占比例呈增加趋势，残渣态 Ni 所占比例逐渐减少，对研究区小麦造成持久危害。另外赵转军等

（2013）在干旱区绿洲灌淤土原状土壤中种植油菜，研究发现添加外源可溶性 Cd、Pb 后，Cd 和 Pb 的主要赋存形态均为碳酸盐结合态，该形态以相对活性的状态参与了土壤-油菜系统中的各种迁移，对食用油菜的人类构成了潜在健康危害。同样研究在 Pb-Zn 复合胁迫环境下，低浓度 Pb、Zn 外源添加下，油菜生长得到促进，茎叶生长优势大于根系，随着外源重金属的投加，重金属生物有效性提升，油菜不同部位主要吸收可交换态 Pb 和碳酸盐结合态 Zn。

DOM 作为土壤有机质中最活跃的组分，不同组分 DOM 性质和功能具有很大差异性，仅凭现有的技术至少有三分之一的 DOM 组分尚难以确认；并且，从不同来源（土壤、河流、海洋、植物）分离出来的 DOM 在组成和结构上也会表现出明显的差异，其中土壤中的 DOM 是由动植物残体及其腐殖质组成。土壤腐殖质（humus，HS）主要由三部分组成：腐殖酸（胡敏酸）（humic acid，HA）、富里酸（黄腐酸）（fulvic acid，FA）和胡敏素（humin，HM）。DOM 含有羟基、羧基、羰基等多种活性官能团，能促进无机污染物如 Cr（Ⅵ）、As（Ⅴ）、Hg（Ⅱ）等的氧化还原，能直接与重金属 Cu、Ni、Zn 等形成稳定的络合物，从而改变重金属在土壤中的赋存形态，影响重金属的迁移转化。重金属的毒性、移动性和生物利用度强烈地取决于它们的形态、结合态和土壤物理化学性质（pH、CEC 和 DOM）。闫飞等（2010）将试验整个阶段处理土壤中重金属各赋存形态的含量与土壤中 DOM 的含量进行相关分析，探究 DOM 对土壤镉（Cd）形态的影响，结果表明 DOM 对重金属有效态的影响显著（$p < 0.05$），对土壤中重金属有机结合态也有较大的影响（$R^2 = 0.548$）。DOM 可促进其他形态向有机结合态的转化，说明 DOM 对于不同重金属有效态的作用效果是不同的，且在不同土壤上也存在差异。其原因可能是 DOM 在 pH 较高的土壤中，DOM—重金属络合物更稳定，且 DOM 更不易被土壤吸附，也可能是土壤 DOM 比固相有机质具有更多的活性点位，是土壤生态系统中一种重要的活性组分，能够充当污染物的"配位体"和"迁移载体"，使有机和无机污染物的水溶性及迁移性提高，大量的功能基团可以与土壤中的重金属通过络合和螯合作用，形成有机—金属配合，提高重金属的可溶性。

3.3.2 根源溶解性有机质对土壤重金属迁移能力的影响

重金属在土壤中的迁移性主要是由土壤的理化性质决定，土壤的 pH、有机质含量等能够影响土壤吸附重金属能力也会影响重金属在土壤中的滞留及迁移特性。DOM 对土壤中重金属的作用既可以存在促进作用，也可以出现抑制作用。其影响机理是通过络合作用与重金属形成可溶性的配合物而抑制重金属的沉淀和吸附，又能与土壤、矿物表面相互作用，增强重金属的迁移能力。其具体表现主要与土壤类型及 DOM 的来源有关。黄泽春等（2002）的研究表明，在酸性土壤中，DOM 以促进为主；在中性土壤中，DOM 主要表现为抑制作用；在碱性土壤中，DOM 表现为抑制作用。Fe^{3+} 是土壤中重要的营养元素，Guo 等（2020）研究发现，DOM 的荧光组分与 Fe^{3+} 的 $\log K_M$ 值最高，DOM 可以与铁离子形成非常稳定的配合物。Wang 等（2015）研究表明，采用超滤法对 DOM 进行分子量分级处理，分子量小于 1000Da 的 DOM 能增加 Cu 对莴苣幼苗的生物有效性，而分子量大于 1000Da 的 DOM 作用效果正好相反。DOM 活性官能团的丰度和结构异质性会影响土壤溶液中重金属的溶解，Chen 等（2016）研究表明，在土壤中添加 DOM 可以降低土壤固液比，从土壤表面解析金属，促进金属在土壤溶液中的溶解。

李小孟等（2016）通过土柱实验表明，DOM 对重金属迁移的影响体现在迁移速率上，DOM 的存在会促进重金属的迁移；分析其原因可能是由于 DOM 及有机质改变了土壤的 pH，破坏了沉淀溶解平衡，也可能是有机质分子优先吸附在土壤固体表面，从而减少土壤对重金属的吸附量，增加了淋出液中重金属的质量浓度，提高了其迁移能力。Guo 等（2020）在矿区土壤中添加 DOM 后提取重金属，结果表明施用 DOM 增加了 Cr^{3+} 在农田土壤和林地中的迁移率；在 DOM 溶液中加入 Cu^{2+} 会形成白色沉淀，从而降低了 Cu^{2+} 的迁移能力。植物对重金属的吸收受多种因素的影响，如植物的生态型、金属的形态、土壤的理化性质等。Li 等（2023）提出施用污泥增加土壤 DOM 提高了 Cd-DOM 复合物的比例和 Cd 的生物利用度，进一步促进植物对 Cd 的吸收；Mao 等（2019）研究表明，堆肥土壤中腐殖酸和黄腐酸对东南景天侧根、根毛和根尖吸收重金属有调节作用，会改善植物生长，不断激活植物对 Cd 的吸收。古添源等（2018）还证明，超积累菌通过根系分泌物或微生物活动增强金属在根际土壤中的溶解度，从而进一步促进植物对金属的吸收。例如，在湿润条件下，外源 DOM 的摄入促进了土壤微生物的多样性和群落结构，提高了土壤中金属的生物有效性。此外，土壤 DOM 可为微生物提供养分，DOC 浓度与微生物活性呈正相关。众所周知，土壤微生物可以通过溶解金属磷酸盐、释放螯合剂、引发氧化还原反应和酸解来影响重金属的流动性和生物有效性。

金诚等（2015）通过对 Pb-Zn 复合胁迫下干旱区绿洲土壤中油菜种植进行盆栽试验模拟，油菜根系、茎叶中 Pb 含量均随 Pb-Zn 复合胁迫水平的增加而增大，根系 Pb 含量和增幅明显大于茎叶中相关参数，表明外源 Pb 的投加，促进了油菜对 Pb 的富集吸收，但 Pb 在油菜体内向上迁移能力偏弱，主要在根系累积。这可能是因为 Pb 具有很高的负电性，在土壤中易与有机质、碳酸盐物质等形成难以被植物吸收、利用的惰性结合物，且植物内皮层的凯氏带阻挡 Pb 向地上部位进一步转运，因此致使根系成为植物吸收和积累 Pb 的主要部位。油菜根系、茎叶中 Zn 含量均随 Pb-Zn 复合胁迫水平的增加而增大，茎叶 Zn 含量均大于根系 Zn 含量。这说明外源 Zn 的投加，促进了油菜对 Zn 的富集吸收，且 Zn 在油菜体内转移能力较强。同时油菜的种植造成了土壤 pH 的减小，导致碳酸盐结合态 Zn 释放到土壤溶液中，而根际重金属的胁迫作用改变了根系有机酸等分泌物的构成与数量，导致根系土壤的 pH、氧化还原电位（Eh）、有机酸含量等的改变因而也反过来调节重金属在油菜根系的化学过程以及在油菜体内的迁移积累。探究 DOM 与重金属之间的相互作用对了解白银工矿型绿洲农田土壤有机质和重金属的生物地球化学循环至关重要，因此未来要进一步进行长期实验，明确 DOM 对重金属的化学形态、生物利用度的影响机理，以期更好地减轻重金属污染，确保耕地和粮食安全。

绿洲农田土壤重金属污染风险评估

重金属在土壤中大量富集会导致绿洲农田土壤重金属污染，从而抑制作物的生长并通过食物链迁移至人体内，危害人体健康。目前将土壤–作物系统中重金属累积的污染水平、潜在生态风险评价及人体健康风险评价与不同浇灌方式、不同种植方式、不同种类作物、不同生长周期作物相联系，探究绿洲农田土壤对不同重金属类型（As、Cd、Cr、Cu、Pb、Zn）的吸收差异及潜在风险评价，确定适宜在研究区绿洲农田土壤中广泛种植的作物种类，以期实现研究区重金属污染绿洲农田的合理利用，这对保障当地农产品质量和安全、土地资源的合理利用及降低人类健康风险具有重要意义。

4.1 不同浇灌方式绿洲农田土壤重金属污染风险评价

4.1.1 不同浇灌方式绿洲农田土壤重金属污染水平

土壤重金属主要来源于成土母质及地质活动等自然作用和人类活动，而人类活动产生的污染物通过大气降尘进入土壤是其重金属重要的来源方式之一。不同区域的土壤背景差异较大，当评价区域被多种重金属污染时，可以采用内梅罗综合污染指数法进行污染风险评价。内梅罗综合污染指数污染程度分级见表4-1，计算公式为

$$P_i = C_i / S \tag{4-1}$$

$$P_N = \sqrt{(P_{i最大}^2 + P_{i平均}^2)/2} \tag{4-2}$$

式中，P_i 为土壤中 i 元素标准化污染指数；C_i 为实测浓度（mg/kg）；S 为土壤环境质量标准（mg/kg）；P_N 为内梅罗综合污染指数；$P_{i最大}$ 为所有元素污染指数中的最大值；$P_{i平均}$ 为所有元素污染指数的平均值。

表 4-1　土壤内梅罗综合污染指数分级标准

等级划分	单项污染指数	综合污染指数	污染等级	污染水平
I	$P_i \leqslant 0.7$	$P_N \leqslant 0.7$	安全	清洁
II	$0.7 < P_i \leqslant 1.0$	$0.7 < P_N \leqslant 1.0$	警戒线	尚清洁
III	$1.0 < P_i \leqslant 2.0$	$1.0 < P_N \leqslant 2.0$	轻污染	轻度污染

等级划分	单项污染指数	综合污染指数	污染等级	污染水平
IV	$2.0<P_i \leqslant 3.0$	$2.0<P_N \leqslant 3.0$	中污染	中度污染
V	$P_i>3.0$	$P_N>3.0$	重污染	重度污染

绿洲蔬菜种植地土壤中重金属浓度与浇灌水质（纯净水、再生水）和浇灌方式（叶部浇灌、根部浇灌）没有明显的关系（表4-2）。图4-1所示的是四种浇灌方式后四种蔬菜种植地土壤中重金属的富集情况，其中As为14.8~45.6mg/kg、Cd为5.17~8.37mg/kg、Cr为45.7~78.9mg/kg、Cu为52.4~93.0mg/kg、Pb为81.4~144mg/kg、Zn为255~429mg/kg。可以看出，测定的六种重金属元素中，除Cr和Cu外，其他四种重金属元素的平均浓度均超过《食用农产品产地环境质量评价标准》（HJ/T 332—2006）。虽然锌是植物必需的元素，但它的浓度（70~400mg/kg）远远高于临界值，研究表明高于这个临界值会对土壤肥力和作物产量产生负面影响（Khaled and Muhammad，2015）。同时可以看出，用纯净水叶部和根部浇灌后油菜种植地土壤中六种重金属元素浓度均最高；而用再生水叶部和根部浇灌后土豆种植地土壤中六种重金属元素均达到最高浓度（再生水根部浇灌方式下Cu除外）。表明短期的再生水浇灌对叶菜种植地土壤中的重金属含量没有明显的影响，而胡萝卜和土豆的情况与白菜和油菜的情况刚好相反，可见短期的再生水浇灌会改变胡萝卜和土豆种植地土壤中重金属的含量。这可能是因为叶菜通过再生水浇灌之后，受叶面积等蔬菜形态学特征的影响，致使再生水中的重金属元素不会迁移到土壤中，会"残留"在蔬菜表面或者进入蔬菜体内，但是胡萝卜和土豆经过短期的再生水浇灌会迁移到土壤中，使胡萝卜和土豆种植地土壤中的重金属含量增加。在再生水浇灌的处理方式下，胡萝卜种植地土壤中的重金属除Pb以外均高于纯净水浇灌后胡萝卜种植地土壤中的重金属浓度，这说明再生水浇灌对胡萝卜种植地土壤中重金属含量有很大的影响。土豆的情况也类似，可以看到通过再生水叶部浇灌处理会提高土豆种植地土壤中重金属的含量。此外，还观察到通过再生水浇灌后油菜种植地土壤中的重金属含量小于纯净水浇灌后土壤中的重

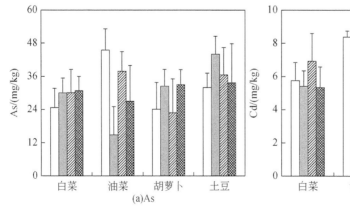
(a)As

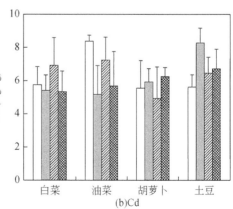
(b)Cd

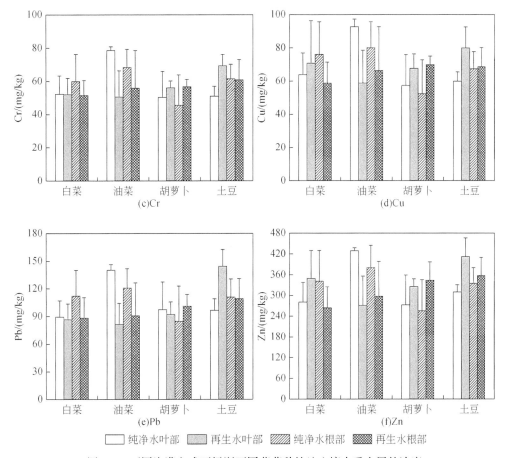

图4-1 不同浇灌方式下绿洲不同蔬菜种植地土壤中重金属的浓度

金属含量，这可能是因为从东大沟收集的用于盆栽试验的绿洲土壤有悠久的工业再生水浇灌的历史，致使东大沟绿洲土壤中的重金属具有较高的浓度。

表4-2 蔬菜种类、浇灌水质、浇灌方式和重金属种类与土壤之间的影响分析

参数	df	土壤
蔬菜种类	3	0.001 11 **
浇灌水质	1	0.762 91
浇灌方式	1	0.559 33
重金属种类	6	$<2\times10^{-16}$ ***

*** 表示 $p \leqslant 0.001$；** 表示 $p \leqslant 0.01$；* 表示 $p \leqslant 0.05$

从表4-3中可知，在该绿洲农田土壤中，内梅罗综合污染指数平均值依次为：Cd>As>Zn>Cu>Pb>Cr。重金属 Cd 是重度污染水平，重金属 As 和 Zn 是轻度污染水平，重金属 Cu 处于尚清洁水平，而重金属 Cr 和 Pb 处于清洁水平。总体来看，研究区绿洲农田土壤重金属污染水平处于较严重污染水平。从土壤背景原因分析，白银市存在几十年粗放的有色金

属采选和冶炼加工，致使境内东大沟流域农田及周围生态环境的重金属污染问题严重，直接影响黄河流域生态安全（刘红等，2013）。而东大沟作为白银市东市区工业区的一条排污沟，起源于白银公司露天矿，由北向南穿过白银市东市区，流经38km于四龙口汇入黄河。沿途主要接纳了白银公司、银光公司等工业企业排放的工业废水和东市区居民生活污水。作为农业灌溉用水的有效方式，东大沟沿线耕地用污水灌溉有很长的历史。因此，由于历史原因和现实条件限制，常年使用处理未达标的污水灌溉，白银市东大沟污灌区表层土壤已经出现了严重的重金属累积现象，应引起农业环境部门的重视。

表4-3 研究区绿洲农田土壤重金属含量及污染水平

项目	重金属					
	As	Cd	Cr	Cu	Pb	Zn
最小值/（mg/kg）	14.8	5.17	45.7	52.4	81.4	255
最大值/（mg/kg）	45.6	8.37	78.9	93	144	429
《土壤环境质量 农用地土壤污染风险管控标准（试行）》（GB 15618—2018）/（mg/kg）	25 （pH>7.5）	0.6 （pH>7.5）	250 （pH>7.5）	100 （pH>7.5）	170 （pH>7.5）	300 （pH>7.5）
内梅罗综合污染指数（P_N）	1.3560	11.5942	0.2579	0.7548	0.6880	1.1763
污染等级	轻污染	重污染	安全	警戒线	安全	轻污染
污染水平	III轻度污染	V重度污染	I清洁	II尚清洁	I清洁	III轻度污染

在纯净水叶部浇灌、再生水叶部浇灌、纯净水根部浇灌和再生水根部浇灌四种不同浇灌方式下内梅罗污染指数平均值均依次为：Cd>As>Zn>Cu>Pb>Cr。土壤重金属Cd均处于重度污染水平，重金属As和Zn是轻度污染水平，而重金属Cr处于清洁水平。重金属Cu在纯净水叶部浇灌、再生水叶部浇灌、纯净水根部浇灌方式下处于尚清洁水平，在再生水根部浇灌方式下处于清洁水平，而重金属Pb在再生水叶部浇灌方式下处于尚清洁水平，在纯净水叶部浇灌、纯净水根部浇灌、再生水根部浇灌方式下处于清洁水平（表4-4）。浇灌方式对土壤中重金属含量的影响有限，另外根际土壤本身环境比较复杂，而且土壤具有一定的自净能力，因此不同浇灌方式下绿洲农田土壤重金属含量未表现出明显的差异。

4.1.2 不同浇灌方式绿洲农田土壤重金属人体健康风险评价

土壤中重金属的出现对环境而言可能是有益的也可能是有害的，生物可以获得这些元素中微量或者痕量的必需元素，如Fe、Zn、Cu和Mo等，它们的作用可能是作为特定酶的辅酶或触媒剂，或稳定有机分子，在植物的各种组织和区室中维持必需金属元素浓度在

表 4-4　不同浇灌方式下绿洲农田土壤重金属含量及污染水平

项目	As 叶部浇灌 纯净水	As 叶部浇灌 再生水	As 根部浇灌 纯净水	As 根部浇灌 再生水	Cd 叶部浇灌 纯净水	Cd 叶部浇灌 再生水	Cd 根部浇灌 纯净水	Cd 根部浇灌 再生水	Cr 叶部浇灌 纯净水	Cr 叶部浇灌 再生水	Cr 根部浇灌 纯净水	Cr 根部浇灌 再生水	Cu 叶部浇灌 纯净水	Cu 叶部浇灌 再生水	Cu 根部浇灌 纯净水	Cu 根部浇灌 再生水	Pb 叶部浇灌 纯净水	Pb 叶部浇灌 再生水	Pb 根部浇灌 纯净水	Pb 根部浇灌 再生水	Zn 叶部浇灌 纯净水	Zn 叶部浇灌 再生水	Zn 根部浇灌 纯净水	Zn 根部浇灌 再生水
最小值/(mg/kg)	17.57	4.55	10.72	14.13	3.89	3.43	3.03	4.08	34.79	34.87	27.24	42.6	39.27	39.13	31.9	46.09	72.03	58.67	46.23	66.09	186.06	185.84	164.24	202.25
最大值/(mg/kg)	53.19	50.48	46.38	47.73	8.73	9.16	8.62	7.9	80.98	76.19	79.34	73.24	97.59	92.78	95.78	75.42	146.22	162.58	140.14	130.77	437.28	465.48	444.77	409.7
《土壤环境质量农用地土壤污染风险管控标准（试行）》(GB 15618—2018)/(mg/kg)	25 (pH>7.5)				0.6 (pH>7.5)				250 (pH>7.5)				100 (pH>7.5)				170 (pH>7.5)				300 (pH>7.5)			
内梅罗综合污染指数(P_N)	1.5844	1.4336	1.3464		11.2636	11.5272	10.7681	10.4786	0.2493	0.2370	0.2373	0.2396	0.7438	0.7120	0.7138	0.6250	0.6780	0.7189	0.6138	0.6095	1.1201	1.1814	1.1175	1.0769
污染等级	轻污染	轻污染	轻污染	轻污染	重污染	重污染	重污染	重污染	安全	安全	安全	安全	警戒线	警戒线	警戒线	安全	安全	警戒线	安全	安全	轻污染	轻污染	轻污染	轻污染
污染水平	III轻度污染	III轻度污染	III轻度污染	III轻度污染	V重度污染	V重度污染	V重度污染	V重度污染	I清洁	I清洁	I清洁	I清洁	II尚清洁	II尚清洁	II尚清洁	I清洁	I清洁	II尚清洁	I清洁	I清洁	III轻度污染	III轻度污染	III轻度污染	III轻度污染

生理极限之内，但是当这些元素处于高浓度时也是有毒害的。此外，由于环境中金属积累控制的困难，有机体不得不暴露于有害的重金属之中，尤其是那些生理学上被认为非必需的、哪怕是非常低的浓度通常也是有毒性的重金属，如 Cd、Hg、As、Pb 和 Cr 等。若污染土壤中的重金属进入地下水、农田、城市等生态系统，就会通过食物链、经口或呼吸摄入等暴露途径进入人体，逐渐积累直至危害人体健康。绿洲农田土壤环境质量是保障农产品质量和安全的最基本因素，因为土壤遭受重金属污染后会导致蔬菜中重金属浓度超过允许范围，影响蔬菜质量，进而影响到人类健康。处于食物链的顶端，人类受到重金属对人体健康所产生的负面影响较大。

人体健康风险指数用式（4-3）和式（4-4）来计算，用来估算摄入研究区种植的蔬菜对人体健康造成的风险。本研究将每个研究的重金属元素的 HRI 值相加为总的 HRI 值，总的 HRI 值大于等于 1 表明蔬菜对成年人健康存在潜在的风险。

$$DIM = \frac{C_V \times C_F \times D_{In}}{B_{ave}} \tag{4-3}$$

$$HRI = \frac{DIM}{RfD} \tag{4-4}$$

式中，DIM 为每日摄入的重金属元素的浓度（mg/kg·d）；C_V 为每日摄入蔬菜可食部分中重金属元素的浓度（mg/kg）；C_F 代表转换系数（干重/鲜重，0.085）；D_{In} 为每日食用的蔬菜重量（以鲜重计量），本研究取成人摄取 0.345kg/d；B_{ave} 代表人均体重（kg），本研究成人体重取值为 62.7kg；RfD 为重金属的日参考口服剂量［mg/(kg·d)］，本研究采用美国环境保护局综合风险信息系统（IRIS）提供的口服剂量参考值，其中 As、Cd、Cr、Cu、Pb 和 Zn 的 RfD 分别为 0.0003mg/(kg·d)、0.001mg/(kg·d)、1.5mg/(kg·d)、0.04mg/(kg·d)、0.0035mg/(kg·d) 和 0.3mg/(kg·d)。

鉴于重金属对人体健康的影响一般是多种元素共同作用的结果，则有：THRI = HRI_1 + HRI_2 + … + HRI_n。将每个研究的重金属元素的 HRI 值相加为 THRI 值，THRI 值大于等于 1 表明蔬菜对成人健康存在潜在的风险。

在具有 50 年污水浇灌历史的绿洲农田土壤环境之中，短期的纯净水浇灌并没有降低土壤、蔬菜中的重金属浓度。土壤中的重金属元素的积累不仅与浇灌时间的长短有关，还与浇灌再生水中的重金属浓度有关。如图 4-2 所示，不同浇灌方式下四种蔬菜对成年人的健康风险很高，大多数健康风险是由 As、Cd 和 Pb 造成的。四种浇灌方式下白菜、油菜、胡萝卜和土豆的 HRI 值的范围分别是 7.25 ~ 8.04、6.09 ~ 10.2、3.94 ~ 5.44 和 4.21 ~ 7.51，表明在四种蔬菜中胡萝卜构成的健康风险最低。此外可以看到，叶菜（白菜和油菜）的健康风险相对高于非叶菜（胡萝卜和土豆）。这可能是由于不同种类的蔬菜富集金属能力的顺序一般是叶菜类>非叶菜类的结果造成的。与非叶菜相比，叶菜中富集的重金属元素的浓度较高，主要归因于叶片上吸附残留了浇灌水，并通过叶片气孔吸附大气中的重金属。由此可见，相对来说非叶菜类蔬菜更适合种植在被重金属污染的农田环境中。如

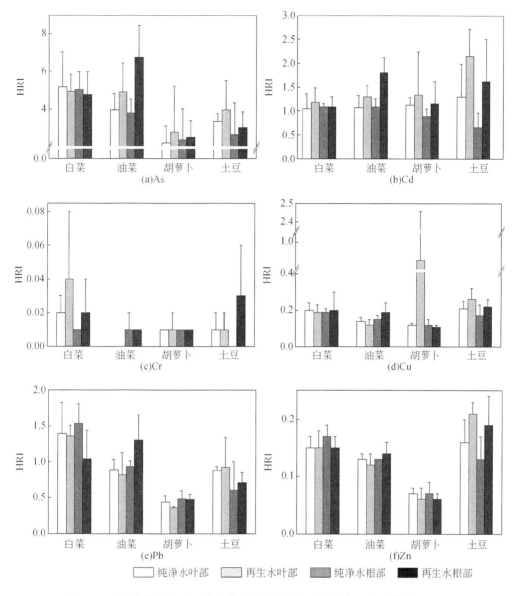

图 4-2 不同浇灌方式下四种蔬菜中重金属对成人的健康风险指数值（HRI）

图 4-2 所示，四种蔬菜的 As、Cd 和 Pb 的 HRI 均值大于等于 1，所以这些重金属元素应作为确保健康安全的主要补救目标。由图 4-2 可知，四种浇灌方式下 As 的 HRI 值均高，尤其叶菜类（白菜和油菜），其中最高值出现在再生水根部浇灌后的油菜中；而 Cd，除油菜外，其他处理方式下的所有蔬菜中 Cd 的 HRI 值均大于等于 1。再生水中 As、Cd、Cr、Cu、Pb 和 Zn 的平均浓度分别为 120μg/L、1.30μg/L、0.55μg/L，11.7μg/L、1.66μg/L 和 28.1μg/L，纯净水中 As、Cd、Cr、Cu、Pb 和 Zn 浓度分别为 1.22μg/L、0.09μg/L、0.31μg/L、3.22μg/L、0.59μg/L 和 17.1μg/L。从再生水到纯净水的转变使得 As、Cd、Cr、Cu、Pb 和 Zn 的平均浓度分别约降低了 99.0%、93.1%、43.6%、72.4%、64.5% 和

39.0%。这说明浇灌水中重金属浓度的大幅下降可以在短期内降低蔬菜的健康风险。再生水浇灌到纯净水浇灌的短期转变使所有重金属元素在土豆地下部分和地上部分中的浓度降低，而在其他三种蔬菜中没有发现类似的情况。这表明不同种类的蔬菜对浇灌水质的变化有不同程度的响应。同时，在这种转变中，四种蔬菜的可食部分的健康风险相对降低，这可能是因为从再生水到纯净水的短期转变中，As 和 Cd 的含量大大减少，其中浓度分别减少 99% 和 93.1%，质量分别减少 98.3% ~99.1% 和 84.5% ~90.5%。

Pb 和 Cd 是对人体有毒害作用的重金属，世界卫生组织和联合国粮食与农业组织建议每人每天可以承受的 Pb 和 Cd 的摄入量分别为 24.5μg/kg 和 7μg/kg，Cu 和 Zn 是人体所必需的微量元素，建议每人每天从食物中摄入的 Zn 含量以不超过 1mg/kg 为宜（人均体重 60kg）。不过对于人体健康风险评价的报道均采用重金属总量进行相关指数的计算，这种方式默认了进入机体的重金属元素被完全吸收，然而事实并不是这样，并非所有进入机体的重金属元素都能被完全吸收，而是很大一部分重金属元素会通过消化道排出体外，所以通过采用重金属总量这个指标去评价人体健康风险会夸大相关风险值。因此生物可给性和生物有效性也逐渐成为了人体健康风险评估中的两个重要指标。

近些年来，欧美一些国家开展了重金属生物可给性的体外消化实验并将实验结果应用于人体健康风险评价工作（戴军和刘腾辉，1995）。我国也有很多学者在生物可给性健康风险评价方面做了研究，尤其在企业周围、矿区、污染场地以及城市灰尘中的重金属污染和人体健康风险评价。生物可给性和生物有效性评估目的相同，均是通过测定土壤中所释放的重金属含量来进行人体健康风险评估。只是相对于总量，应用重金属生物可给性参数可在一定程度上提高人体健康风险评估的准确性，但仍然可能会高估人体对重金属的吸收量，而生物有效性的评估结果会更为准确。Ruby 等（1996）利用动物实验测定了污染土壤中 As 的生物可给性发现，体外小肠阶段消化后的 As 溶出量较动物实验实际吸收量高 2% ~11%。因此，以生物可给性为评估参数仍然导致健康风险评估值偏高，而应用体内实际摄入剂量（生物有效性）作为健康风险评价指标将更为准确。

4.1.3 不同浇灌方式绿洲农田土壤重金属潜在生态风险评价

潜在生态风险指数法是瑞典科学家 Hakanson 于 1980 年提出的评价重金属潜在生态风险的一种方法。此方法主要是从沉积学的角度，根据重金属"水体—沉积物—生物区—鱼—人"这一迁移累积主线，将重金属含量、环境生态效应、毒理学有效结合到一起。它不仅考虑了土壤中重金属的含量，还考虑了重金属的毒性效应对土壤环境的危害，同时也对重金属的背景值进行考虑，减少了土壤自身区域差异的影响，能够比较综合地反映重金属对土壤环境的潜在生态风险水平。计算公式为：

$$P_i = C_s^i / C_n^i \tag{4-5}$$

$$E_r^i = T_r^i \cdot P_i \tag{4-6}$$

$$RI = \sum_{i=1}^{n} E_r^i = \sum_{i=1}^{n} T_r^i \cdot C_s^i / C_n^i \tag{4-7}$$

式中，P_i 为单因子污染指数；C_s^i 为重金属浓度实测值（mg/kg）；C_n^i 为重金属参比值（mg/kg）；E_r^i 为单因子生态风险系数；T_r^i 为毒性响应系数；RI 为多因子综合潜在生态风险指数。

Hakanson 从"元素丰度原则"和"元素释放度"两方面考虑，按单因子污染物生态风险指标 E_r^i 和总的潜在生态风险指标 RI 进行生态风险分级。重金属污染潜在生态风险指标与分级关系见表 4-5。

表 4-5　重金属污染潜在生态风险指标与分级关系

单个重金属潜在生态风险指数（E_r^i）	单因子污染物生态风险程度	多种重金属潜在生态风险指数（RI）	总的潜在生态风险程度
$E_r^i < 40$	低	RI < 150	低
$40 \leqslant E_r^i < 80$	中	$150 \leqslant RI < 300$	中
$80 \leqslant E_r^i < 160$	较重	$300 \leqslant RI < 600$	重
$160 \leqslant E_r^i < 320$	重	$600 \leqslant RI$	严重
$320 \leqslant E_r^i$	严重	—	—

由于我国地域辽阔、土壤分布类型复杂，使用统一的国家土壤背景值为标准无法准确反映当地的实际情况，因此本研究主要参考相关文献资料提供的重金属毒性系数和甘肃省市场监督管理局发布的《土壤环境背景值》（DB62/T 4524—2022）中重金属的土壤背景值（表 4-6），选取六种重金属（分别为 As、Cd、Cr、Cu、Pb 和 Zn）进行研究。

根据 Hakanson 潜在生态风险指数法中的公式及表 4-6 的数据计算出研究区再生水浇灌方式下绿洲农田土壤中六种重金属的潜在生态风险值，结果见表 4-7。潜在生态风险系数的平均值依次为：Cd>As>Cu>Pb>Zn>Cr。基于六种重金属综合评价结果，结合 E_r^i 和 RI 风险等级标准进一步分析发现，在该研究区域中重金属 As 和 Cd 存在严重潜在生态风险，而 Cr、Cu、Pb 和 Zn 存在低潜在生态风险。综合潜在生态风险指数 RI 平均值为 2645.1773，高于严重生态危害下限（RI=600），属于严重生态危害。且 As 和 Cd 对 RI 的贡献率之和高达 99%，说明二者是绿洲农田土壤中主要的生态风险因子。本研究考虑到研究区农田土壤周边设有工业区，因工业区生产过程中"废气、废渣、废水"三废排放，部分污染物排入农田土壤，导致土壤重金属 As 和 Cd 含量超标。总体来看，绿洲农田土壤重金属潜在生态风险程度存在严重潜在风险。

表 4-6　研究区域中绿洲农田土壤重金属的含量与毒性系数、土壤背景值

项目	重金属					
	As	Cd	Cr	Cu	Pb	Zn
含量/ (mg/kg)	147.76	35.21	0.72	63.35	1.47	320.37
	1110.06	6.66	10.07	223.10	46.51	89.04
	357.77	21.88	6.97	153.84	17.36	532.64
	2002.90	12.72	3.60	114.06	15.54	302.02
	768.74	0.87	2.88	31.99	0.34	9.28
	963.45	5.45	3.60	77.68	7.60	200.13
	1021.12	3.46	4.31	201.33	45.37	115.17
	372.83	1.73	2.16	76.79	21.55	80.68
	123.30	24.83	4.31	95.87	27.22	304.38
毒性系数	10	30	2	5	5	1
土壤背景值 /(mg/kg)	12.90	0.15	82.80	37.30	21.20	76.30

表 4-7　再生水浇灌方式下绿洲农田土壤重金属潜在生态风险评价

重金属	潜在生态风险指数（E_r^i）	潜在生态 风险程度	多种重金属潜在 生态风险指数（RI）	总的潜在 生态风险程度
As	529.9331	严重		
Cd	2088.8148	严重		
Cr	0.0971	低	2645.1773	严重
Cu	18.9074	低		
Pb	4.4390	低		
Zn	2.9860	低		

4.2　不同种植方式绿洲农田土壤重金属污染风险评价

4.2.1　不同种植方式绿洲农田土壤重金属污染水平

由式（4-2）可知，内梅罗综合污染指数涵盖了各单因子污染指数，并突出了高浓度污染在评价结果中的权重，从而比单独运用单因子污染指数法的综合评判能力高。本研究采用现场控制实验，土壤为东大沟试验样地的耕作层表土（0~20cm），将土壤混合均匀之后备用。从表 4-8 中可知，研究区绿洲农田土壤中，内梅罗综合污染指数依次为：Cd>

Zn>As>Cu>Pb>Cr。重金属 Cd 是重度污染水平，重金属 As 和 Zn 是轻度污染水平，重金属 Cu 和 Pb 处于尚清洁水平，而重金属 Cr 处于清洁水平。总体来看，绿洲农田土壤重金属污染水平处于较严重污染水平。研究发现 Cd 的 P_N 值最高，这可能与灌溉废水中含有 Cd 有关，也可能与周围存在固体废物或施用化肥等耕作行为有关。Tóth 等（2016）研究表明在欧洲矿区附近的土壤中发现重金属浓度较高，且其中重金属主要是 As、Cd、Hg 和 Pb，这些高浓度的重金属最有可能是由于工业活动（如纺织漂白、刀具制造、电镀和采矿）产生的废物排放污染了河水和沉积物所致。被污染的河水与经处理后的生活污水用于灌溉农田。我国广州近郊因污水灌溉而污染农田 2700hm²，污染面积占郊区耕地面积的 46%；天津近郊因用含重金属污水灌溉污染了 2.3 万 hm² 农田；沈阳张士灌区因污灌导致重金属污染面积多达 2500hm²。谢建治等（2002）发现保定市污灌区土壤中 Pb、Cd、Cu 和 Zn 的检出超标率分别为 50%、87.5%、27.5% 和 100%，蔬菜中 Cd 的检出超标率为 89.3%。贾锐鱼等（2012）调查了西安郊区使用污水灌溉的菜园土壤中重金属污染状况，结果显示土壤不仅受到重金属污染，所种植的蔬菜中重金属含量也达到了重度污染水平，这会给食用者带来潜在危害。同时，地膜的大面积使用，不仅造成土壤的白色污染，同时由于地膜生产过程中会添加含有 Cd、Pb 等重金属的热稳定剂，也会增加土壤重金属污染。

表 4-8　研究区绿洲农田土壤重金属含量及污染水平

项目	重金属						pH
	As	Cd	Cr	Cu	Pb	Zn	
最小值/（mg/kg）	26.59	7.55	54.76	80.88	105.23	367.06	7.37
最大值/（mg/kg）	30.10	8.96	64.79	91.80	130.34	418.75	7.59
《土壤环境质量　农用地土壤污染风险管控标准（试行）》（GB 15618—2018）/（mg/kg）	30	0.3	200	100	120	250	6.5<pH≤7.5
	25	0.6	250	100	170	300	pH>7.5
内梅罗综合污染指数（P_N）	1.0572	20.6926	0.2666	0.8651	0.8237	1.4325	
污染等级	轻污染	重污染	安全	警戒线	警戒线	轻污染	
污染水平	Ⅲ轻度污染	Ⅴ重度污染	Ⅰ清洁	Ⅱ尚清洁	Ⅱ尚清洁	Ⅲ轻度污染	

不同种植方式下胡萝卜和小白菜根际土壤中重金属含量的变化特征见表 4-9。与播种前土壤重金属的含量相比较，不同种植方式下不同蔬菜根际土壤中 As、Cd、Cu、Pb、Zn 的含量均降低。由于不同种植方式下蔬菜生长过程中的 pH 均大于 7.5，因此根据《土壤环境质量　农用地土壤污染风险管控标准（试行）》（GB 15618—2018），两种种植方式下不同蔬菜土壤中 Cd 和 Zn 含量高于标准（0.6mg/kg 和 300mg/kg），不符合蔬菜的生长要求，其中属 Cd 污染最严重。这主要是因为研究区的绿洲农田土壤具有近 50 年的工业再生水灌溉史，绿洲农田土壤及其生长农作物重金属污染严重。虽然近年来国家和政府部门加

强了监管和治理，从 2006 年到 2021 年，绿洲土壤重金属含量显著降低，但是整体上污染仍比较严重。He 等（2021）的研究中，东大沟绿洲农田土壤样品中 Zn 的含量为332±138mg/kg，Cd 为 0.68～5.24mg/kg，均超过了筛选值。南忠仁和李吉均（2000）的研究发现，白银市东大沟绿洲农田土壤中 Cd、Pb、Cu 和 Zn 等超标明显。

表 4-9　不同种植方式下绿洲农田土壤重金属含量及污染水平

项目	重金属											
	As		Cd		Cr		Cu		Pb		Zn	
种植方式	大棚	大田	大棚	大田	大棚	大田	大棚	大田	大棚	大田	大棚	大田
最小值/(mg/kg)	22.38	22.37	4.19	4.46	54.51	54.07	53.06	55.62	61.47	62.69	271.55	252.87
最大值/(mg/kg)	24.90	27.45	6.96	6.97	84.24	99.95	98.05	81.79	89.16	98.86	375.75	371.27
《土壤环境质量农用地土壤污染风险管控标准(试行)》(GB 15618—2018)/(mg/kg)	25 (pH>7.5)		0.6 (pH>7.5)		250 (pH>7.5)		100 (pH>7.5)		170 (pH>7.5)		300 (pH>7.5)	
内梅罗综合污染指数(P_N)	0.9469	1.0016	9.5786	9.7487	0.2838	0.3214	0.7884	0.6994	0.4505	0.4869	1.0927	1.0588
污染等级	警戒线	轻污染	重污染	重污染	安全	安全	警戒线	安全	安全	安全	轻污染	轻污染
污染水平	Ⅱ尚清洁	Ⅲ轻度污染	Ⅴ重度污染	Ⅴ重度污染	Ⅰ清洁	Ⅰ清洁	Ⅱ尚清洁	Ⅰ清洁	Ⅰ清洁	Ⅰ清洁	Ⅲ轻度污染	Ⅲ轻度污染

两种种植方式下的绿洲农田土壤重金属内梅罗综合污染指数平均值均依次为：Cd>Zn>As>Cu>Pb>Cr。在大棚和大田两种不同种植方式下土壤重金属 Cd 均处于重度污染水平，Zn 为轻度污染水平，Cr 和 Pb 均处于清洁水平。As 和 Cu 在大棚种植方式下处于尚清洁水平，在大田种植方式下重金属 As 处于轻度污染水平，重金属 Cu 处于清洁水平。种植方式对土壤中重金属含量的影响有限，另外根际土壤本身环境比较复杂，而且土壤具有一定的自净能力，因此不同种植方式下绿洲农田土壤重金属含量未表现出明显的差异。尽管整体上农业区土壤重金属富集程度低于工业区，但我国耕地受重金属污染导致每年粮食减产约1000 万 t，因此农田土壤质量的好坏对保障粮食安全具有重要影响。

4.2.2　不同种植方式绿洲农田土壤重金属人体健康风险评价

绿洲农田中的重金属元素可通过食物链、皮肤接触、呼吸吸入等途径进入人体，在一定程度上会对人体健康产生潜在威胁。因此，评估土壤、大气、水体等环境中的重金属可能对人体造成的潜在风险已成为前沿的研究热点。由美国环境保护局（USEPA）基于各种暴露途径下推出的健康风险评价方法，能够以定值的方式较为准确反映出人体受污染物威胁所面临的潜在健康风险。土壤中重金属可通过多种途径进入人体，其主要方式包括吞食土壤颗粒、人体的皮肤接触、呼吸吸入及饮食摄入等，其中饮食是摄入重金属最主要的方式。本研究运用 USEPA 建立的人体健康风险评价模型对各种途径所造成的健康风险进行计算。

四种途径重金属日均摄入量计算公式如下：

$$CDI_{ingest-soil} = \frac{C_i \times IRS \times EF \times ED}{BW \times AT} \times CF \qquad (4-8)$$

$$CDI_{dermal-soil} = \frac{C_i \times SA \times AF \times ABS \times EF \times ED}{BW \times AT} \times CF \qquad (4-9)$$

$$CDI_{inhala-soil} = \frac{C_i \times IR_{in} \times EF \times ED}{PEF \times BW \times AT} \qquad (4-10)$$

$$CDI_{veg} = \frac{C_{veg} \times C_f \times IR_{veg} \times EF \times ED}{BW \times AT} \qquad (4-11)$$

计算公式中各类符号和参数如表 4-10 所示。

表 4-10　健康风险评价各参数含义及取值

符号	含义	值	单位
C_i	重金属含量	本研究	mg/kg
C_{veg}	蔬菜中重金属含量	本研究	mg/kg
C_f	转换系数	0.085	—
EF	暴露频率	350	d/a
ED	暴露时间	成年人：30；儿童：7	a
AT	平均时间	致癌：365×70；非致癌：365×ED	d
BW	体重	成人：62.7；儿童：32.7	kg
SA	皮肤暴露面积	1690	cm²
AF	黏附因子	0.07	mg/cm²
ABS	皮肤吸附率	0.001	—
PEF	微粒释放系数	1.36×10^9	m³/kg
CF	转换因子	10^6	kg/mg
IRS	土壤颗粒摄入量	50	mg/d
IR_{in}	土壤颗粒吸入量	16	m³/d
IR_{veg}	蔬菜摄入量	成人：345；儿童：232	g/d

资料来源：刘白林，2017

运用由 USEPA 所建立的健康风险评价模型可定量计算大棚和大田两种种植方式下的土壤和蔬菜重金属污染通过不同暴露途径对人体健康所产生的风险进行评价，计算不同种植方式下土壤中重金属通过四种途径对人体造成的健康风险。

（1）非致癌风险

$$HQ = \frac{CDI}{RfD} \quad\quad (4\text{-}12)$$

$$HI = \sum HQ_i \quad\quad (4\text{-}13)$$

式中，HQ 表示非致癌风险指数，当 HQ>1 时，目标元素 i 会对人体产生一定的潜在非致癌风险；RfD 为重金属的日参考口服剂量，采用 USEPA 综合风险信息系统（IRIS）提供的口服剂量，其中 As、Cd、Cr、Cu、Pb 和 Zn 的 RfD 分别为 0.0003mg/（kg·d）、0.001mg/（kg·d）、1.5mg/（kg·d）、0.04mg/（kg·d）、0.0035mg/（kg·d）和 0.3mg/（kg·d）；CDI 表示污染元素的每日平均摄入量；当环境中存在多种污染元素时，HI 代表所有污染元素的非致癌风险指数的叠加，该值>1 时，通常认为环境会对人体产生潜在的非致癌风险。

表 4-11 计算了研究区当地居民通过食用蔬菜所造成的非致癌风险。对于成年人和儿童来说，大棚和大田种植方式下的胡萝卜和小白菜对人体具有一定的风险，而且儿童受到的风险高于成年人。对于不同种植模式下的同种蔬菜，其所含的重金属元素对人体健康风险是不相同的。就胡萝卜而言，健康风险值为大棚>大田。就小白菜而言，健康风险表现为大棚<大田。同种蔬菜不同重金属对健康风险的贡献有较大差别。胡萝卜中的 As 对人体的非致癌风险较大，小白菜中 As 依然是非致癌风险较大的金属。这与黄钟霆等（2021）的研究结果相同：长期食用矿业城市周边蔬菜可能会带来身体受损的风险，且 As 对 HI 的贡献率最大，达到 55.10%。此外，Cd 对人体也有较强的非致癌风险。其他重金属的非致癌风险不明显。总体上来说，小白菜的健康风险要高于胡萝卜。因此研究区应该多种根菜，尽量少种或者不种叶菜。

表 4-11 胡萝卜和小白菜非致癌风险评价结果

蔬菜	种植方式	成年人						
		As	Cd	Cr	Cu	Pb	Zn	HI
胡萝卜	大棚	1.07	0.30	5.37×10^{-4}	0.167	0.167	0.0467	1.75
	大田	1.02	0.34	6.06×10^{-4}	0.153	0.153	0.0467	1.71
小白菜	大棚	1.55	1.09	3.54×10^{-3}	0.111	0.492	0.13	3.38
	大田	1.79	1.09	3.36×10^{-3}	0.162	0.560	0.150	3.76
蔬菜	种植方式	儿童						
		As	Cd	Cr	Cu	Pb	Zn	HI
胡萝卜	大棚	1.34	0.38	6.76×10^{-4}	0.209	0.209	0.0578	2.20
	大田	1.02	0.43	7.64×10^{-4}	0.190	0.190	0.0589	1.89
小白菜	大棚	1.96	1.38	4.46×10^{-3}	0.142	0.622	0.162	4.27
	大田	2.26	1.37	4.23×10^{-3}	0.207	0.707	0.190	4.74

对于成年人来说，大棚和大田胡萝卜中 As 以及小白菜中 As 和 Cd 所造成的风险指数均大于 1，这意味着可能存在着通过食用胡萝卜而产生的 As 健康风险和食用小白菜而产生的 As 和 Cd 健康风险。同时，考虑这六种重金属所造成的健康风险叠加效应，这两种蔬菜的综合健康风险按大小顺序排列分别为大田小白菜（3.76）>大棚小白菜（3.38）>大棚胡萝卜（1.75）>大田胡萝卜（1.71）。研究结果表明，这两种蔬菜的综合健康风险均超过 1，意味着食用这两种蔬菜存在一定的健康风险。另外，评价结果显示儿童通过蔬菜摄入所面临的健康风险相比于成人更加严峻。从造成风险的元素来看，食用蔬菜所造成的 As 和 Cd 过量摄入是导致当地居民面临潜在健康风险的主要原因。余志等（2019）对黔西北地区典型 Zn 冶炼区菜地土壤和主要蔬菜进行调查，发现该区域菜地土壤已受到重金属的重度污染且以 Cd 污染最为严重，食用研究区域蔬菜可对当地成年人和青少年儿童健康产生不良影响，因此通过食用蔬菜摄入重金属导致的人体健康风险应引起高度重视。蒋冬梅等（2007）和刘先锋等（2007）研究表明重庆市居民的主要膳食是谷物、蔬菜和肉类，居民通过谷物、蔬菜和水果途径的 Cd、Pb 摄入健康风险较高，通过谷物、蛋类和肉类途径的 As 摄入健康风险也较高。

图 4-3、图 4-4 和表 4-12 为四种暴露途径所造成的健康风险。暴露途径 1、2、3 和 4 分别为食用蔬菜、误食土壤颗粒、皮肤接触和呼吸吸入。各暴露途径健康风险排序为：食用蔬菜>误食土壤颗粒>皮肤接触>呼吸吸入。从图表中四种主要暴露途径对成年人和儿童所造成的健康风险来看，食用蔬菜所造成的健康风险最大，而通过呼吸吸入土壤颗粒所造成的健康风险最小。

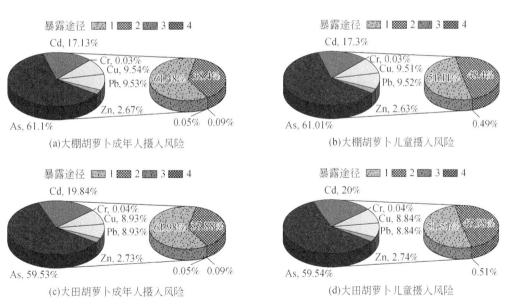

图 4-3　胡萝卜非致癌风险评价

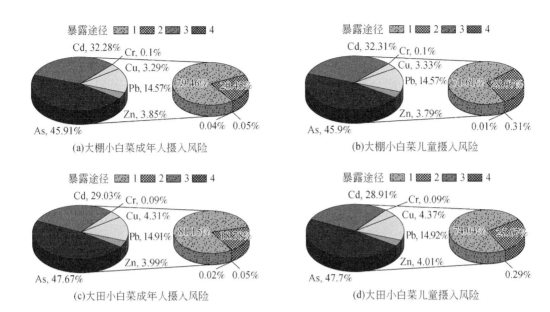

暴露途径 ▨ 1 ▨ 2 ▨ 3 ▨ 4

Cd, 32.28%　Cr, 0.1%
Cu, 3.29%
Pb, 14.57%　79.46%　20.45%
Zn, 3.85%
　　　　0.04%　0.05%
As, 45.91%

(a)大棚小白菜成年人摄入风险

暴露途径 ▨ 1 ▨ 2 ▨ 3 ▨ 4

Cd, 32.31%　Cr, 0.1%
Cu, 3.33%
Pb, 14.57%　71.61%　23.07%
Zn, 3.79%
　　　　0.01%　0.31%
As, 45.9%

(b)大棚小白菜儿童摄入风险

暴露途径 ▨ 1 ▨ 2 ▨ 3 ▨ 4

Cd, 29.03%　Cr, 0.09%
Cu, 4.31%
Pb, 14.91%　81.15%　18.78%
Zn, 3.99%
　　　　0.02%　0.05%
As, 47.67%

(c)大田小白菜成年人摄入风险

暴露途径 ▨ 1 ▨ 2 ▨ 3 ▨ 4

Cd, 28.91%　Cr, 0.09%
Cu, 4.37%
Pb, 14.92%　74.04%　25.67%
Zn, 4.01%
　　　　0.29%
As, 47.7%

(d)大田小白菜儿童摄入风险

图 4-4　小白菜非致癌风险评价

(2) 致癌风险

$$CR = CDI \times SF \tag{4-14}$$

$$TCR = \sum CR_i \tag{4-15}$$

式中，CR 表示致癌风险指数；SF 表示致癌风险斜率因子 $[(kg \cdot d)/mg]$；TCR 表示所有污染物致癌风险系数之和。当 CR 或 TCR 小于 1×10^{-6} 时，通常认为可以忽略人体所面临的致癌风险，当介于 $1 \times 10^{-6} \sim 1 \times 10^{-4}$ 时，表示存在的致癌风险可被接受，当大于 1×10^{-4} 时，认为存在不可接受的致癌风险。

在六种重金属中，As 和 Cd 属于具有致癌风险的元素。As 可造成肺部疾病、肝癌、膀胱癌和肾癌；Cd 进入人体后会大量富集于肾脏中诱发肾小球和近曲小管损伤，抑制成骨细胞分化与骨骼生长发育，损害器官的健康，增加患癌风险。针对以上两种重金属，食用蔬菜所造成的致癌风险指数如表 4-13 所示。通常认为，大于 1×10^{-4} 的致癌风险指数则意味着具有潜在的致癌风险。对成年人来说，综合考虑两种重金属的总体致癌风险，不同种植方式下蔬菜的致癌风险依次为大田小白菜（8.02×10^{-3}）>大棚胡萝卜（7.96×10^{-3}）>大田胡萝卜（3.95×10^{-3}）>大棚胡萝卜（2.86×10^{-3}）（表 4-14）。结果表明，小白菜的致癌指数高于胡萝卜，这表明食用小白菜具有较大的潜在致癌风险。

从结果来看，儿童所遭受的致癌风险较成年人高。综合致癌风险指数为大田小白菜（1.05×10^{-2}）>大棚小白菜（1.04×10^{-2}）>大田胡萝卜（4.20×10^{-3}）>大棚胡萝卜（3.95×10^{-3}），小白菜的致癌风险指数均高于胡萝卜，因此儿童食用小白菜存在的潜在致癌风险威胁高于胡萝卜（表 4-14）。结果表明，当地成年人和儿童所遭受的平均致癌风险均大于 1×10^{-4}，这表明当地居民通过食用蔬菜遭受到一定的潜在致癌风险威胁。与此同时，结果

表 4-12　四种暴露途径非致癌风险评价结果

			成年人							儿童						
		途径	As	Cd	Cr	Cu	Pb	Zn	HI	As	Cd	Cr	Cu	Pb	Zn	HI
胡萝卜	大棚	HQ蔬菜	1.07	0.30	5.37×10^{-4}	0.167	0.167	4.67×10^{-2}	1.65	1.34	0.38	6.76×10^{-4}	0.209	0.209	5.78×10^{-2}	2.08
		HQ误食	0.63	0.04	2.78×10^{-4}	0.173	0.173	8.78×10^{-3}	1.03	1.22	0.07	5.33×10^{-4}	0.333	0.333	1.68×10^{-2}	1.97
		HQ皮肤	1.50×10^{-3}	8.89×10^{-5}	6.76×10^{-7}	4.34×10^{-4}	4.34×10^{-4}	2.22×10^{-5}	2.48×10^{-3}	1.23×10^{-2}	7.31×10^{-4}	5.55×10^{-6}	3.57×10^{-3}	3.57×10^{-3}	1.83×10^{-4}	0.02
		HQ呼吸	9.36×10^{-4}	5.48×10^{-5}	4.10×10^{-7}	2.56×10^{-4}	2.56×10^{-4}	1.29×10^{-5}	1.51×10^{-3}	2.86×10^{-5}	1.68×10^{-6}	1.25×10^{-8}	7.84×10^{-6}	7.84×10^{-6}	3.96×10^{-7}	4.64×10^{-5}
		HQ总	1.70	0.341	8.16×10^{-4}	0.341	0.341	5.55×10^{-2}	2.68	2.57	0.455	1.22×10^{-3}	0.545	0.545	7.48×10^{-2}	4.07
	大田	HQ蔬菜	1.02	0.34	6.06×10^{-4}	0.153	0.153	4.67×10^{-2}	1.62	1.28	0.43	7.64×10^{-4}	0.190	0.190	5.89×10^{-2}	2.04
		HQ误食	0.60	0.04	2.97×10^{-4}	0.169	0.169	9.06×10^{-3}	0.99	1.16	0.08	5.69×10^{-4}	0.324	0.324	1.73×10^{-2}	1.90
		HQ皮肤	1.43×10^{-3}	9.71×10^{-5}	7.22×10^{-7}	4.22×10^{-4}	4.22×10^{-4}	2.30×10^{-5}	2.39×10^{-3}	1.17×10^{-2}	7.98×10^{-4}	5.93×10^{-6}	3.47×10^{-3}	3.47×10^{-3}	1.89×10^{-4}	0.02
		HQ呼吸	8.90×10^{-4}	5.98×10^{-5}	4.38×10^{-7}	2.49×10^{-4}	2.49×10^{-4}	1.34×10^{-5}	1.46×10^{-3}	2.72×10^{-5}	1.83×10^{-6}	1.34×10^{-8}	7.62×10^{-6}	7.62×10^{-6}	4.09×10^{-7}	4.47×10^{-5}
		HQ总	1.63	0.378	9.04×10^{-4}	0.323	0.323	5.58×10^{-2}	2.61	2.46	0.504	1.34×10^{-3}	0.517	0.517	7.64×10^{-2}	3.96
小白菜	大棚	HQ蔬菜	1.55	1.09	3.54×10^{-3}	0.111	0.492	0.130	3.38	1.96	1.38	4.46×10^{-3}	0.142	0.622	0.162	4.26
		HQ误食	0.612	4.94×10^{-2}	3.02×10^{-4}	1.38×10^{-2}	0.186	8.31×10^{-3}	0.87	1.17	9.46×10^{-2}	5.79×10^{-4}	2.64×10^{-2}	0.357	1.59×10^{-2}	1.67
		HQ皮肤	1.58×10^{-3}	1.29×10^{-4}	7.98×10^{-7}	3.69×10^{-5}	5.04×10^{-4}	2.28×10^{-5}	2.27×10^{-3}	1.29×10^{-2}	1.06×10^{-3}	6.56×10^{-6}	3.03×10^{-4}	4.14×10^{-3}	1.87×10^{-4}	1.86×10^{-2}
		HQ呼吸	9.04×10^{-4}	7.28×10^{-5}	4.46×10^{-7}	2.03×10^{-5}	2.74×10^{-4}	1.23×10^{-5}	1.28×10^{-3}	2.76×10^{-5}	2.23×10^{-6}	1.36×10^{-8}	6.22×10^{-7}	8.39×10^{-6}	3.75×10^{-7}	3.93×10^{-5}
		HQ总	2.17	1.14	3.84×10^{-3}	0.125	0.679	0.138	4.25	3.14	1.47	5.05×10^{-3}	0.169	0.983	0.178	5.95
	大田	HQ蔬菜	1.79	1.09	3.36×10^{-3}	0.162	0.560	0.150	3.76	2.26	1.37	4.23×10^{-3}	0.207	0.707	0.190	4.73
		HQ误食	0.593	4.93×10^{-2}	3.03×10^{-4}	1.46×10^{-2}	0.189	9.00×10^{-3}	0.87	1.14	9.45×10^{-2}	5.81×10^{-4}	2.80×10^{-2}	0.362	1.72×10^{-2}	1.64
		HQ皮肤	1.52×10^{-3}	1.28×10^{-4}	8.00×10^{-7}	3.91×10^{-5}	5.12×10^{-4}	2.47×10^{-5}	2.23×10^{-3}	1.25×10^{-2}	1.06×10^{-3}	6.58×10^{-6}	3.21×10^{-4}	4.21×10^{-3}	2.03×10^{-4}	1.83×10^{-2}
		HQ呼吸	8.74×10^{-4}	7.27×10^{-5}	4.47×10^{-7}	2.15×10^{-5}	2.79×10^{-4}	1.33×10^{-5}	1.26×10^{-3}	2.67×10^{-5}	2.23×10^{-6}	1.37×10^{-8}	6.58×10^{-7}	8.52×10^{-6}	4.06×10^{-7}	3.86×10^{-5}
		HQ总	2.39	1.14	3.66×10^{-3}	0.177	0.750	0.159	4.63	3.41	1.47	4.82×10^{-3}	0.235	1.07	0.207	6.39

表 4-13　胡萝卜和小白菜致癌风险评价结果

蔬菜	种植方式	成年人			儿童		
		As	Cd	TCR	As	Cd	TCR
胡萝卜	大棚	4.79×10^{-4}	1.86×10^{-3}	2.34×10^{-3}	6.04×10^{-4}	2.34×10^{-3}	2.94×10^{-3}
	大田	4.58×10^{-4}	2.06×10^{-3}	2.52×10^{-3}	5.78×10^{-4}	2.60×10^{-3}	3.18×10^{-3}
小白菜	大棚	6.99×10^{-4}	6.67×10^{-3}	7.37×10^{-3}	8.18×10^{-4}	8.40×10^{-3}	9.22×10^{-3}
	大田	8.07×10^{-4}	6.63×10^{-3}	7.44×10^{-3}	1.02×10^{-3}	8.36×10^{-3}	9.38×10^{-3}

表明儿童相较于成年人更易受到潜在的致癌风险，蔬菜中 As 和 Cd 是造成潜在致癌风险的主要来源，因此应开展针对这两种重金属的治理修复工作。

表 4-14 列明四种暴露途径所造成的致癌风险，其中吸入土壤颗粒所造成的致癌风险最小，通过食用蔬菜所造成的致癌风险最大。结果表明，研究区当地的整体致癌风险指数大于 1×10^{-4}，应当重点关注当地存在的潜在致癌风险，采取相应的措施以缓解当地居民所面临的健康风险。

研究区农田土壤重金属 As 和 Cd 对成年人和儿童均已构成非致癌和致癌风险，儿童的健康风险大于成年人，表明儿童更易受到重金属危害，与杨敏等（2016）、Jia 等（2018）的研究结果相符。这可能是由于儿童接触土壤的机会更多而免疫力却相对较低导致的，如儿童爱吮吸手指且儿童解毒能力差，皮肤暴露面积以及脆弱度大于成年人等原因。As 和 Cd 是研究区周边居民非致癌和致癌风险的主要因素，As 为该区非致癌和致癌风险的最大贡献因子。研究区重金属 As 和 Cd 非致癌风险 HQ 值皆大于 1，综合致癌风险 TCR 值大于 1×10^{-4}，属于不可接受致癌风险水平，应注意防范健康风险的潜在危害。但从健康角度出发，现阶段土壤污染防治丝毫不容懈怠，对土壤重金属健康风险应提高警惕，加强预警。

表 4-14　胡萝卜和小白菜各暴露途径评价结果

蔬菜	种植方式	途径	成年人			儿童		
			As	Cd	TCR	As	Cd	TCR
胡萝卜	大棚	$CR_{蔬菜}$	4.79×10^{-4}	1.86×10^{-3}	2.34×10^{-3}	6.04×10^{-4}	2.34×10^{-3}	2.94×10^{-3}
		$CR_{误食}$	2.85×10^{-4}	2.34×10^{-4}	5.19×10^{-4}	5.47×10^{-4}	4.49×10^{-4}	9.96×10^{-4}
		$CR_{皮肤}$	6.75×10^{-7}	5.60×10^{-7}	1.24×10^{-6}	5.55×10^{-6}	4.61×10^{-6}	1.02×10^{-5}
		$CR_{呼吸}$	4.24×10^{-7}	3.45×10^{-7}	7.69×10^{-7}	1.30×10^{-8}	1.06×10^{-8}	2.36×10^{-8}
		$CR_{总}$	7.65×10^{-4}	2.09×10^{-3}	2.86×10^{-3}	1.16×10^{-3}	2.79×10^{-3}	3.95×10^{-3}
	大田	$CR_{蔬菜}$	4.58×10^{-4}	2.06×10^{-3}	2.94×10^{-3}	5.78×10^{-4}	2.60×10^{-3}	3.18×10^{-3}
		$CR_{误食}$	2.72×10^{-4}	2.55×10^{-4}	9.96×10^{-4}	5.21×10^{-4}	4.90×10^{-4}	1.01×10^{-3}
		$CR_{皮肤}$	6.43×10^{-7}	6.12×10^{-7}	1.02×10^{-5}	5.28×10^{-6}	5.03×10^{-6}	1.03×10^{-5}
		$CR_{呼吸}$	4.03×10^{-7}	3.77×10^{-7}	2.36×10^{-8}	1.23×10^{-8}	1.15×10^{-8}	2.38×10^{-8}
		$CR_{总}$	1.16×10^{-3}	2.79×10^{-3}	3.95×10^{-3}	1.10×10^{-3}	3.10×10^{-3}	4.20×10^{-3}

蔬菜	种植方式	途径	成年人			儿童		
			As	Cd	TCR	As	Cd	TCR
小白菜	大棚	$CR_{蔬菜}$	6.99×10^{-4}	6.67×10^{-3}	7.37×10^{-3}	8.81×10^{-4}	8.40×10^{-3}	9.28×10^{-3}
		$CR_{误食}$	2.76×10^{-4}	3.11×10^{-4}	5.87×10^{-4}	5.28×10^{-4}	5.96×10^{-4}	1.21×10^{-3}
		$CR_{皮肤}$	7.09×10^{-7}	8.11×10^{-7}	1.52×10^{-6}	5.82×10^{-6}	6.66×10^{-6}	1.25×10^{-5}
		$CR_{呼吸}$	4.09×10^{-7}	4.59×10^{-7}	8.68×10^{-7}	1.25×10^{-8}	1.40×10^{-8}	2.65×10^{-8}
		$CR_{总}$	9.76×10^{-4}	6.98×10^{-3}	7.96×10^{-3}	1.41×10^{-3}	9.00×10^{-3}	1.04×10^{-2}
	大田	$CR_{蔬菜}$	8.07×10^{-4}	6.63×10^{-3}	7.44×10^{-3}	1.02×10^{-3}	8.36×10^{-3}	9.38×10^{-3}
		$CR_{误食}$	2.67×10^{-4}	3.10×10^{-4}	5.77×10^{-4}	5.11×10^{-4}	5.95×10^{-4}	1.11×10^{-3}
		$CR_{皮肤}$	6.86×10^{-7}	8.09×10^{-7}	1.50×10^{-6}	6.64×10^{-6}	6.65×10^{-6}	1.33×10^{-5}
		$CR_{呼吸}$	3.96×10^{-7}	4.58×10^{-7}	8.54×10^{-7}	1.21×10^{-8}	1.40×10^{-8}	2.61×10^{-8}
		$CR_{总}$	1.08×10^{-3}	6.94×10^{-3}	8.02×10^{-3}	1.54×10^{-3}	8.96×10^{-3}	1.05×10^{-2}

4.2.3 不同种植方式绿洲农田土壤重金属潜在生态风险评价

根据 Hakanson 潜在生态风险指数法中的公式，参照毒性系数和《土壤环境背景值》（DB62/T 4524—2022）中六种重金属的背景值，可知不同种植方式下绿洲农田土壤不同重金属的潜在生态风险指数及风险程度，结果见表4-15。大棚和大田潜在生态风险系数的平均值均依次为：Cd>Pb>As>Cu>Zn>Cr。而结合 E_r^i 和 RI 进一步分析发现，在大棚和大田种植方式下研究区域中重金属 Cd 均存在严重潜在生态风险，As、Cu、Pb、Cr 和 Zn 均存在低潜在生态风险。在大棚和大田两种不同种植方式下 Cd 对 RI 的贡献率之和均高达 94%，说明 Cd 是绿洲农田土壤中主要的生态风险因子。总体来看，在两种种植方式下绿洲农田土壤重金属潜在生态风险程度均存在严重潜在风险。

表4-15 不同种植方式下绿洲农田土壤重金属含量及污染水平

项目	重金属											
	As		Cd		Cr		Cu		Pb		Zn	
种植方式	大棚	大田	大棚	大田	大棚	大田	大棚	大田	大棚	大田	大棚	大田
毒性系数	10		30		2		5		5		1	
《土壤环境背景值》（DB62/T 4524—2022）/（mg/kg）	12.90		0.15		82.80		37.30		21.20		76.30	
潜在生态风险指数（E_r^i）	16.6359	16.8724	941.5055	963.5831	1.4098	1.4711	12.3087	12.2710	17.2049	17.6834	4.5651	4.7440

项目		重金属										
		As		Cd		Cr		Cu		Pb		Zn	
潜在生态风险等级		低	低	严重	严重	低	低	低	低	低	低	低	低
多种重金属潜在生态风险指数(RI)	大棚	993.6299											
	大田	1016.6250											
总的潜在生态风险等级	大棚	严重											
	大田	严重											

有机肥的使用是农业重金属的重要来源之一，而畜禽粪便等有机肥中含有丰富的重金属 Cd。Liu 等（2020）研究发现，长期施用畜禽粪便等有机肥的农田土壤中，重金属 Cd 的浓度和超标率均较高。在无机肥料中，磷肥的原料磷矿石中往往会含有较高含量的 Cd，如刘志红等（2007）对 130 个进口磷酸二铵样品调查发现，28%样品中 Cd 浓度超过了有机无机复合肥国家质量标准。尽管我国大部分肥料中重金属的含量低于法定限值，但全国每公顷施肥量（313.5kg/hm²）远高于国际化肥安全施用上限（225kg/hm²），因此排放至农田的重金属总量相对较高。同时，灌溉用水也是农业生产过程中重金属进入土壤的重要途径，受灌溉水污染程度较高的影响，我国辽宁沈抚灌区、济南小清河污灌区、广东大宝山污灌区等地区的土壤及作物内均受到不同程度重金属的污染。此外，Yi 等（2011）研究表明，潜在生态风险指数 RI 数值也与人为干扰的程度明显相关。因此，研究区域土壤要重点管控重金属污染物 Cd，应合理调整农田农用肥种类和用量及农田具体布局，同时鼓励相关工厂企业治污设施升级，提高污染物治理水平。

4.3 不同种类作物绿洲农田土壤重金属污染风险评价

4.3.1 不同种类作物绿洲农田土壤重金属污染水平

不同种类作物绿洲农田土壤中重金属含量见表 4-16。其中，As、Cd、Cr、Cu、Pb、Zn 含量的变化范围分别为 9.24 ~ 69.89mg/kg、1.59 ~ 10.58mg/kg、18.17 ~ 99.80mg/kg、22.29 ~ 131.11mg/kg、25.28 ~ 169.40mg/kg、126.60 ~ 563.11mg/kg，均值分别为 39.57mg/kg、6.09mg/kg、58.98mg/kg、76.70mg/kg、92.25mg/kg、344.86mg/kg，含量最高的是 Zn。虽然 Zn 是植物所需的必需元素，但土壤中 Zn 的含量高于临界值时会对土壤肥力和作物产量产生负面影响。As、Cd 和 Zn 的含量同样超过了《土壤环境质量 农用地土壤污染风险

管控标准（试行）》（GB 15618—2018）的阈值，其中 Cd 污染较为严重。因研究区具有近50 年的不合理不规范的工业再生水灌溉历史，再生水中的多种重金属元素进入东大沟流域农田，致使周围农田受到重金属污染。

具体来说，在所研究的蔬菜和重金属中存在部分根际土壤的重金属含量超过了对照土壤。其中，油菜根际土壤中除 Cu 外其余五种重金属的含量均为最高，这表明油菜根部对金属有很强的吸附能力。同样，欧阳喜辉等（2008）研究发现油菜相较于菠菜、芹菜和生菜等叶菜类蔬菜对重金属的吸收能力较强。赵小蓉等（2010）研究了不同蔬菜对重金属元素的富集能力，发现土豆相较于其他五种蔬菜（花菜、白菜、莴苣、莲白和萝卜）对重金属的富集能力较弱，对 Cd 和 Pb 的富集能力最弱。辣椒和菠菜收获后根际土壤中的重金属水平也相对较低，但 Cr 除外。

蔬菜收获后根际土壤重金属含量因蔬菜种类的不同而呈现一定的差异（图 4-5）。其中，根茎类、果菜类和叶菜类根际土壤中 As 含量的均值分别为 24.63±15.12mg/kg、32.56±13.88mg/kg 和 35.49±11.21mg/kg；Cd 含量分别为 3.90±2.05mg/kg、5.67±2.32mg/kg 和 5.64±1.76mg/kg；Zn 含量分别为 224.37±97.11mg/kg、284.71±89.74mg/kg 和 325.41±70.98mg/kg。叶菜类和果菜类根际土壤中的 As 含量、三类蔬菜土壤中的 Cd 含量、叶菜类土壤中的 Zn 含量均超过了《土壤环境质量　农用地土壤污染风险管控标准（试行）》（GB 15618—2018）中的标准限值。由三类蔬菜根际土壤中重金属含量的差异性可知，叶菜类和果菜类根际土壤的重金属含量普遍较高于根茎类蔬菜。根茎类根际土壤中

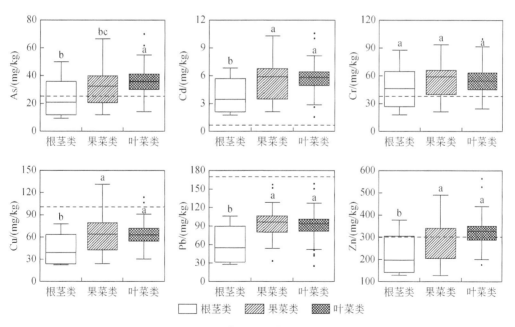

图 4-5　蔬菜根际土壤重金属含量

虚线表示《土壤环境质量　农用地土壤污染风险管控标准（试行）》（GB 15618—2018）中的临界值

的 Cd、Cu、Pb、Zn 的含量显著低于果菜类和叶菜类（$p<0.05$），As 含量显著低于叶菜类（$p<0.05$）。研究结果表明，不同种类蔬菜根际土壤对不同类型重金属的累积能力不同，根茎类蔬菜根际土壤中重金属含量相对较低，叶菜类较高，这不仅与土壤本身重金属含量相关，还与蔬菜自身不同的生物特征有关。

通过实验测定结果及式（4-2），选取六种重金属污染指数的最大值和最小值，参照《土壤环境质量 农用地土壤污染风险管控标准（试行）》（GB 15618—2018），计算可知不同种类作物绿洲农田土壤中重金属内梅罗综合污染指数、污染等级及污染水平（表 4-16）。由表 4-16 可知，三种种类作物种植下的绿洲农田土壤重金属内梅罗综合污染指数平均值均依次为：Cd>As>Zn>Cu>Pb>Cr。根茎类作物绿洲农田土壤中的 Cd 处于重度污染水平，As 处于轻度污染水平，Zn 处于尚清洁水平，Cr、Cu、Pb 处于清洁水平。果蔬类作物绿洲农田土壤中的 Cd 处于重度污染水平，As、Zn 处于轻度污染水平，Cu、Pb 处于尚清洁水平，Cr 处于清洁水平。叶菜类作物绿洲农田土壤中的 Cd 处于重度污染水平，As 处于中度污染水平，Zn 处于轻度污染水平，Cu、Pb 处于尚清洁水平，Cr 处于清洁水平。总体来看，绿洲农田土壤重金属污染水平处于较严重污染水平。同时有研究表明，Cd 的来源受到自然源和工农业活动源的共同影响，其对 Cd 的贡献率分别为 43.51% 和 56.49%，说明研究区工矿企业和农业活动造成的 Cd 输入明显，其造成的生态效应如部分农作物 Cd 超标应引起重视。因此，采取防止土壤酸化、减少工业活动排放和农业施肥输入等综合措施是防治土壤 Cd 污染的重要措施之一。

表 4-16　不同种类作物绿洲农田土壤重金属含量及污染水平

种类作物		项目	重金属					
			As	Cd	Cr	Cu	Pb	Zn
根茎类 /(mg/kg)	胡萝卜	最小值	24.93	4.39	46.16	48.33	69.52	237.84
		最大值	50.04	6.87	88.35	77.51	105.82	377.71
	土豆	最小值	9.24	1.78	18.17	22.29	27.56	127.95
		最大值	17.11	2.57	46.87	29.94	40.08	160.30
果蔬类 /(mg/kg)	黄瓜	最小值	32.44	5.85	56.26	62.60	93.41	324.19
		最大值	53.57	9.58	90.18	80.71	156.93	488.94
	架豆	最小值	28.07	5.25	51.05	54.07	85.61	287.70
		最大值	41.02	7.54	65.83	79.19	122.77	332.42
	辣椒	最小值	17.65	2.60	26.37	29.14	71.34	157.90
		最大值	30.96	5.06	55.78	55.82	82.50	285.48
	龙豆	最小值	11.98	2.16	21.97	24.42	92.12	126.60
		最大值	41.48	6.32	63.40	73.24	104.69	350.72
	茄子	最小值	16.46	3.07	27.65	38.93	68.65	240.94
		最大值	34.03	6.38	65.80	71.60	99.84	358.48

种类作物		项目	重金属					
			As	Cd	Cr	Cu	Pb	Zn
果蔬类 /(mg/kg)	西红柿	最小值	13.20	2.91	62.46	73.28	108.56	185.72
		最大值	66.53	10.31	91.81	131.11	151.74	419.26
	西葫芦	最小值	13.93	2.25	21.02	25.86	33.66	132.30
		最大值	60.12	9.74	93.63	121.88	95.36	224.95
叶菜类 /(mg/kg)	白菜	最小值	17.81	2.65	28.06	30.55	82.21	298.35
		最大值	43.64	6.46	59.29	71.75	101.21	350.40
	菠菜	最小值	14.36	1.59	24.77	30.58	25.28	175.19
		最大值	35.89	6.08	51.46	68.61	93.11	318.82
	大葱	最小值	34.11	5.24	66.65	59.25	81.49	288.29
		最大值	42.16	7.62	81.66	90.79	104.03	346.44
	甘蓝	最小值	30.00	4.68	42.58	48.82	76.96	269.90
		最大值	41.44	6.73	65.01	75.95	111.48	366.44
	韭菜	最小值	19.06	3.48	32.79	36.69	52.10	199.21
		最大值	31.04	5.49	50.89	60.63	87.09	282.94
	芹菜	最小值	16.47	3.05	27.79	31.87	88.59	316.42
		最大值	43.23	7.25	60.34	75.42	118.77	391.60
	生菜	最小值	34.10	5.97	54.88	66.57	89.14	326.93
		最大值	42.98	6.32	63.43	69.81	100.95	349.20
	茼蒿	最小值	36.50	5.56	55.29	60.61	85.61	311.61
		最大值	44.00	6.75	64.18	71.91	110.88	365.63
	香菜	最小值	16.55	2.92	29.23	40.76	44.14	224.84
		最大值	39.84	6.73	65.66	71.43	60.52	362.83
	油菜	最小值	47.84	7.23	67.90	78.74	117.89	400.02
		最大值	69.89	10.58	99.80	113.93	169.40	563.11
	油麦菜	最小值	31.24	4.94	49.39	52.97	78.22	295.46
		最大值	42.59	6.67	62.55	75.81	115.32	381.16
《土壤环境质量 农用地土壤污染风险管控标准(试行)》(GB 15618—2018)/(mg/kg)			25	0.6	250	100	170	300
根茎类	内梅罗综合污染指数 (P_N)		1.4393	8.3637	0.2551	0.5703	0.4548	0.9400
果蔬类			1.9120	12.4142	0.2670	0.9430	0.7384	1.0323
叶菜类			2.0181	12.6087	0.2908	0.8341	0.7124	1.3900
根茎类	污染等级		轻污染	重污染	安全	安全	安全	警戒线
果蔬类			轻污染	重污染	安全	警戒线	警戒线	轻污染
叶菜类			中污染	重污染	安全	警戒线	警戒线	轻污染

第 4 章　绿洲农田土壤重金属污染风险评估

种类作物	项目	重金属					
		As	Cd	Cr	Cu	Pb	Zn
根茎类	污染水平	Ⅲ轻度污染	Ⅴ重度污染	Ⅰ清洁	Ⅰ清洁	Ⅰ清洁	Ⅱ尚清洁
果蔬类		Ⅲ轻度污染	Ⅴ重度污染	Ⅰ清洁	Ⅱ尚清洁	Ⅱ尚清洁	Ⅲ轻度污染
叶菜类		Ⅳ中度污染	Ⅴ重度污染	Ⅰ清洁	Ⅱ尚清洁	Ⅱ尚清洁	Ⅲ轻度污染

4.3.2 不同种类作物绿洲农田土壤重金属人体健康风险评价

为评估不同种类蔬菜中重金属的潜在健康风险，根据当地居民的日常饮食习惯计算了摄入蔬菜所造成的非致癌风险。单项重金属元素健康风险指数（HRI）结果表明（表4-17），儿童的健康风险高于成年人。对于成年人的单项重金属摄入量，研究发现叶菜中As和Cd的HRI≥1，所有被研究的蔬菜中Cr、Cu、Pb、Zn的HRI<1。研究结果表明，蔬菜可食部分Cr、Cu和Zn的含量不会通过摄入引起潜在健康风险。根茎类蔬菜HRI均值表现为：As>Cd>Pb>Cu>Zn>Cr。果菜类和叶菜类蔬菜HRI均值规律与根茎类相同，叶菜类中As和Cd的HRI均值大于1，具有较高的潜在健康风险。总体而言，Cr、Cu和Zn的健康风险远低于As、Cd和Pb。同样，宋勇进等（2018）对我国大部分省市蔬菜中重金属进行健康风险评价，发现非致癌风险值从大到小为：As>Cd>Pb>Cr>Hg。冯宇佳等（2017）通过对华北地区蔬菜的单项重金属潜在健康风险进行分析发现，Cr和Cd的健康风险要高于其他重金属元素（Cu、Pb、Zn、Ni、As），虽然不同研究区域的蔬菜重金属潜在健康风险具有差异性，但儿童的非致癌风险总是高于成年人，与本研究的结果一致。

表4-17 不同种类蔬菜可食部分重金属健康风险指数（HRI）

种类		As	Cd	Cr	Cu	Pb	Zn
成年人	根茎类	0.552±0.392b	0.217±0.129b	0.0013±0.0011a	0.089±0.014a	0.105±0.071b	0.032±0.007b
	果菜类	0.759±0.636b	0.564±0.865ab	0.0007±0.0006a	0.109±0.023a	0.161±0.117b	0.061±0.022ab
	叶菜类	2.066±1.945a	1.023±0.866a	0.0016±0.0019a	0.099±0.055a	0.366±0.301a	0.097±0.080a
儿童	根茎类	0.713±0.506b	0.280±0.166b	0.0017±0.0014a	0.115±0.016a	0.135±0.092b	0.039±0.01b
	果菜类	0.978±0.821b	0.726±1.118ab	0.0009±0.0007a	0.14±0.029a	0.207±0.151b	0.079±0.027ab
	叶菜类	2.663±2.508a	1.318±1.117a	0.0021±0.0024a	0.127±0.07a	0.47±0.388a	0.123±0.104a

注：不同小写字母代表差异显著（$p<0.05$）

不同种类蔬菜重金属潜在健康风险与蔬菜对重金属的富集能力、居民摄食行为的差异性相关。由表4-17可知，单项重金属元素在不同种类蔬菜中的健康风险整体表现为叶菜类>果菜类>根茎类，且对于As、Cd、Pb三种元素，叶菜类的健康风险明显高于根茎类和果菜类（$p<0.05$）。六种重金属元素综合健康风险指数（THRI）结果表明（图4-6），摄

入三类蔬菜的健康风险同样表现为叶菜类>果菜类>根茎类。具体来说，成年人或儿童摄入除了甘蓝、土豆和架豆外的 20 种蔬菜中的任意一种时，THRI 都大于 1。对于成年人来说，摄入菠菜（6.83）、生菜（6.08）和韭菜（5.78）的 THRI 大于 5，儿童除菠菜、生菜和韭菜外，摄入茄子的 THRI 也大于 5，表明摄入以上三种蔬菜有很高的潜在健康风险。甘蓝、土豆和架豆的 THRI < 1，表明食用这三种蔬菜不会导致不良的健康后果。此外，Nzediegwu 等（2019）研究发现，与果皮相比，用未经处理的废水灌溉的土豆块茎果肉中的重金属浓度显著降低，表明削皮食用土豆可以进一步降低健康风险。已有研究表明，叶菜类是人们摄入蔬菜时可能造成潜在健康风险的主要种类，这与本研究的结果一致。因此，在研究蔬菜重金属潜在健康风险时应警惕各类型元素引起的综合健康风险，尤其是叶菜类蔬菜。总体来说，在研究区应选择根茎类蔬菜作为重金属低累积蔬菜进行种植，可以将重金属健康风险降至最低。

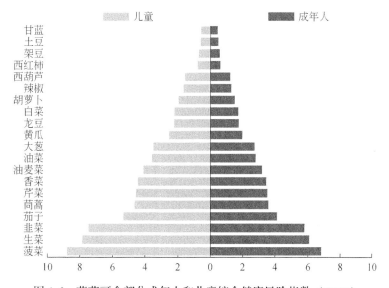

图 4-6　蔬菜可食部分成年人和儿童综合健康风险指数（THRI）

　　蔬菜中单项重金属健康风险对综合健康风险的贡献率如图 4-7 所示。各蔬菜中，As、Cd 和 Pb 的 HRI 贡献率占比较高。总体来说，20 种蔬菜中，HRI 贡献率占比为 As>Cd>Pb>Cu>Zn>Cr，贡献率分别为 52.58%、26.21%、11.28%、6.13%、3.75% 和 0.06%，As、Cd 和 Pb 的累积贡献率达到了 90.07%。因此，As、Cd 和 Pb 三种重金属应作为研究区土壤修复策略的主要目标。

4.3.3　不同种类作物绿洲农田土壤重金属潜在生态危害评价

　　根据 Hakanson 潜在生态风险指数法中的公式，参照毒性系数和《土壤环境背景值》（DB62/T 4524—2022）中六种重金属的背景值，可知不同种类作物绿洲农田土壤不同重金

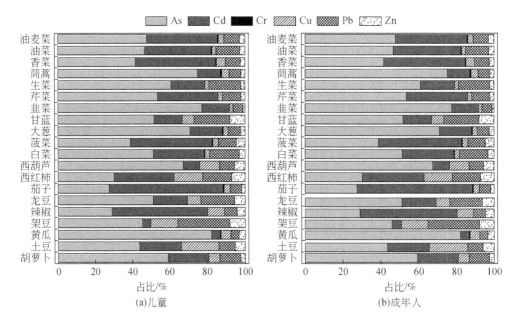

图 4-7 单项重金属的健康风险指数（HRI）占综合健康风险指数（THRI）的百分比

属的潜在生态风险指数及风险程度。三种种类作物种植下的绿洲农田土壤重金属潜在生态风险系数的平均值均依次为：Cd>As>Pb>Cu>Zn>Cr。而结合 E_r^i 和 RI 风险等级标准进一步分析发现，种植根茎类作物、果蔬类作物和叶菜类作物的绿洲农田土壤中除 Cd 存在严重潜在生态风险外，As、Cr、Cu、Pb 和 Zn 均存在低潜在生态风险。且在根茎类作物、果蔬类作物和叶菜类作物三种不同种类作物种植下 Cd 对 RI 的贡献率之和均高达 94%，说明 Cd 是绿洲农田土壤中主要的生态风险因子。Cd 通常是农艺措施的标记元素，如在使用肥料的过程中，包括磷肥和牲畜粪便，均会带来 Cd 污染。已有研究表明，研究区重金属 Cd 主要受工业"三废"的排放、农药化肥的施用、交通运输及生活和商业废水等人类活动的影响，强烈的人类活动势必引起 Cd 的富集超标，并对农田作物产生毒害效应。此外，研究区地处黄土高原，植被覆盖率低，黄土比较疏松但富含 Cd 元素。总体来看，在三种不同种类作物种植下绿洲农田土壤重金属潜在生态风险程度均存在严重潜在风险（表 4-18）。

表 4-18　不同种类作物绿洲农田土壤重金属潜在生态危害评价

项目	重金属					
	As	Cd	Cr	Cu	Pb	Zn
毒性系数	10	30	2	5	5	1
《土壤环境背景值》（DB62/T 4524—2022）/（mg/kg）	12.90	0.15	82.80	37.30	21.20	76.30

项目		重金属					
		As	Cd	Cr	Cu	Pb	Zn
根茎类	潜在生态风险指数 (E_r^i)	17.5903	650.4167	1.1287	7.2980	13.2631	3.1080
果蔬类		22.8889	915.0000	1.2463	10.5085	19.8855	3.7227
叶菜类		24.4552	939.3182	1.2378	10.3089	19.7935	4.4922
根茎类	潜在生态风险程度	低	严重	低	低	低	低
果蔬类		低	严重	低	低	低	低
叶菜类		低	严重	低	中	低	低
根茎类	多种重金属潜在生态风险指数(RI)	692.8047					
果蔬类		973.2520					
叶菜类		999.6056					
根茎类	总的潜在生态风险程度	严重					
果蔬类		严重					
叶菜类		严重					

4.4　不同生长周期作物绿洲农田土壤重金属污染风险评价

4.4.1　不同生长周期作物绿洲农田土壤重金属污染水平

如表4-19所示,三种生长周期作物种植下的绿洲农田土壤重金属内梅罗综合污染指数平均值均依次为:Cd>Zn>As>Cu>Pb>Cr。研究结果表明,不同生长周期作物根际土壤对不同重金属的积累不同:生长前期重金属 As 和 Zn 处于轻度污染水平,Cd 处于重度污染水平,而 Cr、Cu、Pb 处于清洁水平;生长中后期重金属 As 和 Cu 处于尚清洁水平,Cd 仍处于重度污染水平,而 Cr 和 Pb 仍处于清洁水平。本研究蔬菜生长过程中根际土壤不同重金属含量的累积变化情况不同主要与两方面因素有关,一是土壤自身各类重金属的含量不同,以及外部环境向土壤中输入重金属,如大气干湿沉降;二是由于研究测定的是蔬菜根际土壤中重金属含量,且植物自身的生理特征影响其对重金属的吸收,包括根系分泌物、植物遗传特性、主动吸收功能和生长期长短等因素。

表4-19　不同生长周期作物绿洲农田土壤重金属含量及污染水平

生长期	项目	重金属					
		As	Cd	Cr	Cu	Pb	Zn
前期 /(mg/kg)	最小值	22.41	4.71	54.07	53.06	62.69	252.87
	最大值	27.45	6.46	99.95	82.12	98.86	375.75

生长期	项目	重金属					
		As	Cd	Cr	Cu	Pb	Zn
中期 /(mg/kg)	最小值	22.39	4.46	49.28	64.66	71.54	278.50
	最大值	24.98	6.97	69.65	89.72	81.78	371.27
后期 /(mg/kg)	最小值	22.37	4.19	54.55	73.83	73.74	332.42
	最大值	24.89	6.70	59.17	78.99	89.16	357.41
《土壤环境质量 农用地土壤污染风险管控标准(试行)》(GB 15618—2018)/(mg/kg)		25 (pH>7.5)	0.6 (pH>7.5)	250 (pH>7.5)	100 (pH>7.5)	170 (pH>7.5)	300 (pH>7.5)
前期	内梅罗综合污染指数 (P_N)	1.0023	9.4219	0.3214	0.6913	0.4869	1.0675
中期		0.9488	9.7520	0.2413	0.7820	0.4519	1.0939
后期		0.9465	9.3129	0.2276	0.7645	0.4813	1.1505
前期	污染等级	轻污染	重污染	安全	安全	安全	轻污染
中期		警戒线	重污染	安全	警戒线	安全	轻污染
后期		警戒线	重污染	安全	警戒线	安全	轻污染
前期	污染水平	Ⅲ轻度污染	Ⅴ重度污染	Ⅰ清洁	Ⅰ清洁	Ⅰ清洁	Ⅲ轻度污染
中期		Ⅱ尚清洁	Ⅴ重度污染	Ⅰ清洁	Ⅱ尚清洁	Ⅰ清洁	Ⅲ轻度污染
后期		Ⅱ尚清洁	Ⅴ重度污染	Ⅰ清洁	Ⅱ尚清洁	Ⅰ清洁	Ⅲ轻度污染

4.4.2 不同生长周期作物绿洲农田土壤重金属人体健康风险评价

人体健康风险评价主要用于评估目前或预测未来环境中某些介质的化学含量对人体产生不利影响的性质和可能性。风险值主要取决于环境的污染情况和重金属到人体的暴露途径。我国的健康风险研究开始于20世纪90年代。例如，任慧敏等（2004）对土壤Pb污染对儿童健康潜在风险进行了探讨；陈同斌等（2020）对农用地土壤中的Cd、Pb等重金属进行健康风险评估；李正文等（2003）分析了水稻籽粒中不同重金属含量，阐述了土壤重金属污染通过饮食途径对人体健康造成的风险。目前，对于重金属污染带来的健康风险评估过程以定性和半定量为主，缺乏定量化的风险评估方法，风险评估过程具有较大的不确定性。多数学者主要利用重金属全量对人体健康的危害进行评价，但因经口摄入的重金属不可能被消化系统完全吸收，所以重金属对人体健康的危害可能被高估。以胡萝卜和小白菜为代表，不同生长周期作物对成年人的健康风险很高，大多数健康风险是由As和Cd造成的（图4-8）。张迪等（2021）对贵州黑色页岩地质高背景区的研究发现，食用稻米、玉米、甘薯、小白菜和萝卜均存在非致癌健康风险。李浩杰等（2022）对河南地区小麦摄

绿洲农田 土壤重金属污染行为与生态修复

入健康风险研究发现，As 和 Cd 可能对人体造成健康风险。Dai 等（2016）研究指出不同花生品种对 Cd 的吸收具有较大差异。井永苹等（2023）研究发现山东主要小麦品种对 Cd 富集系数差异约 2 倍。因此，Cd 高值区应优选低累积的作物（小麦和花生）品种进行种植，减少食物摄入健康风险。

如图 4-8 所示，As 和 Cd 的 HRI 的平均值大于等于 1，所以这些重金属元素应作为确保健康安全的主要补救目标。三种生长周期下 As 的 HRI 值均大于 1，尤其胡萝卜，最高值出现在生长前期的胡萝卜中，其次是 Cd，除了生长中期和后期的胡萝卜，其他处理方式下的所有蔬菜中 Cd 的 HRI 值大于 1。与生长前期的胡萝卜相比，生长中后期的胡萝卜和小白菜中的 As 及胡萝卜中后期的 Cd 的都具有较低的 HRI 值，这可能是因为不同生长周期的 As 和 Cd 含量之间具有很大的差异。生长前期 As、Cd、Cr、Cu、Pb 和 Zn 的平均浓度分别为 0.46μg/L、0.31μg/L、0.86μg/L，1.15μg/L、0.33μg/L 和 10.63μg/L，生长中期 As、Cd、Cr、Cu、Pb 和 Zn 浓度分别为 0.21μg/L、0.20μg/L、0.60μg/L、0.94μg/L、0.27μg/L 和 8.25μg/L，生长后期 As、Cd、Cr、Cu、Pb 和 Zn 浓度分别为 0.16μg/L、0.18μg/L、0.92μg/L、1.01μg/L、0.23μg/L 和 8.58μg/L。这说明生长后期大部分重金属浓度的下降可以在短期内降低蔬菜的健康风险。

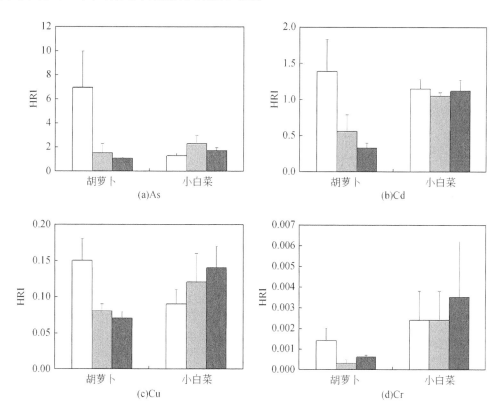

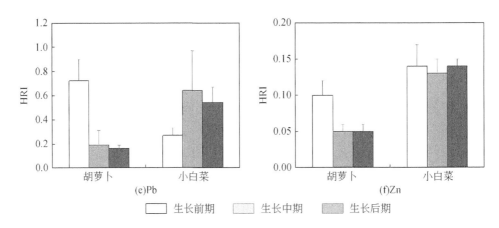

图 4-8　不同生长周期下两种蔬菜中重金属对成人的健康风险指数值（HRI）

4.4.3　不同生长周期作物绿洲农田土壤重金属潜在生态危害评价

根据 Hakanson 潜在生态风险指数法中的公式，参照毒性系数和《土壤环境背景值》（DB62/T 4524—2022）中六种重金属的背景值，可知不同生长周期作物绿洲农田土壤不同重金属的潜在生态风险指数及风险程度（表4-20）。

表4-20　不同生长周期作物绿洲农田土壤重金属潜在生态危害评价

生长期		重金属					
		As	Cd	Cr	Cu	Pb	Zn
前期/（mg/kg）		22.41	4.71	54.07	53.06	62.69	252.87
		27.45	6.46	99.95	82.12	98.86	375.75
中期/（mg/kg）		22.39	4.46	49.28	64.66	71.54	278.50
		24.98	6.97	69.65	89.72	81.78	371.27
后期/（mg/kg）		22.37	4.19	54.55	73.83	73.74	332.42
		24.89	6.70	59.17	78.99	89.16	357.41
《土壤环境背景值》（DB62/T 4524—2022）/（mg/kg）		12.90	0.15	82.80	37.30	21.20	76.30
毒性系数		10	30	2	5	5	1
前期	潜在生态风险指数（E_r^i）	17.3125	930.8333	1.7423	11.0803	17.6365	4.3234
中期		16.4479	952.5000	1.3454	12.6541	16.7380	4.4688
后期		16.4097	907.5000	1.2864	12.5262	17.7838	4.7444
前期	潜在生态风险程度	低	严重	低	低	低	低
中期		低	严重	低	低	低	低
后期		低	严重	低	低	低	低

生长期		重金属					
		As	Cd	Cr	Cu	Pb	Zn
前期	多种重金属潜在生态风险指数(RI)	982.9283					
中期		1004.1542					
后期		960.2506					
前期	总的潜在生态风险程度	严重					
中期		严重					
后期		严重					

研究结果表明,不同生长周期下两种蔬菜的农田土壤重金属潜在生态风险指数的平均值均依次为:Cd>Pb>As>Cu>Zn>Cr。作物在整个生长周期中除重金属 Cd 存在严重潜在生态风险外,As、Cr、Pb、Cu 和 Zn 均存在低潜在生态风险。在生长前期、中期和后期三种不同生长周期作物种植下 Cd 对 RI 的贡献率之和均高达95%,说明 Cd 是绿洲农田土壤中主要的生态风险因子。与 Yuan 等(2021)统计 2000~2019 年已公开发表的土壤重金属数据中指出的我国近33.54%的农田受到 Cd 污染的研究结果一致。总体来看,在三种不同生长周期种类作物种植下绿洲农田土壤重金属潜在生态风险程度均存在严重潜在风险。与之相似,在全国范围内,Cd 的潜在生态风险在河北文安、北京和深圳为最高,验证了 Cd 在所有有毒重金属元素中对环境的危害居于首位。

第 5 章

农田土壤重金属污染生态修复工程

土壤是保障我国农业可持续发展至关重要的自然资源，也是生态和环境保护的重要对象。联合国粮食及农业组织《世界土壤资源状况》（2015）报告指出：全球土壤资源状况不容乐观，土壤条件恶化的情况超过其改善的情况，土壤污染已成为全球土壤功能退化所面临的主要的威胁之一。我国是土壤资源高度约束型国家，按农业人口算，目前我国人均耕地面积不足世界平均值的 $1/2$，且总体质量不高，中低产田约占耕地总面积的 70%。改革开放四十多年来，我国农业实施高效集约化生产，取得了巨大成就，七大类粮食增产 2 ~26 倍，但农业高度集约化生产所带来的农田土壤环境问题已逐渐凸显。四十多年来，农业的高度集约化生产伴随我国工业化、城市化的快速发展，农田土壤污染和土壤质量下降问题日趋严峻，农产品质量安全受到严重威胁。我国工农业地区耕地可用性下降，其中重要原因是土壤受到重金属污染。受污染企业及周边土壤的重金属超标率高达 36.3%，耕地的超标率高达 19.4%，为了更为有效地解决农田土壤重金属污染问题，众多学者从农田土壤重金属污染物监测、来源、治理方案及修复后评价等多个方面开展了试验研究，但我国农田土壤重金属污染修复技术的深度和处理能力均相对薄弱，也不能应用于大规模的工程修复中。因此，如何制定行之有效的土壤修复措施，是社会高度关注的话题和亟须解决的重大环境问题之一。

5.1 农田土壤重金属污染生态修复技术筛选

重金属由于其难降解而长期存在于土壤中，通过食物链传递，并在生物体内积累，会对人体健康和生态造成很大的威胁，因此对重金属污染的土壤进行修复势在必行。物理和化学修复虽然见效快，但存在成本较高、易破坏土壤结构、降低土壤肥力及土壤生物活性等缺点。生物修复通过生物生命代谢活动减少污染环境中的有害污染物，包括利用植物和微生物去除重金属，可以有效控制成本、减轻二次污染，并维持土壤的生物活性、改善土壤性质。生物炭具有高孔隙率和大比表面积，能够吸附和固定土壤中的有机物、重金属等有害物质，减少其对环境的污染。而且，生物炭对土壤具有良好的保水保肥能力，能够提高土壤的持水能力和肥力，改善土壤的结构和通气性。此外，生物炭还能够吸附土壤中的氮、磷等养分，减少养分的流失和浪费，提高土壤肥力和农作物产量。因此，生物炭具有良好的发展前景和广泛的应用价值。

5.1.1　植物修复

植物修复作为生物修复的一种，以其高效经济、生态友好、易于应用的土壤修复特性，引起了土壤修复研究者们的极大兴趣。植物修复是利用植物对重金属的耐性和富集能力来提取、吸收、分解、转化或固定土壤中的重金属，植物修复的机制包括植物提取、植物固定和植物挥发，但需注意这些机制会受到多种因素的影响，如植物种类、土壤基质性质、金属的生物利用度及螯合剂的添加等。

（1）植物提取

植物提取或植物积累是指植物的根从土壤或水中吸收重金属，并将其储存到地上部分中的过程。用于植物提取的植物又被称为超富集植物或超积累植物，应具有如下特性：①高生物量；②对重金属具有较高富集和将其转移至地上部分的能力，一般用生物富集系数（BCF）和迁移系数（TF）表示；③对 Ni、Pb、Cu 积累量在 1000mg/kg 以上（干重），对 Cd 的积累量超过 100mg/kg（干重），对 Zn 的积累量在 10 000mg/kg（干重）以上。超积累植物具有较高的重金属富集能力，是用于植物吸收提取重金属污染物的理想植物，因此已有很多研究围绕其展开。刘亚峰等（2018）通过野外调查发现了一种新超富集植物碎米荠，这种植物在当地农田地上部 Cd 的 BCF 系数高达几十甚至上百，Cd 的 TF 系数大部分超过 1。通过露天栽培实验发现，碎米荠在 Se 含量为 50mg/kg 的土壤中种植时，地上部分 Se 含量最高为 995mg/kg，地下部分最高 1100mg/kg；在 80mg/kg 的 Cd 胁迫下，碎米荠地上部分和地下部分最高 Cd 含量分别 550mg/kg 和 337mg/kg，都达到超富集植物水平。因此，碎米荠是一种 Se 和 Cd 超富集植物。藿香蓟在早期的野外调查中已被证实为一种超积累植物，张云霞等（2019）的田间修复实验表明，使用藿香蓟修复 Cd 污染土壤，种植三茬藿香蓟后，Cd 去除率为 13.2% ~ 15.6%，对于受 Cd 污染的农田具有较好的修复效果。刘强等（2015）在铅锌矿区及周围污染农田采样分析发现，垫状卷柏的地上地下积累量分别为 672.10mg/kg 和 313.60mg/kg，迁移系数达到 2.14，可能是一种新的 Pb 超富集植物，后通过盆栽实验进一步发现当 Pb 浓度在 600mg/kg 时，垫状卷柏地上部分 Pb 积累量为 1061.70mg/kg，超过了 Pb 富集量的临界值，且生物富集系数和迁移系数均大于 1，被认为是一种 Pb 超富集植物。由于植物生长会受到诸多环境因素的影响，因此，将超富集植物应用于现场修复以验证其修复能力是十分必要的。殷永超等（2014）以龙葵为修复植物在野外进行了两年的修复实验，发现龙葵对土壤表层和亚表层的 Cd 污染修复作用明显，土壤 Cd 去除率可达 49% 以上。卞方圆等（2017）通过在重金属复合污染的田间对毛竹、雷竹和伴矿景天的间作实验发现，土壤中有效 Cu、Zn、Cd 含量显著降低。Bacchetta 等（2015）筛选本地富集植物黄连木和芦苇，再通过添加肥料来改善尾矿修复，结果显示两种植物表现出良好的适应性和富集性，可用于后续实地修复。

（2）植物固定

植物固定指植物通过根系分泌物，降低重金属离子在土壤中的活性，限制其在土壤中迁移的过程。在这个过程中，用来进行植物固定的植物根系改变了土壤的化学性质，从而促进了土壤中重金属的吸收和沉淀过程。Guo 等（2014）通过实地调查、田间试验和水培试验在中国安徽铜陵半干旱尾矿中发现月见草虽然其迁移系数小于 1，但是由于对 Cu 具有较强的耐受度，因此在 Cu 污染土壤的植物固定方面具有巨大潜力。Cambrollé 等（2011）在当地重金属污染的河口筛选出两种米草属植物，发现它们可以有效固定污染土壤中的重金属。曾鹏（2020）采用桑树作为修复植物，通过五年的田间修复实验，发现土壤中有效态 Mn 显著降低了 66%。植物在进行重金属固定时会还会通过根部分泌的特殊氧化还原酶或者有机化合物降低土壤中的重金属，进一步抑制了金属污染物的迁移。Vázquez（2006）在白羽扇豆的田间实验结果显示，白羽扇豆会通过根部向土壤释放柠檬酸盐，减少酸性土壤的 pH，使土壤中可溶性 As 和 Cd 减少，且在植物根中积累高浓度的 As 和 Cd，这使得白羽扇豆可作为重金属 As 和 Cd 的固定植物。在一些干旱和半干旱区，由于风沙较大，土壤中的重金属往往会伴随风沙向其他未污染区扩散。Fernández 等（2016）通过研究在阿塔卡马沙漠原位建立的滨藜属植物，并实验了三种滨藜属植物对土壤中砷的植物稳定作用，发现这三种植物对重金属胁迫具有较好的耐性，可以在半干旱地区种植增加植被覆盖，以防止重金属通过土壤或风扩散。由于植物固定只是钝化和稳定重金属，而不是从土壤或水中去除它们，因此在实际应用中经常作为一种辅助修复方式。

（3）植物挥发

植物挥发是指植物从土壤吸收污染物，将其转化为毒性较小的挥发性物质，并通过叶片等器官释放到大气中的过程。植物挥发主要被应用于去除挥发性高的 Hg、Se 等。Ali 等（2013）研究发现，利用分子生物学技术将细胞体内的基因转导到植物体细胞中表达能增强植物挥发重金属的能力。就 Hg 而言，由于 Hg 的高反应性，土壤中的汞主要以 Hg^{2+} 形式存在，Hg^{2+} 在厌氧细菌作用下会转化为甲基汞，对环境危害极大。当植物根系吸收 Hg^{2+} 后，将细菌体内编码汞还原酶的 Mer A 基因转导至植物细胞中，其表达合成的还原酶能将 Hg^{2+} 还原为 HgO，HgO 再经木质部转运至植物茎、叶等组织表面蒸腾挥发至大气中。另外，环境温度和光照强度均影响叶片向大气中释放 Hg 的能力。Liphadzi 和 Kirkham（2005）研究发现，一些植物吸收 Hg、Se 和 As 等重金属，并将其释放到大气中，或将其挥发成经过修饰的无害形式。植物挥发减少了 Se 进入食物链的可能性，而增加蒸腾速率可能会提高这项技术的有效性。植物挥发修复技术只限于挥发性重金属的修复，应用范围较小，而且将 Hg 等挥发性重金属转移到大气中有无环境风险仍有待于进一步研究。

5.1.2 微生物修复

生物修复方法被广泛用于消除各种污染场地的重金属胁迫，其中微生物（细菌、酵母、部分藻类、真菌等）起着重要作用。微生物通过改变重金属的稳定性，影响其在土壤环境中的生物有效性和溶解度，使微生物修复成为污染土壤中重金属去除的有效手段。具体而言，污染土壤的微生物修复可以通过微生物富集和生物矿化等途径实现。

（1）微生物富集

微生物对重金属的吸附方式主要有：①胞外吸附；②细胞表面吸附；③胞内吸收积累。当环境中存在重金属离子时，一些菌体可以分泌胞外聚合物，与菌体周围的重金属离子结合，在菌体表面将重金属离子沉淀，防止重金属离子进入菌体内，这一方式被称为胞外吸附。细胞表面吸附是由于微生物表面含有多种带负电荷的阴离子基团（如—COOH、—OH、C＝O、—NH$_2$等），可以通过螯合、络合、配位、吸附、离子交换和微沉淀等作用与重金属阳离子结合，达到对金属离子吸附的目的。例如，Prakash 等（2010）通过电子显微镜发现，一株好氧硝酸盐还原菌 AR-7 可以通过细胞膜吸附的方式将 Se^{4+} 转化为 Se^0。胞内积累则是微生物通过在细胞内产生的载体蛋白（如金属硫蛋白、铁载体转运蛋白等）、络合素及多肽等物质与重金属离子结合，在细胞内形成沉淀或络合物，将重金属固定在微生物体内。例如，Rani 等（2009）通过透射电子显微镜发现恶臭假单胞菌细胞内积累了大量的 Cd，这是由于菌体细胞产生的金属硫蛋白与 Cd^{2+} 结合成复合物或多磷酸盐沉淀，降低了 Cd 的生物毒性，提高了菌体对 Cd 的耐受性。

由于吸附过程一般不依赖于能量代谢，而吸收过程则依赖于能量代谢，并且几乎只发生在活细胞中，因此微生物对重金属的富集主要依靠吸附。微生物的吸附效率取决于被吸附金属的离子特性和生物吸附过程的环境条件等因素。通常，当条件合适时，微生物可以快速吸附大量的重金属离子。例如，He 和 Tebo（1998）研究发现在 pH 为 7.2 时，芽孢杆菌对 Cu^{2+} 的吸附率在 1min 内达到 60%，在 10min 内达到吸附平衡。

（2）生物矿化

生物矿化广泛分布于自然界，是生物体通过蛋白质等自身生物大分子的调控生成无机矿物的过程（Zhang et al.，2020）。微生物矿化修复技术是微生物原位修复与化学固定结合起来的重金属污染土壤修复的新型技术。目前，微生物矿化修复技术在建筑和岩土工程中的潜在应用而受到广泛关注，该项技术已被用于沙子的生物校正、土壤固结、自愈合混凝土或砂浆的生产等方向（Chuong et al.，2020）。同时，基于产脲酶菌的微生物矿化修复技术具有能耗小、种类多、资源丰富、修复周期短、环境友好等优点，在生态修复领域正逐步受到重视（庞浩，2022）。Achal 等（2011）从土壤中筛选出革兰氏阳性菌——Kocuria flava CR1，该菌株对重金属 Cu 具有较强的耐受能力以及较高的脲酶产率，在液体培养基中对 Cu 的去除率达到 97%，在 Cu 污染的土壤中，矿化修复后去除率达同样能达到 95%，生成的矿化产物主要是方解石和文石。王新花等（2015）从金矿尾矿中筛选出一种施氏假单胞菌并用于修复 Pb 污染土壤，Pb 去除率达到了 97% 以上，大部分 Pb 通过与微生物诱导形成的 CaCO$_3$ 共沉淀去除，极少数生成 PbCO$_3$。此外，微生物可以通过代谢产生的小分子有机酸，溶解土壤中的重金属矿物。Kurek 和 Bollag（2004）开展了微生物对以氧化镉（CdO）形式引入土壤的 Cd 去向研究，结果显示，微生物活动会释放被固定的重金属。Marchenko 等（2015）研究表明，污泥中的嗜酸硫杆菌可以利用环境中的硫元素产生硫酸盐，提高环境中重金属的溶解性。邓平香等（2016）从东南景天根部分离出一株荧光假单胞菌，其代谢产物含有苹果酸、乙酸等多种有机酸，可以溶解 ZnO 和 CdO，提高了 Zn 和 Cd 的生物有效性。利用具有矿化重金属能力的本土微生物，是一种从环境中去除有毒金属污染物和稳定生态系统的有效方法。通过研究污染地微生物活性、生长机制、代谢潜力以及对环境改变的反应，设计微生物修复方法，可以在特定区域的生物修复过程更加有效。

5.1.3　植物–微生物联合修复

在实际重金属污染修复中，由于污染场地的环境复杂性，单独使用植物或者微生物修复的处理效果可能会降低。近年来，植物–微生物联合修复方式渐渐成为生物修复领域内的研究热门。相较于传统单独利用植物或微生物的修复方式，植物–微生物联合修复通过将植物与微生物共培养，形成共生体系，在发挥各自的优势同时，又使得两者产生了"1+1>2"的修复效果。植物根系为微生物生长提供场所，并且根系分泌物可以通过改变根系微环境，使污染物能够被微生物利用，从而刺激微生物生长繁殖。而一些植物内生菌或存在于土壤的有益微生物可以通过改变重金属在植物各部位中的积累，提高植物对重金属的耐性，间接提高了植物生物量，从而增强了植物修复的效果。在植物–微生物联合修复中，一些土壤微生物或者植物根际微生物通过直接或间接方式提高了植物修复土壤重金属污染的效率。

（1）直接促进植物修复

微生物会通过分泌代谢产物，增强重金属元素的活性或刺激植物根系，从而促进植物提取。

微生物在代谢活动中产生的一些代谢产物可以增强植物对重金属元素的吸收能力。Han 等（2006）研究显示产酸菌可以分泌乙酸和苹果酸，刺激玉米根系对 Cd 的吸收。此外，玉米根系能够通过根系表面的分泌物将 Cd 从 Cd- 有机酸复合物中解离，从而增加 Cd 的吸收。杨卓等（2014）研究发现，一些产酸菌可以通过分泌酒石酸和草酸，影响土壤中重金属元素的价态，使印度芥菜对重金属元素的吸收提高了 1.37 ~ 3.32 倍。Shi 等（2011）研究表明，硫氧化菌将还原硫转化为硫酸盐，降低了根际土壤 pH，从而使 Cu 可被植物吸收。与植物相关的微生物还可以通过金属还原反应减少重金属。Maqbool（2015）从 Cr 污染土壤中分离出 Cr^{6+} 还原细菌，发现接种 Cr^{6+} 还原菌可降低（>50%）土壤和植物中的 Cr^{6+} 浓度。

某些微生物在代谢过程中会产生表面活性剂，与土壤中的重金属形成络合物，增加金属在土壤溶液中的溶解度和生物有效性。例如，Juwarkar 等（2007）在实验中证明了铜绿假单胞菌 BS2 具有产生生物表面活性剂双鼠李糖脂的能力，有助于从重金属污染的土壤中溶解 Cd 和 Pb。Sheng（2008）在盆栽实验中发现，芽孢杆菌 J119 通过产生表面活性剂，可以促进油菜、玉米、苏丹草和番茄从 Cd 污染土壤中吸收 Cd；与接种死菌的对照相比，接种活菌 J119 后显著增加了植物对 Cd 的吸收。尽管上述研究表明微生物表面活性剂在促进重金属的活性和提高植物吸收方面发挥着重要作用，但这些实验结果大多来自于实验室研究。目前尚缺乏生物表面活性剂在重金属污染的实地修复中促进植物对金属吸收的证据。因此，更多地了解生物表面活性剂产生微生物与植物的相互作用及其后果，将有助于我们更好地理解生物表面活性剂产生微生物在重金属植物修复中的作用。

（2）间接促进植物修复

微生物间接促进植物修复的方式主要是提高植物对重金属的抗性或增加植物的生物量。

丛枝菌根真菌（AMF）有助于植物吸收 P，中和植物体内的重金属，降低重金属毒性，提高植物对重金属污染环境的耐受能力。例如，Chang 等（2018）研究发现，接种菌根真菌显著提高了生长在 Sr 和 Cd 污染土壤中的玉米芽中 P 的含量，显著降低了玉米根、芽中重金属含量和重金属毒性，并促进了玉米的生长。Andrade 等（2009）评估了 AMF 对 Cu 和 Zn 胁迫下咖啡幼苗生长的影响，发现添加丛枝菌根真菌的咖啡幼苗生长更快，可以更好吸收矿质营养，同时比非添加 AMF 的咖啡幼苗产量更高。这可能是由于根外菌丝体的存在增加了根系表面积和土壤可溶解的矿物质，如 P 的含量，提高了植物对矿质营养元素的吸收。

植物促生菌可以加强植物修复和增强植物生长，Chen 等（2017）研究发现，肠肝菌 EG16 可产生 IAA、ACC 脱氨酶。IAA 促进植物生长，ACC 脱氨酶水解为 α-酮丁酸和氨，为土壤提供氮，降低了重金属的毒性，提高了洋麻修复重金属污染土壤的能力。Ahsan 等（2017）研究发现，与未接种的植物相比，加入植物内生菌斯氏泛菌 ASI11，肠杆菌 HU38 和树状微杆菌 HU33 的双秆草根长增加了 22%～51%，茎高增加了 25%～62%，根和茎对重金属的吸附量增加了 58%～97%。Wang 等（2018）研究发现，富养罗尔斯通氏菌 Q2-8 促进小麦根系细胞壁相关蛋白的表达，降低了小麦根部对 Cd 和 As 的吸收，从而降低了重金属对小麦的毒性。

综合来看，微生物可以减轻金属毒性，同时改善植物生长和植物修复过程。植物-微生物的联合系统可以从污染物的降解、植物的吸收、污染物的吸附和增强植物对污染物的耐受性等多个方面提高生物修复能力。这种联合修复技术因其不产生二次污染、价格低廉、高效等优点，受到国内外学者的广泛关注。

5.1.4　生物炭修复

生物炭是指由植物残体在缺氧或低氧条件下，高温热解产生的一类富含碳素的固态物质，具有石墨结构，由芳香烃和单质碳组合而成。生物炭中不仅含有 C 元素，还包含 H、O、N、S 等元素和磷酸盐、碳酸盐等矿物成分，其中含 C 量高达 60% 以上。已有较多研究阐述了生物炭的制备方法，如热解、气化、微波热解、水热解和闪蒸炭化等。不同的生物质原料、制备方法、热解温度及时间都会影响生物炭的物理和化学性质及生物炭的产量，制备出的主要产物包括生物炭、生物油及合成气。尹晓雯等（2021）利用粉碎后的巴旦木壳在 300℃、400℃、500℃下热解 2h，并对所得巴旦木壳生物炭在 105℃烘干并进行酸碱改性后对重金属吸附效率进行研究，发现随着热解温度的升高，通常会导致生物炭的灰分和碳含量增加，同时有利于总磷和钾的积累，较高温度下挥发性有机物的释放可促进生物炭表面的开孔扩孔，但是过高的温度也会导致生物炭微孔结构的坍塌，使其比表面积减少，进一步降低吸附效率。

（1）对重金属的吸附固定作用

生物炭对土壤中重金属的吸附固定机理比较复杂。部分学者认为生物炭对重金属以物理吸附为主，由于生物炭具有高比表面积和多孔结构，重金属离子会被吸附至生物炭表面或扩散进入孔隙内。Beesley 等（2011）也认为生物炭降低 As、Cd 和 Zn 等重金属离子的迁移和生物有效性主要依靠物理吸附，这种物理吸附主要源于范德华力，故这种吸附可能是可逆的。相关研究发现低温热解制备的生物炭对重金属离子的固定主要依靠静电作用，这主要是由于低温条件热解制备的生物炭表面有更多含氧官能团，使其带有更多的负电荷，通过静电吸引力降低了重金属离子的移动性。沉淀作用也是生物炭固定重金属的重要机理。生物炭的 pH 普遍较高，在土壤中会促进重金属离子生成金属氢氧化物、金属磷酸盐或碳酸盐沉淀。Cao 等（2009）通过 XRD 和 FTIR 表征方式证明了乳制品生物炭对土壤中 Pb 去除主要是由于生成磷酸盐与碳酸盐沉淀，且沉淀在总吸附作用中占比达 84% ~ 87%。此外，生物炭表面含氧官能团也能通过离子交换和络合作用参与重金属离子的吸附固定。

（2）改变土壤性质与环境

生物炭在土壤中不仅可以直接与重金属离子发生反应，还可以通过改变土壤的生物化学性质影响土壤重金属的迁移性与生物有效性。生物炭的添加主要会影响土壤 pH、有机质、阳离子交换量（CEC）、持水能力及微生物群落等。生物炭含有的碱性物质会导致土壤 pH 升高，降低酸可提取态重金属的含量，进而降低其生物有效性。生物炭含有的矿物质会导致土壤阳离子交换容量升高，从而提高其对重金属的静电作用，更容易发生络合，促进重金属在土壤中的吸附。Zulfiqar 等（2021）研究表明，生物炭的添加会提高土壤有机质含量，其表面官能团会与重金属形成金属络（螯）合物，从而影响重金属在土壤中的迁移。生物炭添加还会导致土壤可溶性磷含量提高，与 Cd、Pb、Zn 等重金属形成磷酸盐难溶性物质，促进对重金属的固定。

5.2 农田土壤重金属污染的生物炭修复

生物炭是一种很好的土壤修复剂，尤其对重金属污染土壤方面修复治理具有很大的潜力。生物炭中不仅含有 C 元素，还包含 H、O、N、S 等元素和磷酸盐、碳酸盐等矿物成分，其中含 C 量高达 60% 以上。生物炭具有较高的 pH、较强的阳离子交换能力、较大的比表面积，其表面疏松多孔且孔隙大小不一，这种孔状结构适宜土壤微生物的生长。生物炭中含有的磷酸盐、碳酸盐等矿物成分会与土壤中的重金属离子发生沉淀反应，进而影响土壤中重金属的赋存形态、迁移能力及生物有效性。现有的研究均表明，影响生物炭对重金属吸附的因素除了重金属离子种类、浓度和 pH，还与不同生物炭的自身结构及表面官能团的种类和数量有极大的相关性。生物炭可提高土壤阳离子交换量和持水性，提高土壤中矿质元素利用率，控制农田氮、磷流失。由于生物炭含有大量矿质灰分如钾、钙、镁等，其大多呈碱性，且碱性随热解温度的升高而增强。一般地，动物粪肥基生物炭的无机灰分（N、P、K 等）比木基生物炭含量高，而固定碳的比例相对较低。已有研究表明，生物炭可以作为添加剂用于土壤中重金属的固定，同时有研究表明，施加生物炭会显著增加土壤有机质含量，提高土壤孔隙度，增强土壤保水保肥能力（Sun et al.，2022）。我国是世界上农业废弃物产出量最大的国家，以农业废弃物制备生物炭既解决了废弃物焚烧、随意排放的问题，也有利于其资源化应用。相关研究表明，以农业废弃物制备的生物炭对土壤重金属固定和有机污染物吸附方面有存在巨大潜力。

本研究采用盆栽控制实验，供试土壤为白银东大沟试验样地的耕作层表土（0 ~ 20cm），将土壤混合均匀之后备用。供试生物炭为农业废弃物玉米芯与核桃壳在马弗炉中 500℃ 条件下限氧制得。供试区土壤重金属含量见表 5-1。土壤中 As、Cd、Cu、Pb 和 Zn 的含量高于《土壤环境质量 农用地土壤污染风险管控标准（试行）》（GB 15618—2018）中农用地土壤污染风险筛选值。本研究实现于 2022 年 1 月 20 日，将混匀后的土壤称量约 2kg 装入直径为 24cm 的盆栽盆中，于每盆播种种子 10 粒，生长两周后视生长情况间苗，种子购自甘肃省农业科学院。实验设置不种菜组 21 盆，种植菠菜组 21 盆，种植樱桃萝卜组 21 盆，共计 63 盆。每 21 盆中有 2 种生物炭（玉米芯炭、核桃壳炭）添加和不添加生物炭对照组，3 种不同比例生物炭添加量（1%、3%、5%），放于实验室外有阳光的空地。种植前投加生物炭浇水陈化两周，种植后定期统一浇灌纯净水。

表 5-1 研究区供试土壤重金属含量 （单位：mg/kg）

项目	重金属						pH
	As	Cd	Cr	Cu	Pb	Zn	
含量	147.27±6.67	25.56±3.89	67.36±4.94	157.09±10.08	407.33±30.13	1686.8±20.29	7.49±0.04
《土壤环境质量 农用地土壤污染风险管控标准（试行）》（GB 15618—2018）	30	0.3	200	100	120	250	6.5<pH≤7.5
	25	0.6	250	100	170	300	pH>7.5
《食用农产品产地环境质量评价标准》（HJ 332—2006）	20	0.4	250	100	50	300	—

5.2.1 生物炭的制备及性质

用于制备生物炭的玉米芯与核桃壳收集自白银农田废弃物，用自来水和超纯水冲洗干净，置于80℃的烘箱中烘干，粉碎后装入带盖瓷坩埚中，然后放入马弗炉设置条件于500℃限氧热解2h。待热解结束后，样品自然冷却至室温，收集所得产物进行研磨并过10目筛备用，即分别制得玉米芯生物炭与核桃壳生物炭（简称玉米芯炭和核桃壳炭）。玉米芯炭和核桃壳炭的测定结果见表5-2。由表5-2可知，玉米芯炭和核桃壳炭的产率分别为30.7%和34%，灰分含量分别为1.78%和1.99%，pH分别为7.98和8.47。

表 5-2 生物炭基本性质

生物炭性质	玉米芯炭	核桃壳炭
产率/%	30.7	34
灰分/%	1.78	1.99
pH	7.98	8.47

图5-1为玉米芯炭与核桃壳炭放大1000倍的扫描电镜图。由图5-1可见，玉米芯炭与核桃壳炭均呈现多孔结构，表面凹凸不平。玉米芯炭有管状结构，其表面存在一定的裂缝和剥落，管状孔的壁较薄，且横截面上包含更多的孔结构，这种特殊的结构促使生物炭的比表面积增大。核桃壳炭表面孔隙较玉米芯炭大，无明显管状结构，孔隙类似蜂窝状，孔隙之间存在明显撕裂，相较核桃壳炭，玉米芯炭有更大的比表面积。

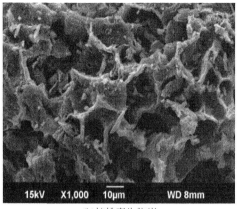

(a)玉米芯生物炭   (b)核桃壳生物炭

图 5-1 生物炭微观结构

5.2.2 生物炭修复重金属污染土壤的作用机理

生物炭对重金属的钝化机理可能有离子交换作用、静电吸附作用、表面沉淀和络合作用。重金属离子在不同环境条件下形成的金属离子基团有所差异,导致生物炭对重金属的吸附机理不同。生物炭的比表面积、孔隙度会影响生物炭对重金属的物理吸附。通常情况下,生物炭具有的比表面积和孔隙结构越大,物理吸附作用的效果就越好。较高 pH 和包含金属的生物炭有助于重金属离子与 OH^-、PO_4^{3-}、CO_3^{2-} 反应生成氢氧化物、磷酸盐或碳酸盐沉淀(Sandip et al., 2021),从而对重金属进行固定。若在变价态的重金属中,氧化还原通过改变元素的价态来影响重金属元素的化学行为、迁移能力和生物有效性。因大部分生物炭材料表面有大量的碱金属离子(K^+、Ca^{2+}、Na^+、Mg^{2+})的存在,从而使重金属在污染土壤中与生物炭交换。生物炭表面富含—COOH、—CHO、—NH$_2$和—OH 等含氧官能团,与重金属离子配合形成了含有特定金属–配体相互作用的多原子结构。由于生物炭自身的多孔结构及其对土壤理化性质的改变进而影响土壤的微生态环境,土壤微生物的活动也会受到影响,微生物会把生物炭作为其电子传递介质,促进电子在细胞间的转移,使重金属迁移转化加快,微生物细胞的呼吸作用也可以将重金属离子转运到细胞内部,使重金属离子转化为固定形态。由此表明生物炭可以通过改变土壤细菌群落结构(增加细菌多样性、微生物生物量)来吸附固定重金属。生物炭的性质(矿物组成、官能团)和吸附条件(pH、反应温度、共存离子)也会影响其吸附行为和吸附机理,对不同金属离子的吸附机理的研究有助于环境污染的针对性修复。Yao(2011)研究发现,采用甜菜渣制备的生物炭其钙镁化合物含量较为丰富,此类化合物会在生物炭表层形成很多的矿物结晶,从而增加土壤的 pH。土壤 pH 的升高促进重金属离子形成可以沉淀的化合物,携带更多重金属离子吸附位点,从而提高生物炭对土壤中重金属离子的吸附能力。张燕等(2018)研究了在淹水环境中添加玉米秸秆生物炭对 As 和 Cd 复合污染稻田土壤的影响,发现添加生物炭会使 Cd 从弱酸可提取态及可氧化态逐渐转化为残渣态及可还原态,明显降低了 Cd 的生物有效性,降低了 Cd 向地上部转移的概率。Borchard 等(2012)研究了榉木、橡木和云杉制备生物炭对 Cu 的吸附机制,包括物理吸附和化学吸附,其中物理吸附主要受生物炭表面积和微孔率的影响,而化学吸附主要与生物炭的表面官能团有关。

5.2.3 生物炭修复重金属污染土壤的效果

5.2.3.1 生物炭对土壤化学性质的影响

不同盆栽处理下生物炭的添加对土壤 pH 的影响如表 5-3 所示。未经处理的土壤 pH 呈弱碱性。在对照组,与 CK 相比,玉米芯炭与核桃壳炭对土壤 pH 均有升高,其中玉米芯炭在 1%、3%、5% 添加下 pH 分别升高 0.45、0.46、0.48,核桃壳炭在 1%、3%、5% 添加量下 pH 分别升高 0.60、0.66、0.60。在菠菜组,与 CK 相比,玉米芯炭在 1%、3%、5% 添加量下土壤 pH 分别升高 0.51、0.49、0.52,核桃壳炭在 1%、3%、5% 添加量下 pH 分别升高 0.48、0.57、0.68。在樱桃萝卜组,与 CK 相比,玉米芯炭在 1%、3%、5% 添加量下土壤 pH 分别升高 0.3、0.46、0.41,核桃壳炭在 1%、3%、5% 添加量下 pH 分别升高 0.56、0.68、0.69。同一生物炭添加量下,核桃壳炭对土壤 pH 提升更显著。曹文超等(2017)研究发现,添加有机碳会增加土壤的反硝化作用,降低土壤 pH。生物质内的盐基离子经过热解转化后以氧化物、氢氧化物和碳酸盐等形式存在生物炭内,这些碱性物质具有石灰效应,生物炭含有一定的灰分含量和有机酸根施加到土壤后中和土壤酸度,提高土壤 pH。李洪达等(2018)指出灰分中含有较多的钙离子、钾离子、钠离子等盐基离子,这些离子发生交换反应从而降低土壤氢离子水平,提高土壤 pH。综上所述,与 CK 相比,在不同盆栽方式下玉米芯炭与核桃壳炭对土壤 pH 均有所提升,且随两种生物炭添加量的增大而增大,这与司马小峰等(2017)的研究结果一致。

土壤电导率(EC)可反映土壤溶液中可溶性盐含量,也可以作为衡量可溶性营养成分的指标。由表 5-3 可得,不同盆栽方式下玉米芯炭添加对土壤 EC 含量有提升,而核桃壳炭对土壤 EC 影响起相反作用,两种生物炭对土壤 EC 含量的提升存在差异。在对照组,土壤 EC 含量在 3% 核桃壳添加量下有所提升。综合来看,玉米芯炭对土壤 EC 含量的提升更为显著。在对照组,玉米芯炭与核桃壳炭在 1%、3%、5% 添加量下其变化范围为 583.37 ~ 808.03μs/cm,359.40 ~ 537.03μs/cm,其中玉米芯炭的添加会升高土壤 EC 含量;在菠菜组,玉米芯炭与核桃壳炭在 1%、3%、5% 添加下土壤 EC 的变化范围为 439.50 ~ 736.53μs/cm 与 236.70 ~ 394.63μs/cm;在樱桃萝卜组,玉米芯炭与核桃壳炭在

1%、3%、5% 添加下土壤 EC 的变化范围为 583.07~805.40μs/cm 与 353.20~536.67μs/cm。造成这种结果的原因可能是生物炭类型的不同。生物炭的高比表面积、多孔结构和表面含氧官能团有利于对土壤盐基离子的吸附。土壤电导率可以反映出土壤中可溶性离子的总含量，因此与生物炭中的灰分含量相关。而生物炭的灰分受制备设施、制备温度及制备原材料的影响。从实验结果可知，这可能是两种生物炭中玉米芯炭较核桃壳炭有更大的比表面积、更疏松的结构，其灰分中含较多的盐基离子从而促进了土壤中 EC 含量的升高。

表 5-3 生物炭对土壤化学性质的影响

盆栽方式	生物炭	添加量	pH	EC/(μs/cm)	SOM/(g/kg)
CK*	—	0	7.63±0.19	518.76±83.24	11.33±0.76
对照组	玉米芯炭	1%	8.08±0.03	583.37±54.83	13.85±0.75
		3%	8.09±0.02	808.03±54.83	17.25±0.58
		5%	8.11±0.05	793.83±28.00	22.52±0.56
	核桃壳炭	1%	8.23±0.02	359.40±10.04	12.47±0.13
		3%	8.29±0.02	537.03±13.16	13.19±0.37
		5%	8.23±0.04	405.83±8.04	14.63±0.53
菠菜组	玉米芯炭	1%	8.14±0.25	439.50±47.90	12.84±0.25
		3%	8.12±0.02	580.23±102.79	19.19±0.43
		5%	8.15±0.15	736.53±5.59	21.15±0.53
	核桃壳炭	1%	8.11±0.02	236.70±40.54	8.59±0.31
		3%	8.20±0.07	285.40±7.79	10.44±0.35
		5%	8.31±0.01	394.63±6.12	11.42±0.45
樱桃萝卜组	玉米芯炭	1%	7.93±0.95	583.07±11.65	13.25±0.28
		3%	8.09±0.55	805.40±50.27	15.89±0.12
		5%	8.04±0.01	746.80±52.22	20.55±0.70
	核桃壳炭	1%	8.19±0.03	353.20±6.22	10.48±0.22
		3%	8.31±0.15	536.67±13.54	13.97±0.57
		5%	8.32±0.01	405.80±9.96	14.39±0.43

* 未种植前土壤

土壤有机质（SOM）是土壤有效养分的重要组成之一，也是衡量土壤肥力的重要指标。玉米芯炭与核桃壳炭对土壤有机质含量影响存在差异。本研究中两种生物炭均可对土壤有机质提升产生积极影响，且在 5% 生物炭添加量下对土壤有机质提升更为显著。同一添加量下，玉米芯炭对土壤有机质提升更为显著。本研究中对照组、菠菜组、樱桃萝卜组三种盆栽方式下，玉米芯炭与核桃壳炭添加下土壤有机质的变化范围分别为 13.85~22.52g/kg，12.47~14.63g/kg，12.84~21.15g/kg，8.59~11.42g/kg，13.25~20.55g/kg，10.48~14.39g/kg。刘白林等（2014）研究表明，白银市东大沟玉米田土壤有机质含量在 8.04~15.28g/kg，这与本研究的结果略有差别，主要是农作物种类、种植模式和温度等多方面因素会对土壤中有机质的含量产生影响。此外，盆栽试验的方式会限制土壤中有机质的迁移。在不同盆栽方式和玉米芯炭与核桃壳炭不同添加量下，土壤有机质含量的变化存在差异，具体变化如表5-3所示。与CK相比，玉米芯炭的添加均提高了土壤中有机质含量，这与很多研究结果一致，在对照组，与CK相比，添加不同比例的玉米芯炭与核桃壳炭均会对土壤中有机质的含量起提高作用，5%生物炭添加量下更为显著，生物炭对土壤有机质的影响在菠菜组和樱桃萝卜组的表现与对照组类似，即玉米芯炭与核桃壳炭的添加，均会对土壤有机质的含量提升产生积极影响，且与生物炭的添加量成正比，这与孟艳等（2022）的研究一致。玉米芯炭对土壤有机质的提升更显著，这可能是玉米芯生物炭有机质含量较高，同时生物炭自身分解并且慢慢产生腐殖质，生物炭吸附土壤中存在的有机分子，通过其表面催化作用促进了小分子聚合形成土壤有机质。两种生物炭对土壤有机质含量提升存在差异可能是由于制备生物炭原料的不同，生物炭其稳定性和激发作用程度因制备原料的不同也有差别，导致降解速率不同，从而对土壤有机质的影响不同。

5.2.3.2　生物炭对土壤重金属浓度的影响

生物炭不同添加量下土壤重金属含量的变化特征见表5-4。在生物炭添加下，对照组、菠菜组和樱桃萝卜组土壤重金属含量均呈现下降趋势。不同添加量下玉米芯炭与核桃壳炭对土壤As、Pb含量的影响存在显著性差异（$p<0.05$），1%添加量玉米芯炭与核桃壳炭对土壤Cd、Cu含量的影响无显著性差异（$p>0.05$）。3%添加量玉米芯炭与核桃壳炭对土壤As含量的影响存在显著性差异（$p<0.05$），对土壤Cd含量的影响无显著性差异（$p>0.05$）。5%添加量玉米芯炭与核桃壳炭对土壤Cu、Pb、Zn含量的影响无显著性差异（$p>0.05$）。在对照组，1%玉米芯炭对土壤中As吸附最优，3%核桃壳芯炭对土壤中Cd吸附最优，5%玉米芯炭对土壤中Cu吸附最优；3%核桃壳炭对土壤中Cd吸附最优，5%核桃壳炭对土壤中Cr、Zn、Pb吸附最优。在菠菜组，3%玉米芯炭对土壤中Cr吸附最优，5%玉米芯炭对土壤中As、Cu、Pb、Zn吸附最优；5%核桃壳生物炭对土壤中Cd吸附最优。在樱桃萝卜组，1%玉米芯炭对土壤中As吸附最优，5%核桃壳炭对土壤中Cu、Pb、Cr吸附最优；5%玉米芯炭与核桃壳炭对土壤中Zn吸附最优。玉米芯炭与核桃壳炭在三种盆栽方式下，均会对土壤重金属起到吸附固定作用。

在对照组，生物炭对土壤中As、Cd、Cr、Cu、Pb、Zn的影响变化范围为112.85～182.77mg/kg、21.88～25.90mg/kg、54.87～64.94mg/kg、141.00～157.49mg/kg、275.57～377.37mg/kg、1574.29～1647.65mg/kg。玉米芯与核桃壳生物炭添加下菠菜组与樱桃萝卜组土壤中As、Cd、Cr、Cu、Pb、Zn变化范围为101.69～129.40mg/kg、19.34～25.48mg/kg、53.68～63.94mg/kg、121.91～163.56mg/kg、328.26～388.09mg/kg、1506.58～1630.44mg/kg。本研究土壤中pH大于7，根据《土壤环境质量　农用地土壤污染风险管控标准（试行）》（GB 15618—2018），本研究实验土壤中仅Cr未超出土壤重金属含量标准（250mg/kg），

As、Cd、Cu、Pb、Zn 均有不同程度的超标，其中以 Cd 超标最为严重。这与本研究所使用的供试土壤有关。因本研究土壤采样点位于甘肃省白银东大沟，此区域干旱缺水，在城郊农业的生产中，长久的污灌史使东大沟流域周边农田土壤受严重的重金属污染。如 Cao 等（2022）的研究发现，东大沟农田土壤样品中 Zn 的含量为 $332\pm138mg/kg$，Cd 含量为 $0.68\sim5.24mg/kg$，均超过了筛选值。南忠仁等（2002）发现白银市东大沟农田土壤 Cd、Pb、Cu 和 Zn 等超标明显。

本研究土壤中不同重金属的含量变化情况不同可能与多方面因素有关，因本研究盆栽地点在室外进行，大气的干湿沉降会影响外环境向土壤中输入重金属，因本研究所采集测定的为蔬菜根际土壤中的重金属含量，所以蔬菜本身的生理特征如遗传特性、根系分泌物、生长周期等也会对根际土壤重金属的含量有所影响。因此两种生物炭不同添加量下菠菜与樱桃萝卜根际土壤重金属含量会呈现的变化也有所区别，在本研究中菠菜的生长周期较樱桃萝卜来说相对较短，所以重金属在种植樱桃萝卜的根际土壤中在添加玉米芯炭与核桃壳炭后变化更明显。由于本研究实验是以盆栽的方式种植菠菜和樱桃萝卜，这会影响重金属在土壤中水平和竖直方向上的迁移转运。本研究生物炭添加后，土壤 As、Cd、Cu、Pb、Zn 含量依旧超标，其主要原因是实验土壤收集于有悠久工业废水污灌历史的白银东大沟区域，土壤重金属超标严重，生物炭添加后土壤中重金属显著降低。

表5-4　生物炭对土壤重金属含量的影响　　　　（单位：mg/kg）

处理方式	生物炭添加量	重金属					
		As	Cd	Cr	Cu	Pb	Zn
CK*	0	147.27±6.67a	25.56±3.89a	67.36±4.94a	157.09±10.08a	407.33±30.13a	1686.88±20.29a
对照组	1%玉米芯炭	112.85±8.51b	25.90±1.25a	64.94±2.14a	157.49±13.29a	360.64±5.28b	1647.65±12.20ab
	3%玉米芯炭	134.26±7.34a	23.27±0.67a	62.21±1.63a	153.82±3.90a	371.94±34.50a	1612.87±5.05b
	5%玉米芯炭	142.63±6.31a	21.91±2.12a	61.04±4.37a	141.00±12.18a	352.72±16.79b	1588.53±20.89b
	1%核桃壳炭	182.77±5.02a	25.54±1.70a	63.17±1.91a	153.2±2.39a	377.37±13.29a	1635.04±10.76b
	3%核桃壳炭	127.16±6.57b	21.88±2.67a	57.2±1.66a	148.54±5.28a	367.1±12.42b	1596.48±7.66b
	5%核桃壳炭	117.6±7.64b	21.99±2.32a	54.87±3.90b	146.89±6.23a	275.27±27.11b	1574.29±50.26b
菠菜组	1%玉米芯炭	127.84±7.78b	25.48±1.54a	63.6±2.15a	158.98±4.09a	369.06±12.76b	1608.34±8.93bc
	3%玉米芯炭	124.91±4.46a	22.13±1.80a	53.68±1.99a	150.85±5.99ab	368.19±27.26a	1588.56±3.98b
	5%玉米芯炭	121.22±5.04b	21.48±2.31b	63.94±2.85a	144.32±4.41a	338.47±2.35b	1558.31±12.95b
	1%核桃壳炭	127.04±1.82c	24.10±1.50a	60.01±1.77a	163.56±4.22a	388.09±10.27a	1630.44±34.24b
	3%核桃壳炭	123.91±3.91b	21.93±2.48a	56.53±2.43a	150.8±3.19a	362.62±7.73b	1581.64±30.83b
	5%核桃壳炭	124.37±12.43b	21.08±1.74b	55.16±3.79a	145.97±4.97a	346.56±4.10b	1578.1±35.07b

处理方式	生物炭添加量	重金属					
		As	Cd	Cr	Cu	Pb	Zn
樱桃萝卜组	1%玉米芯炭	101.69±4.02b	25.00±1.30a	63.23±7.92a	146.73±13.12a	367.32±6.28b	1590.8±38.47c
	3%玉米芯炭	115.85±9.19a	23.00±1.37a	56.10±1.40a	137.38±6.27b	363.29±21.63a	1548.62±25.66c
	5%玉米芯炭	112.71±11.51b	19.34±2.17b	60.52±0.92b	138.39±9.55a	345.11±9.88b	1506.58±31.40c
	1%核桃壳炭	129.40±10.23d	23.55±2.24a	61.57±2.51a	157.95±3.80a	375.47±17.76a	1605.83±16.22b
	3%核桃壳炭	126.13±3.03b	19.78±1.82a	60.74±11.48a	143.37±4.77a	354.57±13.38b	1568.2±22.15b
	5%核桃壳炭	119.92±13.23b	19.48±1.67b	56.04±1.66b	121.91±10.53b	328.26±5.22b	1523.25±53.84b

＊未种植前土壤

5.2.3.3 生物炭对蔬菜重金属含量的影响

（1）生物炭对蔬菜地上部分重金属含量的影响

生物炭对菠菜和樱桃萝卜地上部分重金属含量影响情况如图 5-2 所示。As、Cd、Cr、Cu、Pb、Zn 的平均含量变化范围分别为 6.40 ~ 23.86mg/kg、8.43 ~ 46.08mg/kg、4.83 ~ 20.79mg/kg、30.66 ~ 53.14mg/kg、38.68 ~ 78.85mg/kg、359.32 ~ 618.70mg/kg，菠菜与樱桃萝卜地上部分含量最多的为 Zn，最少为 As。根据《食品安全国家标准 食品中污染物限量》（GB 2762—2017），菠菜和樱桃萝卜可食部分中重金属含量均超过污染物限量标准。曹春等（2022）研究表明，Cd、Cr、Pb 在蔬菜中的积累主要来源于土壤，相比其他重金属，Cd 更容易被根茎类蔬菜吸收；邹素敏等（2017）研究发现叶菜类蔬菜可食部分对 Cr 的累积更显著。结合本研究蔬菜根际土壤重金属的含量的超标情况，可以解释蔬菜中重金属含量超标的结果。菠菜与樱桃萝卜地上部分对 As、Cd、Cr、Zn 的富集存在显著性差异（$p<0.05$），菠菜与樱桃萝卜地上部分对 Pb 的富集无显著性差异（$p>0.05$），菠菜与樱桃萝卜地上部分对 Cu 的富集存在差异，但差异性不显著。

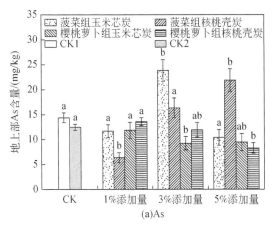

(a)As

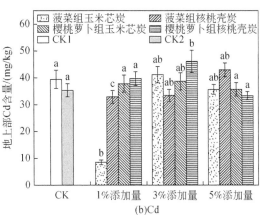

(b)Cd

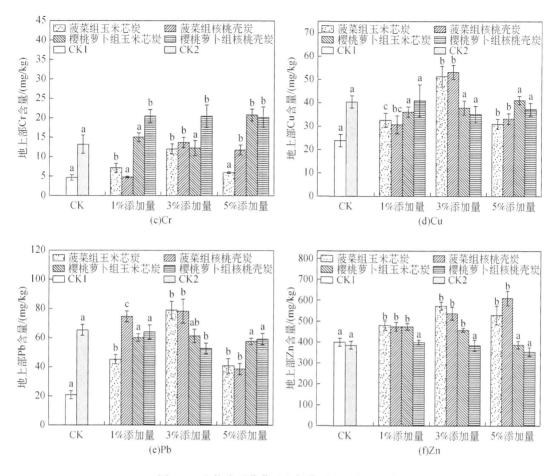

图5-2　生物炭对蔬菜地上部分重金属含量影响

注：CK1 为菠菜组对照，CK2 为樱桃萝卜组对照

玉米芯炭与核桃壳炭不同添加量下重金属在菠菜与樱桃萝卜地上部分重金属含量有所差异，As 在 3% 玉米芯炭添加量下菠菜地上部分中含量最大（23.86mg/kg），而在 1% 核桃炭、5% 玉米芯炭添加量下有所降低，并呈现最低水平。樱桃萝卜地上部分 As 含量随着生物炭添加量增加呈下降趋势。菠菜地上部分 Cd 含量随玉米芯、核桃壳生物炭的添加增大呈上升的趋势，在 3% 玉米芯炭添加量下达到最高水平；1% 玉米芯炭添加量下菠菜地上部分 Cd 含量呈现最低水平；在樱桃萝卜地上部分 Cd 含量随玉米芯、核桃壳生物炭添加量的增加而呈现降低趋势，但降低不显著。樱桃萝卜地上部分中 Cr 随玉米芯、核桃壳生物炭的添加量的增大而上升，在 5% 玉米芯炭添加量下达到最高（20.79mg/kg）；在 1% 核桃壳炭添加量下 Cr 含量在菠菜地上部分含量最低（4.83mg/kg）。樱桃萝卜地上部分中 Cr 含量随着玉米芯、核桃壳生物炭添加量的增大保持不变。Cu 在菠菜地上部分中含量在 3% 核桃壳炭添加量下最大（53.14mg/kg），在 1%、5% 玉米芯与核桃壳炭添加量下其在菠菜地上部分含量为 32.63mg/kg、30.89mg/kg、30.66mg/kg、33.25mg/kg。Cu 在樱桃萝卜地上部

分含量随玉米芯、核桃壳生物炭添加的增大而减小，在5%核桃壳炭添加量下含量最低（37.31mg/kg）。菠菜地上部分Pb含量随生物炭添加量增大呈现先增大后减小的趋势，5%核桃壳炭添加量下含量最低（38.68mg/kg），而在樱桃萝卜地上部分，Pb含量随玉米芯、核桃壳生物炭添加总体呈现下降趋势，这可能与蔬菜的种类有关。Zn在菠菜地上部分含量随玉米芯、核桃壳生物炭添加呈现上升趋势，而在樱桃萝卜地上部分的含量却随生物炭的添加量增大而逐渐降低，在5%核桃壳炭添加量下降到最低（359.32mg/kg）。结果表明，在菠菜与樱桃萝卜地上部分，玉米芯炭与核桃壳炭不同添加量下对重金属在蔬菜中的含量影响不同。

总体而言，不同生物炭添加量下，在1%和5%玉米芯炭添加量下菠菜地上部Cd和As含量分别呈现最低水平，5%核桃壳炭添加量下Cu、Pb含量最低。对樱桃萝卜地上部分而言，3%玉米芯炭添加量下Cu含量最低，5%玉米芯炭添加量下As、Pb、Zn含量较低；3%核桃壳炭添加量下Cu、Pb含量最低，5%核桃壳炭添加量下As、Cd、Zn的含量具有较低水平。这是由于蔬菜的种类不同且两种生物炭不同添加量下对重金属污染的响应不一样，导致As、Cd、Cr、Cu、Pb、Zn在蔬菜中有较大的差异。造成这种情况的原因可能是两种蔬菜的叶片通过气孔吸收大气沉降产生的重金属效率不同。也有研究发现，叶菜类蔬菜较根菜类蔬菜有更强的蒸腾作用，而蒸腾作用会促进蔬菜对重金属的吸收，这导致菠菜与樱桃萝卜在两种生物炭添加量下地上部重金属含量有所差异。

（2）生物炭对蔬菜地下部分重金属含量的影响

生物炭对菠菜与樱桃萝卜地下部分重金属含量影响情况如图5-3所示。As、Cd、Cr、Cu、Pb、Zn的平均浓度含量变化范围分别为5.05～41.86mg/kg、29.25～58.50mg/kg、3.17～31.28mg/kg、21.91～60.58mg/kg、25.12～76.86mg/kg、329.66～588.59mg/kg。菠菜与樱桃萝卜地下部分Cd、Pb的含量存在显著性差异（$p<0.05$），Zn的含量无显著差异（$p>0.05$）。蔬菜地下部分重金属含量与蔬菜种类和生物炭添加量有关。如图5-3所示，在菠菜地下部分中与CK1相比，As含量在1%核桃壳炭添加量下最高（41.86mg/kg），1%核桃壳炭和5%玉米芯炭添加量下相对较低，分别为5.05mg/kg和6.02mg/kg，仅在3%玉米芯炭添加量下，As含量在菠菜地上部较CK1增大，在1%、5%玉米芯炭添加量下则呈下降趋势。菠菜地下部分Cd含量与CK相比，仅在5%玉米芯与核桃壳炭添加量下有所降低，在1%、3%两种生物炭添加量下均有所升高，这是由于Cd较其他重金属在土壤中超标倍数更高，更容易由蔬菜根部富集。菠菜地下部分Cr含量在3%核桃壳炭添加量下含量有所升高，在1%、5%玉米芯炭添加量下均有下降，且在5%玉米芯炭添加量下达到最低值（3.17mg/kg）。菠菜地下部分Cu含量与Cr类似，在3%核桃壳炭添加量下最高，其他添加量下Cu含量均有所降低。菠菜地下部分Pb含量1%玉米芯炭添加量下最高，在5%玉米芯炭添加量下Pb含量最低（25.12mg/kg）。菠菜地下部分Zn含量在3%玉米芯炭添加量下Zn含量最高为588.59mg/kg，在其他添加量下均有降低，在3%核桃壳炭添加量下相对较低，为 427.79mg/kg。

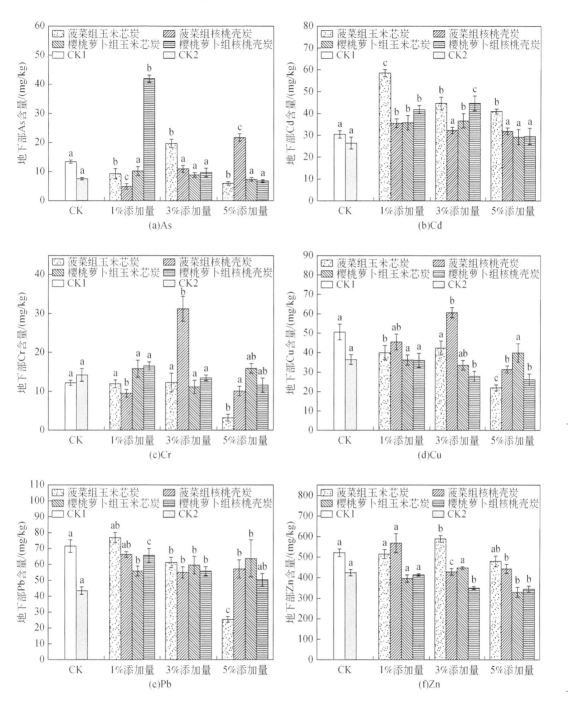

图 5-3　生物炭对蔬菜地下部分重金属含量的影响

注：CK1 为菠菜组对照，CK2 为樱桃萝卜组对照

在樱桃萝卜地下部中与 CK2 相比，As 在 5% 核桃壳添加量下达到最低，为 6.98mg/kg；Cd 含量在玉米芯炭与核桃壳炭不同量添加下均有不同程度的升高，在 3% 核桃壳炭添加

量下樱桃萝卜地下部分 Cd 含量达到最高（44.67mg/kg）。这说明生物炭的添加促进了土壤中重金属向蔬菜根部的迁移。樱桃萝卜地下部分 Cr 含量在 1% 核桃壳炭添加下有增大的趋势，在 3%、5% 核桃壳炭添加量下逐渐降低，分别为 13.42mg/kg、11.61mg/kg。Cu 含量在 5% 玉米芯炭添加量下有所升高，在其他添加量均呈现降低趋势，但降低趋势有所不同，在 5% 核桃壳炭添加量下 Cu 含量较低，为 26.09mg/kg。樱桃萝卜地下部分 Pb 含量两种生物炭不同添加量下均呈现上升的趋势，Zn 含量与之相反，较 CK2 整体上呈下降趋势。造成这种原因可能是不同重金属在同一种蔬菜中的迁移转化有所差别。与 CK 相比，在两种生物炭不同添加量下，并不是生物炭添加量越多就对蔬菜地下部分重金属的含量影响越显著。六种重金属在生物炭不同添加下变化不同，由于蔬菜种类不同，不同重金属在土壤中的迁移有差异，两种生物炭对土壤中理化性质的影响不同，从而导致重金属在土壤中的迁移能力有所区别。生物炭的添加会提高土壤中 pH、有机质等含量，pH、有机质的提高会促进重金属的迁移转化。

5.2.3.4　生物炭对蔬菜中重金属富集和迁移的影响

（1）生物炭对蔬菜地上部分重金属富集能力的影响

BCF 是衡量重金属在植物-土壤中-移动的重要指标，$BCF = C_b / C_e$（C_b 表示生物体内某种物质的浓度，C_e 表示环境中该物质的浓度）。大量研究表明，生物炭可降低土壤重金属到蔬菜的迁移。本研究采用 BCF 来表征蔬菜从农田土壤中吸收重金属并将其富集于蔬菜体内的能力，BCF 值越大，代表植物对重金属的累积能力越强；BCF 值越小，则代表着植物对重金属的积累能力越弱。本研究土壤中的重金属浓度远大于蔬菜中的重金属浓度，这说明修复白银东大沟被重金属污染的农田土壤迫在眉睫。

菠菜与樱桃萝卜地上部分对重金属的富集能力如图 5-4 所示。菠菜地上部分 As 在 3% 生物炭添加量下富集能力最强，在 1% 添加量下 As 富集能力相对较低；樱桃萝卜地上部分对 As 的富集能力随着生物炭的添加量增加而呈现下降趋势，在 5% 添加量下富集能力最低。菠菜地上部分 Cd 的富集能力随生物炭添加量的增大呈上升趋势，在 1% 玉米芯炭添加量下最低，5% 核桃壳炭添加量下最高。樱桃萝卜地上部分对 Cd 的富集能力在 5% 玉米芯炭添加量下最弱，在 3% 核桃壳炭添加量下最强。菠菜地上部分对 Cr 的富集能力在 1%、5% 生物炭添加量下较低，随生物炭的添加量的增加呈先上升后下降趋势。樱桃萝卜地上部分 Cr 的富集能力在 3% 核桃壳炭添加量下最低。菠菜地上部分 Cu 的富集能力在 3% 玉米芯生物炭添加量下最高，在 1% 核桃壳炭添加量下最低，樱桃萝卜地上部分 Cu 的富集系数在 3% 核桃壳炭添加量下最低。菠菜地上部分 Pb 的生的富集系数在 3% 核桃壳炭添加量下最高，在 5% 玉米芯炭添加量下最低，樱桃萝卜地上部分两种生物炭添加下无显著差异。菠菜地上部分 Zn 的富集系数在 3%、5% 生物炭添加量下较大，樱桃萝卜地上部分随生物炭添加量的增加逐渐降低。

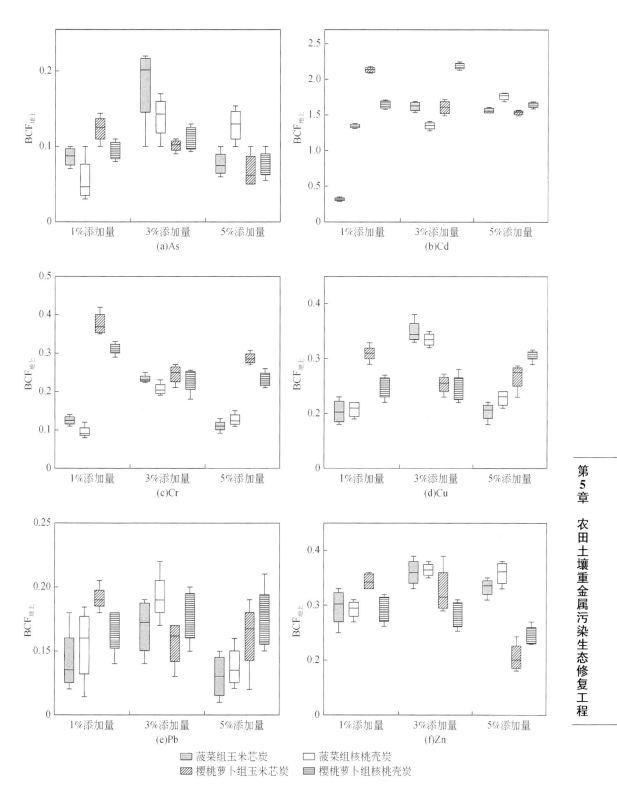

图 5-4 生物炭对蔬菜地上部分重金属富集的影响

总体来看，不同种类重金属在蔬菜地上部分的富集能力不同，整体呈现：Cd>Cu>Cr>Zn>Pb>As，其中 Cd 在蔬菜地上部分富集系数大于 1，这说明相较于其他重金属，土壤中的 Cd 更易迁移至蔬菜地上部分，这与 Cd 在土壤中的化学特性和高移动性有关，容易被蔬菜地上部分吸收。蔬菜地上部分重金属除根部吸收外，大气沉降也会影响蔬菜地上部分对 Cd 的富集。Mohebzadeh 等（2021）研究发现，Cd 能扰乱蔬菜对重金属的吸收和分配，导致蔬菜中养分含量分布不均衡，Cd 的累积也会干扰正常的细胞代谢功能，抑制光合作用，造成蔬菜生长缓慢。菠菜地上部分为可食部分，食用过量 Cd 积累的菠菜会威胁人体健康。

（2）生物炭对蔬菜地下部分重金属富集能力的影响

玉米芯炭与核桃壳炭添加下蔬菜地下部分重金属的富集能力如图 5-5 所示。在六种重金属中，两种生物炭对菠菜和樱桃萝卜地下部分对土壤中 As 的富集性较其他重金属低。两种蔬菜对重金属的生物富集系数大小为 Cd>Zn>Cu>Pb>Cr>As。As 在两种蔬菜地下部分的富集存在差异，As 在 1%核桃壳炭添加量下在菠菜地下部分富集程度最低，5%玉米芯炭添加量下在樱桃萝卜地下部富集程度最低；Cd 在 1%核桃壳炭添加量下在菠菜地下部分富集程度最低，5%核桃壳炭添加量下在樱桃萝卜地下部富集程度最低；Cr 的富集与生

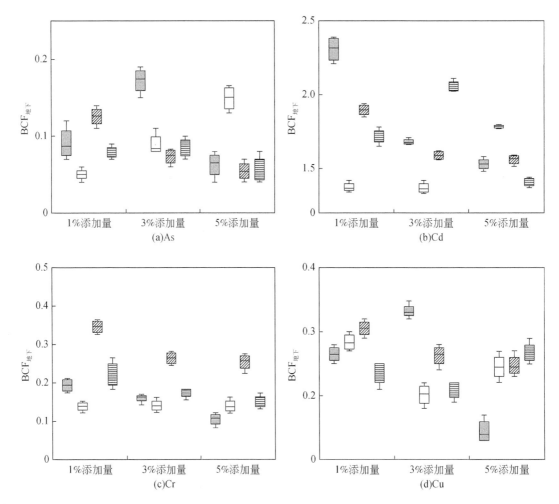

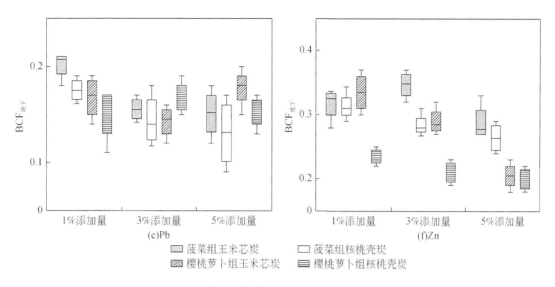

图 5-5　生物炭对蔬菜地下部分重金属富集的影响

物炭添加量成反比，表现为菠菜和樱桃萝卜地下部分 Cr 随生物炭添加量增大而降低；Cu 在 5% 玉米芯炭添加量下在菠菜地下部分富集程度最低，3% 核桃壳炭添加量下在樱桃萝卜地下部分富集程度最低；Pb 在菠菜和樱桃萝卜地下部分富集无显著差异，BCF 在 0.11 ～ 0.21；两种生物炭对 Zn 的富集存在显著差异，核桃壳炭添加下 Zn 在两种蔬菜地下部分富集程度最低，且 Zn 的富集随生物炭添加量的增大而降低，BCF 在 0.2 ～ 0.35。

两种生物炭不同添加下蔬菜地下部分对重金属富集能力存在差异，菠菜对 As、Pb、Zn 的富集能力高于樱桃萝卜。刘妍（2014）研究表明，添加造纸污泥可显著降低土壤–蔬菜系统重金属生物富集系数。在本研究中，菠菜地下部分和樱桃萝卜地下部分对 Cd 的富集能力要强于其他重金属，分析认为，这主要是与土壤重金属背景值、土壤环境和种植的蔬菜种类有关。一般情况下，蔬菜本身对 Cu 和 Zn 等具有一定的吸收能力，而对其他非必需元素蔬菜会通过自我保护机制抑制吸收，如在本研究土壤中 Pb 含量较高时，蔬菜的重金属富集程度较低。重金属也具有协同作用，当一种重金属含量较高时，可能会与其他重金属产生协同作用，导致蔬菜对其富集作用的加强。两种生物炭不同添加量对蔬菜地下部分重金属的富集能力有一定的影响，不同添加量下对 Pb 的富集能力无显著影响。在六种重金属中，两种生物炭添加下菠菜和樱桃萝卜地下部分均对 As 富集较其他重金属低。马科峰（2019）研究发现，植物地下部分根系中含有大量的棕榈酸、1-棕榈酸单甘油酯等有机物，它们对 As 进行吸附并与植物根际土壤结合，从而表现为蔬菜地下部分对 As 的富集能力不高。

（3）生物炭对蔬菜重金属迁移能力的影响

重金属迁移系数（TF）为蔬菜地上部分重金属含量和蔬菜地下部分重金属含量的比值，代表了重金属从地下部分迁移至地上部分的能力。玉米芯炭与核桃壳炭不同添加量下，菠菜和樱桃萝卜中重金属的 TF 见表 5-5。从结果来看，两种蔬菜重金属的迁移能力不同，樱桃萝卜对重金属的迁移能力更强；同种蔬菜在不同生物炭添加下重金属迁移能力不同。研究结果表明，菠菜和樱桃萝卜中重金属较易在地上部分累积。As、Cd、Cr、Cu、Pb、Zn 这六种重金属在菠菜和樱桃萝卜生长过程中均未表现出超累积现象，而且这六种重金属较易在其地上部分累积。在菠菜和樱桃萝卜中，1%玉米芯炭与核桃壳炭添加下蔬菜对重金属的迁移能力较弱。

表 5-5 生物炭添加下菠菜与樱桃萝卜的重金属迁移系数

蔬菜种类	生物炭添加量	TF					
		As	Cd	Cr	Cu	Pb	Zn
菠菜	0	1.09	1.30	0.37	0.47	0.29	0.79
	1%玉米芯炭	1.00	0.14	0.59	0.83	0.64	0.93
	3%玉米芯炭	1.27	0.99	1.25	1.22	1.30	1.03
	5%玉米芯炭	1.73	0.96	1.89	1.36	1.71	1.21
	1%核桃壳炭	1.31	1.01	0.55	0.72	1.14	0.84
	3%核桃壳炭	1.54	1.07	0.39	1.73	1.41	1.33
	5%核桃壳炭	0.93	1.25	1.14	1.00	0.76	1.34
樱桃萝卜	0	1.58	1.32	0.92	1.11	1.50	0.91
	1%玉米芯炭	1.18	1.13	0.98	1.09	1.11	1.11
	3%玉米芯炭	1.26	1.10	0.90	1.13	1.08	1.02
	5%玉米芯炭	1.29	1.01	1.21	1.05	1.12	1.19
	1%核桃壳炭	0.95	0.85	0.79	1.02	1.04	1.02
	3%核桃壳炭	1.17	1.23	0.70	0.89	0.89	0.96
	5%核桃壳炭	1.21	1.15	1.47	1.17	1.18	1.07

在菠菜中，随着玉米芯炭添加量增大，As、Cr、Cu、Pb、Zn 的迁移能力也有增大的趋势，仅 Cd 在 3%玉米芯炭添加量下迁移能力最大。在核桃壳炭添加下，随着生物炭添加量的增大重金属迁移能力存在差异，Cd、Zn 迁移能力与生物炭添加量成正比，As、Cu、Pb 在 3%核桃壳添加量下迁移能力达到最大，之后减小。在樱桃萝卜中，玉米芯炭添加下，As、Cr、Pb、Zn 在 5%添加量下迁移能力较强，Cd、Cu 分别在 1%、3%玉米芯炭添加量下迁移能力相对较强。而在核桃壳炭添加下，As、Cr、Cu、Pb、Zn 均在 5%核桃壳炭添加量下迁移能力最大，仅有 Cd 在 3%添加量下迁移能力最大。这个表现与玉米芯炭添加下菠菜中的重金属迁移类似。本研究发现，樱桃萝卜中重金属的迁移能力整体上略高于菠菜。

5.2.3.5 相关性分析

(1) 生物炭添加下土壤化学性质与重金属相关性分析

对玉米芯炭与核桃壳炭添加量下土壤 pH、EC 和 SOM 化学指标和土壤重金属进行相关性分析，结果如表 5-6 所示。添加玉米芯炭菠菜组土壤中，pH 与 Cu、Pb、Zn 呈负相关；EC 与 Cd、Cu、Pb、Zn 呈显著负相关（$p<0.05$）；SOM 与 Cd、Pb 呈显著负相关（$p<0.05$），Cu、Zn 呈极显著负相关（$p<0.01$）。而添加核桃壳炭菠菜组土壤中，pH 与 Cu、Pb、Zn 呈极显著负相关（$p<0.01$）；EC 与 Cu、Pb、Zn 呈显著负相关（$p<0.05$）；SOM 与 Cu、Pb、Zn 呈显著负相关（$p<0.05$）。添加玉米芯炭樱桃萝卜组土壤中，pH 和 EC 与 As 呈显著正相关（$p<0.05$），这说明土壤中 pH、EC 对土壤重金属 As 的积累起着重要的作用；SOM 与 Cd、Pb 呈显著负相关（$p<0.05$），与 Zn 呈极显著负相关（$p<0.01$）。添加核桃壳炭樱桃萝卜组土壤中，pH 与 Cd、Cr、Cu 呈显著负相关（$p<0.05$）；SOM 与 Cd、Cr、Cu、Pb 呈显著负相关（$p<0.05$）。

表 5-6　土壤化学性质与土壤重金属含量相关性分析

蔬菜种类	生物炭	土壤化学指标	土壤重金属					
			As	Cd	Cr	Cu	Pb	Zn
菠菜	玉米芯炭	pH	0.29	0.12	0.52	−0.39	−0.49	−0.08
		EC	−0.30	−0.77*	0.03	−0.62*	−0.67*	−0.61*
		SOM	−0.22	−0.70*	−0.02	−0.63**	−0.68*	−0.65**
	核桃壳炭	pH	−0.50	−0.71*	−0.53	−0.65**	−0.67**	−0.63**
		EC	−0.29	−0.63	−0.29	−0.63*	−0.61*	−0.63*
		SOM	−0.33	−0.58	−0.28	−0.67*	−0.62*	−0.64*
樱桃萝卜	玉米芯炭	pH	0.69*	−0.49	−0.34	−0.46	−0.68*	−0.08
		EC	0.70*	−0.50	−0.25	−0.17	−0.40	−0.10
		SOM	0.42	−0.73*	−0.13	−0.33	−0.70*	−0.73**
	核桃壳炭	pH	−0.23	−0.67*	−0.77*	−0.79*	−0.61	−0.64
		EC	−0.13	−0.47	−0.27	−0.42	−0.35	−0.42
		SOM	−0.38	−0.70*	−0.72*	−0.73*	−0.73*	−0.60

*代表显著相关（$p<0.05$）；**代表极显著相关（$p<0.01$）

研究表明，土壤中 pH 对植物吸收重金属起重要作用。土壤中胶体带负电荷，金属离子绝大多数带正电荷，若土壤中 pH 降低，土壤中解析的重金属增多，造成重金属活性越强，就易从土壤迁移至植物体内，从而造成土壤中重金属含量减少。本研究发现，不同比例生物炭添加后土壤 pH 均有升高，土壤环境 pH 发生改变，从而使 pH 与土壤重金属含量呈负相关。两种生物炭添加下，菠菜组与樱桃萝卜组土壤中 SOM 与重金属也呈负相关，这表明 SOM 很大程度上影响着重金属的生物可利用性。综上所述，生物炭添加后对土壤化学性质与土壤重金属含量相关性产生影响。谢文达等（2019）研究发现，杏壳生物炭会降低土壤 EC 含量。吴愉萍等（2019）研究表明生物炭中存在的阳离子（Ca^{2+}、Mg^{2+}、K^+ 等）与土壤中酸性离子交换可以有效中和土壤酸度，而土壤化学性质的改变进而影响土壤重金属形态的迁移转化，因生物炭制备材料、热解温度的不同导致生物炭对土壤化学性质的影响有所区别，造成生物炭添加后土壤化学性质对土壤重金属积累的影响也有所区别。但这并不能给出全面的解释，还需要进一步在微观角度研究如化学性质对重金属形态的影响，从而阐明生物炭添加下对土壤重金属积累的机理。

（2）生物炭添加下蔬菜地上部分与土壤重金属相关性分析

对生物炭添加下蔬菜地上部分重金属与土壤中各重金属进行相关性分析，得到结果如表5-7所示。添加玉米芯炭菠菜组中，菠菜地上部分重金属与土壤中重金属大多呈正相关，菠菜地上部分 Cr 与土壤 Cr 呈极显著正相关（$p<0.01$），这表明菠菜地上部分 Cr 的累积主要与土壤 Cr 含量有关，而 Zn 与土壤 Cu、Cr、Cd、Pb 呈负相关。添加核桃壳炭菠菜组中，菠菜地上部分重金属 As 与土壤 Cu 呈显著负相关（$p<0.05$），As 与土壤 Pb、Zn 呈极显著负相关（$p<0.01$），Cd 与土壤 Zn 呈显著负相关（$p<0.05$），Pb 与土壤 Zn 呈极显著正相关（$p<0.01$），菠菜地上部分 Zn 与土壤 Zn 呈极显著正相关（$p<0.01$），表明添加核桃壳炭土壤中 Zn 更容易在菠菜地上部分积累。这是由于生物炭添加改变了土壤重金属有效性，而植物对重金属的累积与土壤重金属的生物有效性相关，重金属形态又可支配土壤重金属的生物有效性。葛小妹（2019）研究发现，污泥炭添加后，在重金属污染土壤中重金属镍的不稳定态有变小趋势，稳定态和残渣态有变大趋势。添加玉米芯炭樱桃萝卜组中，樱桃萝卜地上部分 As 与土壤重金属呈正相关但无显著性相关，Cu 与土壤 Cd 呈显著负相关（$p<0.05$），Zn 与土壤 Cd 呈显著正相关（$p<0.05$）；添加核桃壳炭樱桃萝卜组中，樱桃萝卜地上部分 As 与土壤 Cu、Zn 呈显著正相关（$p<0.05$），Zn 与土壤 Cu、Pb 呈显著正相关（$p<0.05$）。这表明不同生物炭添加下对土壤重金属的富集有不同程度的影响，也可能受其他因素的影响，如环境温度和大气沉降等。He 等（2020）对白银市农田土壤和蔬菜中重金属来源及迁移进行铅同位素标记法研究发现，蔬菜叶片中 Pb 含量与大气沉降密切相关。因此，植物的表面、密度、气孔等也会影响植物叶片对空气中重金属的吸收。

表 5-7　蔬菜地上部分重金属与土壤重金属含量相关性分析

蔬菜种类	生物炭	地上部分重金属	土壤重金属					
			As	Cd	Cr	Cu	Pb	Zn
菠菜	玉米芯炭	As	0.48	0.20	−0.57	−0.08	0.40	0.12
		Cd	0.37	0.17	−0.37	0.18	0.57	0.58
		Cr	0.40	0.07	0.85 **	−0.08	0.42	0.17
		Cu	0.12	−0.15	−0.42	0.07	0.27	0.17
		Pb	0.45	0.10	−0.53	−0.05	0.42	0.18
		Zn	0.33	−0.23	−0.28	−0.65	−0.23	0.37
	核桃壳炭	As	0.33	−0.58	−0.28	−0.77 *	−0.85 **	−0.83 **
		Cd	−0.25	0.25	−0.05	−0.50	−0.63	−0.72 *
		Cr	−0.45	−0.52	0.38	−0.58	−0.52	−0.23
		Cu	−0.23	−0.20	−0.30	0.20	−0.17	0.08
		Pb	0.23	0.38	0.05	0.47	0.65	0.85 **
		Zn	−0.17	−0.43	−0.37	−0.77 **	−0.82 **	0.88 **

蔬菜种类	生物炭	地上部分重金属	土壤重金属					
			As	Cd	Cr	Cu	Pb	Zn
樱桃萝卜	玉米芯炭	As	0.58	0.35	0.33	0.37	0.35	−0.12
		Cd	−0.32	0.12	−0.50	−0.10	0.02	0.35
		Cr	−0.28	−0.53	0.45	−0.18	−0.37	−0.47
		Cu	0.38	−0.75*	−0.23	0.13	−0.47	−0.17
		Pb	−0.48	0.48	−0.27	−0.37	0.01	0.20
		Zn	−0.27	0.67*	0.15	−0.07	0.48	0.62
	核桃壳炭	As	0.17	0.47	0.30	0.78*	0.70	0.82*
		Cd	0.33	0.13	0.23	0.55	0.67*	0.30
		Cr	−0.10	−0.43	0.05	0.22	0.15	−0.30
		Cu	0.03	−0.32	0.18	0.02	−0.17	−0.18
		Pb	−0.07	0.73*	0.47	0.38	0.27	0.27
		Zn	0.45	0.28	0.45	0.72*	0.77*	0.37

*代表显著相关（$p<0.05$），**代表极显著相关（$p<0.01$）

（3）生物炭添加下蔬菜地下部分与土壤重金属相关性分析

蔬菜地下部分重金属与土壤中各重金属进行相关性分析，得到结果如表 5-8 所示。由表 5-8 可知，添加玉米芯炭菠菜组中，菠菜地下部分 Cd 与土壤 Zn 呈显著正相关（$p<0.05$），Cu 与土壤 Cu 呈显著正相关（$p<0.05$），Pb 与土壤 Cu、Pb、Zn 呈显著正相关（$p<0.05$），Zn 与土壤 Cr 呈显著负相关（$p<0.05$）。添加核桃壳炭菠菜组中，菠菜地下部分 As 与土壤 Cu、Pb、Zn 呈显著负相关（$p<0.05$），Cd 与土壤 Cu、Zn 呈显著正相关（$p<0.05$），Cu 与土壤 Cu、Pb、Zn 呈显著正相关（$p<0.05$）。这表明在玉米芯炭添加下菠菜地下部分 Pb 与核桃壳添加下菠菜地下部分 Cu 其主要来源于根部运输。添加玉米芯炭樱桃萝卜组中，樱桃萝卜地下部分 Cd 与土壤 Zn 呈显著正相关（$p<0.05$），Cu 与土壤 Cu 呈显著正相关（$p<0.05$），Pb 与土壤 Cd 呈显著负相关（$p<0.05$）。添加核桃壳炭樱桃萝卜组中，樱桃萝卜地下部分 As 与土壤 Cu、Pb 呈显著正相关（$p<0.05$），Cd 与土壤 Zn 呈显著正相关（$p<0.05$），Cr 与土壤 Cu、Pb、Zn 呈显著正相关（$p<0.05$），Cu 与土壤 Cd、Cr、Cu 呈显著正相关（$p<0.05$），Pb 与土壤 Cu 呈显著正相关（$p<0.05$），Zn 与土壤 Cu、Pb、Zn 呈显著正相关（$p<0.05$）。

整体上看，菠菜与樱桃萝卜地下部分重金属与土壤重金属呈正相关，表明两种蔬菜地下部分重金属积累主要为土壤重金属转移和蔬菜根部运输。查燕等（2016）研究发现，植物根部对重金属的积累也与重金属的生物有效性有关，植物根际分泌物也会影响植物地下部分对土壤重金属的富集作用。重金属从土壤到迁移累积到作物是个极其复杂的过程，不仅与重金属元素本身及元素间的相互作用有关，还与土壤中重金属的含量和形态以及作物种类有关。

表 5-8　蔬菜地下部分重金属与土壤重金属含量相关性分析

蔬菜种类	生物炭	地下部分重金属	土壤重金属					
			As	Cd	Cr	Cu	Pb	Zn
菠菜	玉米芯炭	As	0.35	0.28	−0.65	0.18	0.63	0.48
		Cd	0.12	0.40	0.08	0.62	0.43	0.67*
		Cr	0.35	0.23	0.37	0.28	0.42	0.62
		Cu	−0.23	0.20	−0.57	0.68*	0.62	0.62
		Pb	0.47	0.62	0.08	0.67*	0.77*	0.87*
		Zn	−0.10	−0.23	−0.85*	0.02	0.37	0.27
	核桃壳炭	As	0.10	−0.40	−0.37	−0.75*	−0.83*	−0.82*
		Cd	0.33	0.40	0.50	0.70*	0.55	0.70*
		Cr	−0.10	−0.52	0.08	−0.33	−0.42	−0.30
		Cu	0.43	0.65	0.52	0.75*	0.82*	0.73*
		Pb	0.25	0.32	−0.05	0.38	0.42	0.43
		Zn	0.33	0.40	0.50	0.60	0.58	0.50
樱桃萝卜	玉米芯炭	As	0.33	0.53	−0.03	0.45	0.60	0.43
		Cd	−0.05	0.27	−0.35	0.22	0.47	0.83*
		Cr	−0.10	−0.32	0.13	−0.55	−0.18	0.38
		Cu	0.42	−0.20	−0.02	0.70*	0.10	−0.30
		Pb	−0.17	−0.67*	−0.10	−0.45	0.10	−0.20
		Zn	0.03	0.45	−0.57	−0.13	0.22	0.42
	核桃壳炭	As	0.23	0.27	0.43	0.85*	0.77*	0.55
		Cd	0.05	0.28	0.08	0.65	0.60	0.67*
		Cr	0.23	0.35	0.37	0.83*	0.75*	0.70*
		Cu	0.33	0.78*	0.82*	0.77*	0.57	0.63
		Pb	0.20	0.25	0.42	0.78*	0.62	0.62
		Zn	−0.07	0.55	0.28	0.83*	0.67*	0.73*

*代表显著相关（$p<0.05$），**代表极显著相关（$p<0.01$）

（4）生物炭添加下蔬菜地上部分与地下部分重金属相关性分析

对生物炭添加下两种蔬菜地上部分与地下部分的重金属进行相关性分析，结果如表5-9所示。在玉米芯炭添加下菠菜地上部分 As 与地下部分 As 呈显著正相关（$p<0.05$），菠菜地上部分 Cr、Cu 与地下部分 Zn 呈显著正相关（$p<0.05$），菠菜地上部分 Pb 与地下部分 Cr 呈显著正相关（$p<0.05$）；在核桃壳炭添加下菠菜地上部分 As 与地下部分 As 呈极显著正相关（$p<0.01$），菠菜地上部分 Cd 与地下部分 As 呈显著正相关（$p<0.05$），菠菜地上部分 Cr 与地下部分 Zn 呈正相关，菠菜地上部分 Cr 与地下部分 Cu 呈显著负相关，其他重金属无显著相关性。在玉米芯炭添加下樱桃萝卜地上部分 Cr 与地下部分 Zn 呈显著负相关（$p<0.05$），樱桃萝卜地上部分 Pb 与地下部分 Cu 呈显著负相关（$p<0.05$），其他重金属无显著相关性；在核桃壳炭添加下樱桃萝卜地上部分 As 与地下部分 As、Cd、Cr、Pb 呈显著正相关（$p<0.05$），樱桃萝卜地上部分 Cd 与地下部分 As、Cd、Zn 呈显著正相关（$p<$

0.05），这表明在核桃壳炭添加下樱桃萝卜的 As 在地上部分的累积主要来自地下部分（根部的运输），同时重金属之间有协同作用，会促进其他重金属的迁移转化。整体而言，两种蔬菜地上部分重金属与地下部重金属存在正相关关系，表明两种蔬菜地上部分重金属主要来自地下部分重金属的迁移。Binbin 等（2021）研究表明，重金属受土壤水分、温度、pH、有机质等多种因素影响，其中土壤、温度与土壤重金属的迁移能力均呈正相关关系。较高的温度会改变细胞膜的通透性，从而改变细胞内外物质的流动，促进大多数金属的迁移转化；较高的温度也会提高植物的代谢和蛋白质的合成，使得植物对重金属迁移转化能力加强；温度的升高可以增强土壤和植物根际微生物的活性，从而增强植物对金属的吸收能力。而蔬菜对重金属的迁移转化也与重金属的形态有关，本研究中均为重金属全量，故不做讨论。

表 5-9 蔬菜地上部分重金属与地下部分重金属含量相关性分析

蔬菜种类	生物炭种类	地上部分重金属	地下部分重金属					
			As	Cd	Cr	Cu	Pb	Zn
菠菜	玉米芯炭	As	0.88 *	0.02	0.53	0.32	0.27	0.57
		Cd	0.68	0.02	0.53	0.55	0.42	0.57
		Cr	0.80	0.03	0.57	0.35	0.17	0.78 *
		Cu	0.60	−0.07	0.55	0.55	0.22	0.67 *
		Pb	0.77	0.17	0.67 *	0.38	0.38	0.65
		Zn	0.52	−0.35	0.28	−0.15	−0.22	0.35
	核桃壳炭	As	0.87 **	0.60	0.23	−0.73	−0.62	−0.23
		Cd	0.70 *	0.38	0.10	−0.63	−0.38	−0.38
		Cr	0.38	0.40	0.13	−0.40	−0.77 *	0.62
		Cu	0.08	0.05	−0.55	0.25	−0.35	0.52
		Pb	−0.67	0.47	−0.13	0.63	0.22	0.58
		Zn	0.63	−0.77	0.37	−0.65	−0.45	0.28
樱桃萝卜	玉米芯炭	As	0.60	−0.13	−0.15	−0.13	−0.33	−0.38
		Cd	0.47	0.57	0.73	−0.42	0.27	0.30
		Cr	−0.58	−0.53	0.22	0.20	0.22	−0.77 *
		Cu	−0.35	0.08	0.20	0.43	0.28	−0.32
		Pb	0.10	0.03	0.18	−0.78 *	−0.38	0.33
		Zn	0.63	0.42	0.23	−0.43	−0.07	0.38
	核桃壳炭	As	0.73 *	0.83 *	0.83 *	0.58	0.72 *	0.33
		Cd	0.72 *	0.72 *	0.42	0.37	0.28	0.70 *
		Cr	0.20	−0.23	0.03	−0.05	0.15	0.17
		Cu	0.03	−0.60	0.15	0.08	0.38	−0.42
		Pb	0.12	−0.13	0.20	0.58	0.17	−0.43
		Zn	0.60	0.22	0.58	0.63	0.58	0.27

*代表显著相关（$p<0.05$），**代表极显著相关（$p<0.01$）

5.3 农田土壤重金属污染植物−微生物联合修复研究

近年来，在生物修复土壤重金属污染的研究中，微生物−植物联合修复方式逐渐成为研究热点。合适的微生物不仅可以促进植物的生长发育，还可以提高植物对重金属的耐受性，改善土壤微环境。本研究以微生物重金属耐性和植物促生能力为指标，对秦岭南麓燕子砭矿区土壤微生物进行筛选，研究菌株对重金属胁迫下三叶鬼针草和紫花苜蓿植物生理指标、植物重金属和土壤酶活的影响，对菌株提高植物重金属耐性机制和土壤酶活性进行讨论。

5.3.1 植物−微生物联合修复的作用机制

植物可以通过建立各种防御机制来抵抗重金属胁迫和毒性，包括激活抗氧化酶系统、限制重金属吸收、将金属封存在液泡中及重金属与螯合剂的络合。此外，此类植物在生长过程中往往携带大量、多种耐重金属微生物。

（1）植物与微生物的协同作用

植物与微生物的相互作用对于植物和微生物在逆境环境中的相互适应和生存发挥着重要作用。各类微生物与植物存在互利、共生和寄生关系，具有固定遗传和代谢能力的植物替代微生物可以大大减轻植物的环境压力。植物为微生物提供丰富的能量和营养，微生物同样帮助植物克服环境胁迫，促进植物生长和繁殖。在共同进化过程中，植物与相关微生物在不断变化的环境中共存，对两者和环境都有重要影响。Rudrappa 等（2008）研究表明，拟南芥根分泌的苹果酸会吸收根中的枯草芽孢杆菌，这种相互作用在保护植物免受叶部病原体黄单胞菌侵害方面发挥着重要作用。植物释放的化学物质充当微生物感知的信号，从而引起植物的生理变化。与各种根分泌物类似，黄酮类化合物是调节各种植物−微生物相互作用的核心信号成分，特别是在豆科植物的菌根发育和根瘤菌共生建立过程中。根瘤菌释放特定的信号分子来调节植物生理。因此，植物和微生物之间通过相互传递各种信号分子进行的通讯对于植物−微生物修复系统至关重要。实现植物和微生物（真菌、细菌）之间的协同作用有助于加速重金属植物修复，因为植物修复通常是一个长期的原位过程。微生物包含在或添加到靠近植物根部的土壤中，使其成为重要的生态系统，可以大大减少土壤化学、金属溶解度和污染水平，以及植物修复效率等因素的影响。

（2）微生物对植物生长的促进作用

通过植物体内参与还原重金属的各种微生物，可以提高植物对重金属的抵抗力，促进植物生长。促进植物修复的微生物能有效帮助植物适应污染的环境，抵抗环境胁迫，促进植物生长和繁殖。植物促生长菌与植物具有协同效应，通过减轻受污染植物的胁迫来促进植物生长，从而提高植物生物量和对重金属的耐受性，增加植物反应性，有助于新型微生物的开发，促进调解。因此，它在植物修复中的应用越来越广泛。有益的植物内生化感作用，如在重金属污染存在下促进植物生长的有益植物内生化感作用——从柳秆中分离出的内生菌具有固定能力，从而使植物富氮，甚至促进植物生长在氮限制条件下。磷（P）是重要的微量元素之一，在葡萄糖转运、根系发育和促进植物生长等酶促反应中发挥着重要作用。在金属胁迫条件下，一些耐重金属的内生菌通过酸化、离子交换和释放有机酸，溶解土壤中沉淀的磷酸盐并生成磷，再将磷释放到细胞外，可分泌酸性磷酸酶，从而提高磷的利用率。铁（Fe）是生命的重要元素，但土壤中的铁大部分以 Fe^{3+} 的形式存在，溶解性差，不能被植物吸收利用。植物根部对铁的利用可以通过微生物产生铁载体等螯合剂来实现。铁载体是一种小型有机化合物，对 Fe^{3+} 有亲和力，可以结合被植物同化的其他 Fe^{2+}。它通过产生铁载体的细菌积累大量的铁，从而促进植物生长。植物激素通常包括五种类型：吲哚-3-乙酸（IAA）、赤霉素（GA）、细胞分裂素（CTK）、乙烯（Ethylene）和脱落酸（ABA）。一些共生细菌能影响根部生长动态，影响和增加养分摄入。例如，在重金属胁迫条件下，会产生一些内生细菌IAA，通过调节植物发育、诱导植物防御系统及充当细胞信号分子来增加植物生物量。由于低浓度的IAA刺激初生根伸长，高浓度的IAA抑制初生根生长，内生细菌合成1-氨基环丙烷-1-羧酸（ACC）脱氨酶来改变植物激素的平衡，促进植物生长发育。此外，一些金属耐受性根瘤菌因其改善植物生长、减轻金属毒性、在土壤中固定/迁移/转化金属，以及促进植物生长等特性而被广泛研究。He 等（2020）研究发现，促进植物生长的根际细菌可以通过产生重金属螯合剂和生物肥料等物质促进植物生长。除细菌外，其他促进植物生长的物质，还有从含金属部分中分离出来的真菌，如丛枝菌根真菌、外生菌根真菌和暗隔内生菌等也参与植物生长和养分吸收，促进和减少重金属。它会引起毒性并通过改变土壤和影响金属运输来改变金属的可用性。Gomes 等（2020）研究表明，丛枝菌根真菌可以提高植物根系对固定养分的吸收、改善土壤性质、增加植物的生物多样性和对病原体的抵抗力。

（3）微生物净化重金属的机理

微生物去除重金属通常分为直接作用和间接作用，通过植物自身的抗性系统，固定重金属、降低其毒性等提高植物对重金属的净化效率。

1）直接作用。微生物通过各种染色体、转座子、质粒介导的抗性系统可以适应重金属并直接促进微生物对重金属的修复。目前，已知的微生物金属耐受机制包括通过渗透性屏障对重金属的抵抗、通过蛋白质/螯合剂对重金属的胞内或胞外结合、将重金属酶解毒成毒性较小的形式，包括主动转运和被动抵抗。细胞靶标对重金属离子的金属敏感性。微生物可能具有这些耐药机制中的一种或多种。耐金属微生物可以通过金属生物吸附、氧化还原及重金属与配体的络合等反应影响重金属迁移。

2）间接作用。植物的分泌物为微生物提供营养物质和适宜的生存环境，可以间接促进微生物对重金属污染土壤的修复。微生物主要通过三种机制修复重金属污染土壤：①通过生物转化产生植物激素以增加营养可用性及其他有益细菌。它是一种螯合剂，可促进与病原体的结合并保护植物免受病原体侵害。②金属基团、有机酸、生物表面活性剂与细胞外的重金属结合，植物激素通过改变基因表达模式来调节组织生长和发育，从而改变生长模式并诱导衰老。③生物表面活性剂的生产和某些元素的微生物生产可以减少重金属的利用率。例如，微生物可以分泌具有很强重金属结合能力的铁载体，而耐重金属的微生物可以通过结合化学性质与铁相似的金属离子来降低重金属的生物利用度和毒性。

（4）生物对重金属的影响

植物-微生物联合修复重金属主要包括微生物对重金属的修复和辅助重金属的植物修复，以及植物的稳定、催化、提取、分解和挥发等过程。微生物增强植物修复的主要方式有三种：一是增加植物生物量，促进植物生长，同时也可以改变土壤，增加土壤中重金属的生物有效性，从而进一步增强植物吸收重金属的能力；二是促进重金属从植物根部向茎组织转移，达到提高吸收和迁移重金属能力，提高植物修复效率的目的；三是降低重金属的毒性，各种微生物参与植物内部的转录过程，通过提高植物对重金属的耐受性来降低重金属的毒性，或者减轻重金属胁迫，是提高植物-微生物键修复效率的关键因素之一。目前大部分研究都是关于微生物在植物-微生物键修复中的积极作用，但有些微生物在帮助植物方面也存在一定的局限性。例如，杨卓等（2014）的研究表明，用巨大芽孢杆菌和类胶质芽孢杆菌的混合物接种印度芥菜可以促进植物生长，增加植物生物量；然而，黑曲霉的干预改变了植物的生长环境，显著降低了植物生物量，使得关节修复效果不那么明显。植物的生长状态取决于根际微生物群落的分布和结构，如果根际环境不满足植物生长条件，就无法获得理想的关节修复效果。

5.3.2 植物-微生物联合修复的几种形式

（1）植物-丛枝菌根真菌的联合修复

植物-微生物联合修复是一种研究较多的方法，主要利用丛枝菌根来修复受重金属污染的土壤。丛枝菌根是一种互利共生的联合体，由土壤中的真菌菌丝和植物根系形成。它在土壤和植物根系之间建立了直接的联系，并以其改善植物矿物营养的能力而闻名，包括对重金属污染的修复。Wang 等（2005）研究表明，丛枝菌根真菌可以提高植物的耐受力，减轻重金属对植物的压力，并促进植物在金属污染环境下的生长。这种现象与生长在重金属污染土壤中的植物密切相关。许多植物高度依赖于丛枝菌根，通过与丛枝菌根建立共生关系，它们能够产生多种效应，如分泌螯合剂和植物生长因子、增加植物生物量、扩展土壤根际菌根，并增加单位面积的植物生长。这种方法可以帮助修复生态系统，在修复过程中，丛枝菌根能够提供重要的支持，通过改善土壤质量和植物生长状况，促进土壤中重金属的转化和降解。同时它还能够增加土壤的稳定性和水分保持能力，提高土壤的生物多样性和生态功能。综上所述，植物-微生物联合修复是一种有效的方法，通过利用丛枝菌根可以修复重金属污染的土壤。这种方法不仅可以改善植物的生长状况，还能够促进土壤质量的提升和生态系统的修复。植物的根部为菌根真菌提供营养物质，同时为微生物提供了适宜的生长环境。菌根真菌的活动有助于改善根际微生态环境，增强植物的抗病能力，并显著提高植物在重金属污染土壤中的生存能力。研究表明，重金属矿区的植物多为菌根植物，它们呈现出良好的生长状态。Gao 等（2010）研究发现，与单独种植黑麦草的土壤相比，含有丛枝菌根真菌的黑麦草土壤中的菲、芴含量更高，这表明与丛枝菌根真菌共生的黑麦草根系吸收了大量的有机污染物。在伊朗受污染的采矿土壤中，科学家们分离出了具有耐受性和吸附能力的丝状真菌。菌根真菌在受污染土壤中的潜在作用引起了越来越多的关注，为了充分了解植物、微生物和土壤之间的复杂生态相互作用，还需要进一步研究。通过综合运用分子、生化和生理技术，可以深入研究植物在吸收和运输过程中的作用机制，以及其对重金属的耐受能力。同时，通过合理组合植物和真菌，也有可能找到一种有效的方法来修复受污染的重金属土壤。这种多学科的调查研究对于解决土壤污染问题具有重要的意义，并有望为环境修复提供有益的帮助。

（2） 植物-植物内生菌的联合修复

植物内生菌是指那些在其生活史的一定阶段或全部阶段生活于健康植物的各种组织和器官体内或细胞间隙的真菌与细菌，被感染的宿主植物不表现或暂时不表现外在病症。研究发现某些植物的内生细菌不仅自身重金属抗逆性强，而且可以提高植物对重金属的抗逆性，强化对重金属的吸收和转移能力。例如，Madhaiyan 等（2007）利用内生细菌稻甲基杆菌和伯克氏菌进行了 Ni、Cd 向植物茎叶转移的试验，使植物茎和叶的重金属量大幅增加。Zhang 等（2011）在用植物内生菌 SaZR4 接种植物后发现，植物对 Zn 的吸收量大约增加了两倍。

（3） 植物-植物根际微生物的联合修复

根际微生物的作用不仅可以丰富土壤生态系统，还可以降低重金属对植物的毒害作用，提高植物的重金属抗逆性。根际微生物通过代谢作用降解重金属，促进植物的营养吸收，并改变土壤中重金属的生物有效性，从而促进重金属在植物体内的积累。Belimov 等（2004）研究发现，在重金属污染土壤中，根际微生物能够减轻重金属对植物的毒性作用，改善植物的生长和发育，如将根际促生细菌接种到油菜中，可以显著提高油菜在重金属胁迫条件下的存活率。此外，研究还发现根际土壤中存在着多种对高浓度锌、镉和铅具有不同耐受力的细菌菌株。这些发现为进一步研究根际微生物在重金属污染土壤修复中的应用提供了重要的理论和实践基础。Belimov 等（2004）的研究结果显示，根和芽组织的金属浓度与细菌菌株的存在呈正相关。这些细菌菌株被发现能够产生吲哚乙酸和铁元素，或者溶解矿物中的磷酸盐，从而有助于促进植物生长并提高土壤中金属的溶解度。Melunie 等（2008）研究发现，根际细菌在植物吸收重金属过程中起着重要的作用，尽管目前对其机制还不清楚。

（4）植物–其他微生物的联合修复

通过植物与其他微生物的联合修复，非共生微生物虽然只能与植物形成较松散的关系，但由于其种类的多样性，也展现出一定的修复潜力。研究表明，非共生微生物不仅可以通过其细胞组成成分如细胞壁、胞外多糖、脂多糖等将重金属富集到细胞周围，实现对重金属的胞外络合，还可以通过其独特的代谢产物释放有机酸、铁载体等物质与重金属进行螯合。同时，通过微环境的酸化和氧化还原电位的改变，非共生微生物能够进一步影响重金属的转化和迁移过程。

马新攀（2015）采用了一种创新的方法来提高重金属的生物有效性。他将趋磁细菌与受重金属污染的土壤混合，并用混合物灌溉受重金属污染的土壤。同时，在这些受重金属污染的土壤上设置了磁场。接着收集了含有趋磁细菌的重金属污染土壤，并对其进行了淋洗。然后，将经过趋磁细菌初步修复的重金属污染土壤中种植铜草，并等待一个月后将整体的铜草移除。随后，循环重复了上述步骤，直到土壤中重金属的含量达到安全标准。这种方法的创新性在于利用趋磁细菌来提高重金属的生物有效性，从而达到修复受重金属污染土壤的目的。

5.3.3 植物–微生物联合修复的应用

5.3.3.1 矿区土壤耐性菌的筛选及对植物促生能力探究

（1）重金属耐性菌的筛选

矿区土壤耐性菌的筛选及对植物促生能力探究方法详见附录 B.2。通过不断提高培养基中重金属含量，本实验一共筛选出四株重金属耐性最高菌株（表 5-10）。其中细菌三株，分别编号为 ZG1、ZG4、ZG7；真菌一株，编号为 ZG10。菌株 ZG1 为 Pb 耐受菌，最高耐受 Pb^{2+} 浓度为 2400mg/L；ZG4 为 Cu 耐受菌，最高耐受 Cu^{2+} 浓度为 600mg/L；ZG7 为 Cd 耐受菌，最高耐受 Cd^{2+} 浓度为 2200mg/L；ZG10 为 Zn 耐受菌，最高耐受 Zn^{2+} 浓度为 2700mg/L。

（2）产脱氨酶能力

植物在遭受到逆境胁迫时，体内会合成大量乙烯，使得植物正常发育过程受到阻碍。脱氨酶（ACC）可以通过减少生成乙烯的前体 ACC 的含量，达到抑制乙烯合成、保护植物的目的。如表 5-10 所示，菌株 ZG1 的 ACC 脱氧酶活性的均值为 2.59±0.10μg/mL、菌株 ZG4 的 ACC 脱氧酶活性的均值为 8.94±0.07μg/mL、菌株 ZG7 的 ACC 脱氧酶活性的均值为 7.43±0.11μg/mL、菌株 ZG10 的 ACC 脱氨酶活性为 3.08±0.11μg/mL。

表 5-10 4 种菌株对植物催生能力的探究　　　　　　　　　（单位：μg/mL）

产脱氧酶活动		产吲哚乙酸能力		溶磷能力		产铁载体能力	
菌株	均值	菌株	均值	菌株	均值	菌株	均值
ZG1	2.59±0.10	ZG1	0.49±0.00	ZG1	0.00±0.00	ZG1	1.00±0.00
ZG4	8.94±0.07	ZG4	1.11±0.03	ZG4	0.10±0.00	ZG4	1.01±0.00
ZG7	7.43±0.11	ZG7	1.66±0.00	ZG7	0.30±0.00	ZG7	0.51±0.00
ZG10	3.08±0.11	ZG10	0.93±0.01	ZG10	0.26±0.00	ZG10	0.57±0.00

（3）产吲哚乙酸能力

吲哚乙酸作为一种植物生长激素，具有促进植物生长发育的作用，因此微生物生成吲哚乙酸的能力是鉴别植物根际促生菌的重要指标之一。通过测定 OD 值可得到不同菌株悬液中吲哚乙酸（IAA）的浓度。如表 5-10 所示，菌株 ZG1 中 IAA 的浓度为 $0.49±0.00\mu g/mL$，菌株 ZG4 中 IAA 的浓度为 $1.11±0.03\mu g/mL$，菌株 ZG7 中 IAA 的浓度为 $1.66±0.00\mu g/mL$，菌株 ZG10 中 IAA 的浓度为 $0.93±0.01\mu g/mL$。

（4）溶磷能力

磷元素是植物必需元素之一，参与植物体内多种反应，是构成植物多种蛋白质和核酸的重要元素。有些根际微生物可以改变土壤中磷的存在形态，使植物可以更为方便地吸收磷元素用于自身的生长发育。各菌株培养液测得的 OD 值可以得到各菌株的溶磷能力。如表 5-10 所示，ZG1 的溶磷能力为 $0.00±0.00\mu g/mL$，ZG4 的溶磷能力为 $0.10±0.00\mu g/mL$，ZG7 的溶磷能力为 $0.30±0.00\mu g/mL$，ZG10 的溶磷能力为 $0.26±0.00\mu g/mL$。

（5）产生铁载体能力

植物根际某些微生物可以通过分泌铁载体与土壤环境中的 Fe^{3+} 结合，提高铁元素在环境中的溶解度，使其更好被自身和植物体吸收利用，从而提高植物抗性。实验以 A/Ar 表示铁载体的相对含量，比值越小，表示铁载体的产量越大。通过计算得到四种菌株的铁载体产量大小。如表 5-10 所示，菌株 ZG1 的铁载体产量为 $1.00±0.00\mu g/mL$，菌株 ZG41 的铁载体产量为 $1.01±0.00\mu g/mL$，菌株 ZG7 的铁载体产量为 $0.51±0.00\mu g/mL$，菌株 ZG10 的铁载体产量为 $0.57±0.00\mu g/mL$。

5.3.3.2　菌种鉴定及其生长特性研究

（1）菌株形态及分子生物学鉴定

将菌株 ZG7 接种在 LB 培养基培养 48h 后，菌落为圆形，直径 2~3mm，中间凸起，表面光滑湿润，呈半透明米色，如图 5-6（a）所示。在扫描电镜下观察，菌体呈椭圆状，两端尖，长 $0.8~1.5\mu m$，中间宽 $0.3~0.5\mu m$，表面光滑，如图 5-6（b）所示。

将测序得到的菌株 ZG7 的 16SrDNA 测序结果提交至 NCBI，通过 BLAST 工具，与 GenBank 数据库已知菌株 16SrDNA 基因序列作对比，获得与 ZG7 相似的菌株 16SrDNA 基

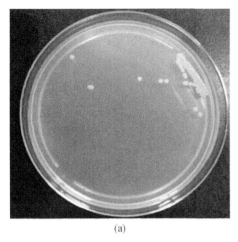

(a)　　　　　　　　　　　　(b)

图 5-6　菌株 ZG7 形态

因序列。再使用 MEGA7.0 软件进行制图，绘制菌株 ZG7 系统发育进化树（图 5-7）。通过同源性分析，结果表明，ZG7 的 16SrDNA 序列与伯克霍尔德氏菌（Burkholderia cepacia）具有很高的同源性。细菌的 16SrDNA 是一段用于原核生物核糖体小亚基 rRNA 编码的基因，长度约为 1500bp。由于 16SrDNA 既有保守序列，又具有可变序列，并且可变序列的变异程度与细菌的发育情况关系密切。因此 16SrDNA 可以作为细菌的系统进化标记分子，是研究细菌分类中最常用的鉴定标记物。本研究中，利于分子生物学方法，获取菌株 ZG7 的 16SrDNA 序列，通过序列比对发现菌株 ZG7 属于伯克霍尔德氏菌。随后，将 ZG7 基因序列上传 NCBI，登录号 MZ734284。ZG7 菌株送至中国微生物菌种保藏中心，保藏编号

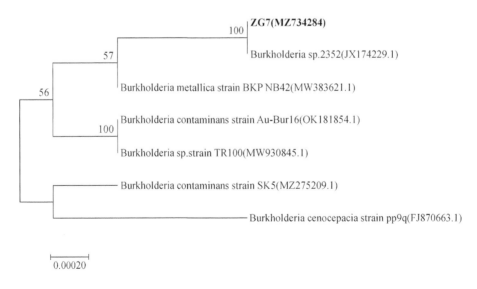

图 5-7　菌株 ZG7 的系统发育树

CGMCC No. 23540。

（2）菌株培养条件优化

菌种鉴定及其生长特性研究方法详见附录 B.3。通过设置培养基 pH 梯度，得到 ZG7 在 pH=5~9 时 0~48h 生长曲线，如图 5-8（a）所示。在 pH 呈碱性时，菌株 6~36h 生长较为缓慢，36h 后，恢复正常生长水平。ZG7 在中性及酸性培养液中能够较好地生长，在 pH=6.5~9 时菌株生长没有受到明显影响。在生长对数期，菌株在 pH=7.5 时具有最大的 OD 值。菌株 ZG7 在不同温度下的生长曲线如图 5-8（b）所示。在 15~20℃时，菌株在 0~48h 持续缓慢生长；25~40℃时，菌株在 8~24h 时为生长对数期，超过 24h 后，培养液中菌株生长进入稳定期；30℃时，菌株在生长对数期具有最高的增长速率。通过改变液体培养基中的盐浓度探究不同渗透压对 ZG7 生长的影响，结果如图 5-8（c）所示。结果发现，渗透压对菌株生长并无明显影响，ZG7 在不同的盐浓度下生长曲线无明显变化。

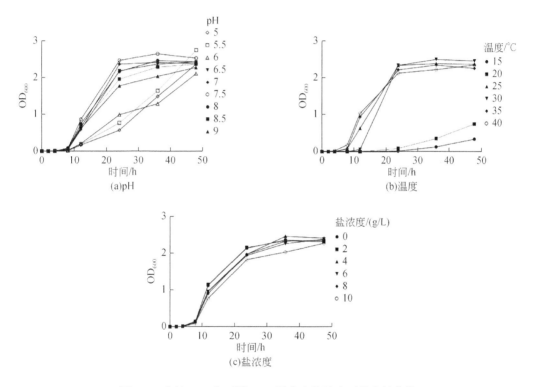

图 5-8　菌株 ZG7 在不同 pH、温度和盐浓度下的生长曲线

（3）菌株对其他重金属的耐性

菌株 ZG7 对 Cu^{2+}、Pb^{2+}、Zn^{2+} 的耐性实验结果表明（表 5-11），ZG7 对 Cu^{2+}、Pb^{2+}、Zn^{2+} 具有良好的抗性，对 Cu^{2+} 耐性为 500mg/L、对 Pb^{2+} 耐性为 1800mg/L、对 Zn^{2+} 耐性达到 2000mg/L。伯克霍尔德氏菌是 1942 年美国植物学家沃尔特·伯克霍尔德在洋葱中发现，伯克霍尔德氏菌属的细菌分布广泛，在土壤与水中均有发现，并且在植物内生菌和动物致病菌中也有该属细菌存在。研究者们根据其功能，将伯克霍尔德氏菌分为病原体和非致病

性物种。近年来关于伯克霍尔德氏菌属的研究日益增多。例如，Guo 等（2015）在中国东南部大宝山矿区周边重金属污染的水稻土中分离到一株伯克霍尔德氏菌 D414T，其对重金属 Cd、Pb、Cu 和 Zn 的耐性分别为 2000mg/L、800mg/L、150mg/L、2500mg/L，并且具有溶磷能力，有促进植物生长的潜力。Jiang 等（2008）从重金属污染的土壤中分离出耐重金属的伯克霍尔德氏菌 J62，发现该菌株除了对不溶性 Pb、Cd 具有溶解能力外，还可以通过产生 IAA、铁载体和磷酸盐提高玉米和番茄的植株生物量，促进植物对 Pb、Cd 的吸附，这与本研究的结果一致。本研究中，菌株 ZG7 可以产生 ACC、IAA 和铁载体三种植物促生因子，并且具有溶磷能力，除了对重金属 Cd 有较强的抗性外，对 Pb、Zn 和 Cu 也具有较高的抗性。此外，在研究者们对有机污染物研究中发现，伯克霍尔德氏菌具有多种芳香族化合物及一些氯化溶剂的代谢途径，可以降解芳香烃、杂环化合物和氯化溶剂，因此在修复有机化合物污染方面具有应用前景。

表 5-11　菌株 ZG7 对 Cu^{2+}、Pb^{2+}、Zn^{2+} 的耐性

离子	Cu^{2+}	Pb^{2+}	Zn^{2+}
最高耐性/（mg/L）	500	1800	2000

在对伯克霍尔德氏菌的重金属抗性研究中发现，伯克霍尔德氏菌在面对重金属胁迫时具有复杂的适应系统。Wang 等（2012）在复合尾矿场地的杨树根部分离出一株高 Cd 抗性的伯克霍尔德氏菌 YG-3，通过研究发现，YG-3 在 Cd 胁迫下，会大量分泌铁载体和产生胞外多糖结合 Cd，阻止其进入细胞内；并且在菌体内会产生大量 Cd 与半胱氨酸、蛋氨酸等氨基酸与细胞内的 Cd 结合，减轻重金属的毒性作用。在对一株具有 Ni 抗性的伯克霍尔德氏菌 STM10279T 的研究中也发现，在 Ni 胁迫下，细胞表面的蛋白质以及多糖成分会与金属离子螯合，限制金属离子在细胞表面活动。除了具有良好的重金属抗性外，一些伯克霍尔德氏菌也具有植物促生能力，属于植物促生菌，可以帮助植物更好生长和获得更高的重金属抗性。

5.3.3.3　重金属耐性菌增强植物对重金属抗性研究

土壤风干后每千克土壤中添加 60mg Cu^{2+}、15mg Cd^{2+}、500mg Pb^{2+}、700mg Zn^{2+}，以模拟矿区采样地重金属浓度。搅拌均匀后保持土壤含水量在 60% 左右，放置一个月以平衡重金属，随后每盆装入 2.5kg 土壤备用。将菌株培养好后离心收集菌体，与无菌水混匀后加入土壤，保证土壤中实验菌株菌量为 106～108CFU/g。实验设计无植物组、三叶鬼针草组和紫花苜蓿组，每组设空白对照（CK）、加菌处理（S）、加重金属处理（H）和加重金属加菌处理（HS）。每一处理设置 3 组平行对照。重金属耐性菌增强植物对重金属抗性研究方法详见附录 B.4。

（1）植物生理指标变化

植物体内丙二醛（MDA）含量变化如图 5-9（a）所示。MDA 含量可以反映植物遭受

重金属胁迫的伤害程度，是衡量植物在重金属胁迫下生长的重要指标。三叶鬼针草在重金属胁迫处理及重金属胁迫接菌处理下，较空白对照 MDA 均无显著变化；紫花苜蓿在重金属胁迫后，MDA 含量显著上升，较空白对照增长 33.22%，接种菌株 ZG7 后，MDA 含量显著下降，较未接菌处理下降了 48.57%。说明在未接种菌株时，重金属胁迫对三叶鬼针草造成的损伤极小，而对紫花苜蓿造成一定损伤；接种菌株后，紫花苜蓿受到的重金属损伤变小。还原型谷胱甘肽（GSH）是植物体内重要的非酶抗氧化剂，当植物遭受逆境时，GSH 还是许多抗氧化剂的前体。图 5-9（b）展示了不同处理下植物体内 GSH 含量的变化情况。在重金属胁迫下，三叶鬼针草体内 GSH 含量较空白对照显著升高了 43%，接种微生物后，GSH 含量较空白对照显著升高了 90.7%；紫花苜蓿在重金属胁迫和重金属胁迫并接种菌株两种处理下，GSH 含量与空白对照相比并无显著变化。

超氧化物歧化酶（SOD）、过氧化物酶（POD）、过氧化氢酶（CAT）和抗坏血酸过氧化物酶（APX）是植物体内重要的抗氧化酶，主要负责清除植物体内的超氧阴离子和过氧化氢等活性氧。图 5-9（c）~（f）显示了不同处理下三叶鬼针草和紫花苜蓿体内四种抗氧化酶的活性变化。在遭受重金属胁迫时，三叶鬼针草体内 SOD、CAT 和 APX 活性较对照显著上升，紫花苜蓿 SOD、POD、CAT 和 APX 活性均显著上升，表明在重金属胁迫下，植物体内存在活性氧，激活了植物体内活性氧清除系统；接种菌株 ZG7 后，三叶鬼针草 SOD、POD 活性进一步增强，较重金属处理显著增长了 82.2% 和 156.08%；紫花苜蓿植株中 SOD 和 CAT 活性较重金属处理显著增长了 40.87% 和 20.71%。这说明菌株 ZG7 可以显著提高植物在重金属胁迫下的抗氧化酶活性。当植物遭受重金属胁迫时，体内会启动防御系统减轻重金属对植物体的损害，维持植物正常生长发育。重金属离子在进入植物体内后，植物首先会合成大量螯合物和外排蛋白，将重金属离子螯合后转移至液泡等部位，降低重金属离子对植物细胞的损伤，并通过锌/铁转运蛋白、重金属 ATP 酶等将重金属离子迁移至其他组织部位，降低重金属离子过于集中对植物细胞造成的损伤。还原型谷胱甘肽（GSH）是一种重要的植物非酶抗氧化剂。当重金属离子进入植物体后，GSH 可以依靠自身所携带的—SH 与重金属离子结合，降低重金属离子对植物体的毒害作用。本研究中，在重金属胁迫处理和重金属胁迫接种菌株 ZG7 处理下，三叶鬼针草的 GSH 含量均显著上升，表明菌株 ZG7 可以显著提高三叶鬼针草 GSH 含量；紫花苜蓿在不同处理下 GSH 含量均未有显著变化。有可能是因为植物细胞遭受重金属毒害后，存在大量活性氧（ROS），导致 GSH 被氧化成为氧化型谷胱甘肽（GSSH）。或者大量 GSH 合成重金属解毒效率更高的植物螯合素（PCs），导致 GSH 被大量消耗。植物体内未被螯合，具有氧化还原活性的重金属，会产生活性氧（ROS）。当植物体存在大量未被及时清除的活性氧时，细胞内环境稳定性被破坏，造成植物氧化损伤。这些活性氧会与细胞膜上的不饱和脂肪酸反应，形成脂质自由基以及细胞毒性产物丙二醛（MDA），因此，MDA 含量可以作为评价植物在重金属胁迫下组织氧化损伤的指标。本研究中，三叶鬼针草在重金属胁迫和接菌处理后，

MDA含量并无显著变化，表明植株并未受到严重的氧化损伤，可能主要是因为植物体内重金属螯合物螯合重金属离子，抗氧化物质及时清理ROS，降低了重金属离子毒性和ROS损伤。紫花苜蓿在重金属胁迫下，MDA含量较空白对照显著上升，说明植物正在遭受ROS带来的氧化损伤，当接种ZG7菌株后，MDA含量较空白对照显著下降，间接证明了菌株ZG7可以降低植物体内受氧化损伤的程度，减少了活性氧对植物的伤害。

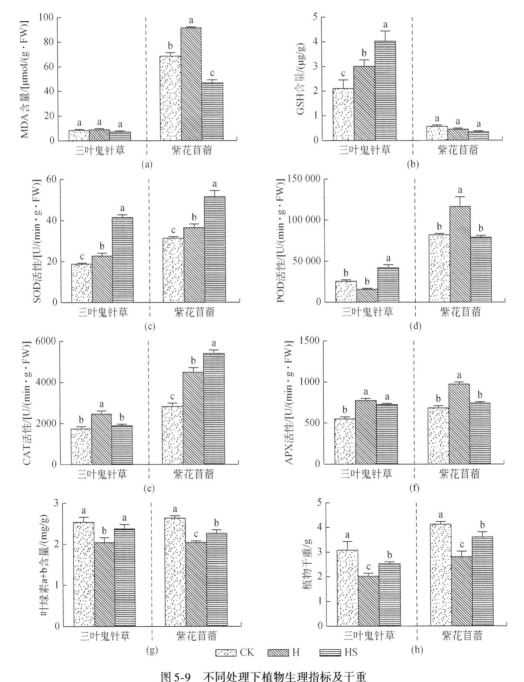

图 5-9　不同处理下植物生理指标及干重

注：不同小写字母表示同一植物不同处理下存在显著性差异（$p<0.05$）

在植物遭受到氧化损伤时，会产生大量抗氧化酶，调节植物体内活性氧、自由基含量，保证植物体生长，SOD、POD、CAT 和 APX 起到了极其重要的作用。本研究中，当植物体受到重金属胁迫后，三叶鬼针草和紫花苜蓿中的 SOD、CAT 和 APX 酶活性均显著上升，POD 酶活性仅在紫花苜蓿中显著上升。说明在重金属胁迫下，两种植物体内均受到了氧化损伤，抗氧化酶基因表达上调，产生大量抗氧化酶保护植物体。在接种菌株 ZG7 后，三叶鬼针草 SOD 和 POD 活性显著增高，CAT 活性显著下降；紫花苜蓿 SOD 和 CAT 活性显著上升，POD 和 APX 活性显著下降。这种变化可能与四种抗氧化酶的功能有关。SOD 主要负责将氧负离子歧化，生成过氧化氢和氧气，而 POD、CAT 和 APX 将过氧化氢进一步水解，生成水和氧气。其中，POD 和 APX 对过氧化氢亲和力高，可以在过氧化氢低浓度时对其进行分解；当植物体内过氧化氢浓度升高到达一定阈值后，开始大量生成 CAT 分解过氧化氢。在三叶鬼针草中，微生物促进了植物体 POD 的活性，加速了对过氧化氢的分解。植物体内过氧化氢含量下降，CAT 活性降低，这与前人研究基本一致。在紫花苜蓿中，可能是由于微生物促进了 SOD 活性，在分解了氧自由基同时产生了大量的过氧化氢，植物收到的氧化损伤胁迫加剧，POD 和 CAT 活性下降，植物生成大量 CAT 以应对过氧化氢的增加。

图 5-9（g）和（h）显示了不同处理下植物叶绿素和干重的变化情况。在遭受重金属胁迫时，两种植物的叶绿素含量和干重显著下降。重金属胁迫接菌处理组中，较重金属胁迫处理，三叶鬼针草和紫花苜蓿叶绿素含量显著上升了 15.76% 和 10.24%；干重显著增加了 24.92% 和 27.95%。植物体内重金属过量时，重金属离子会攻击叶绿体，取代 Fe^{2+}、Mg^{2+}，破坏叶绿体结构，降低叶绿素合成，从而减少植物干物质的积累，降低植物干重。本研究中，植物在重金属胁迫下叶绿素含量和干重均显著下降，而在添加重金属胁迫并接种菌株 ZG7 处理组中，植物叶绿素含量和干重显著上升，说明菌株 ZG7 在重金属胁迫下可以保护植物叶绿体不受重金属离子破坏，维持植物进行光合作用累积干物质，使植物可以继续进行生长发育，这与前人的研究一致。Glick（2010）研究发现，对扁豆接种了根际促生菌 RL9 后，在重金属胁迫下，显著提高了扁豆的叶绿素含量和干重。这可能是因为 PGPR 产生的植物促生因子提高了植物对 Mg 和 Fe 的吸收，保护叶绿体不受重金属离子毒害，并显著促进植物生长。综上所述，菌株 ZG7 可以在植物遭受重金属胁迫时增强植物的抗氧化能力，维持植物生长发育，从而提高植物对重金属的耐性。

（2）植物重金属含量变化

图 5-10 显示了植物在重金属胁迫和加菌处理后的植物各部位重金属含量。三叶鬼针草接种菌株 ZG7 后，叶部 Cd 含量、茎部 Pb 含量和根部 Zn 含量显著升高了 234.13%、281.53% 和 63.38%；茎部和根部 Cd 含量、根部 Pb 含量显著下降，分别下降了 33.4%、63.8% 和 62.47%。紫花苜蓿在重金属胁迫下接种菌株 ZG7 后，根部 Pb 含量显著上升了 17.63%，而叶部的 Pb 含量和 Zn 含量、茎部 Cd 含量和 Pb 含量显著下降。这可能是菌株

ZG7 改变了植物体内重金属离子的转运而导致的。植物总重金属含量见表 5-12。在接种菌株 ZG7 后，三叶鬼针草总 Zn 含量显著上升了 10.96%，Cd、Pb、Cu 含量显著下降了 41.38%、22.00% 和 27.56%；紫花苜蓿 Pb 含量显著下降了 37.84%。这说明菌株 ZG7 可能是通过阻止植物对重金属的吸附效率而提高植物耐性，从而在重金属胁迫下起到对植物的保护作用。本研究中，菌株 ZG7 显著降低植物体内重金属含量和植物对重金属的富集系数，这与前人研究基本一致。Touceda-González 等（2015）研究发现，给玉米接种伯克霍尔德氏菌 PsJN 后，显著提高了玉米生物量，并且降低了玉米对 Zn 和 Pb 的吸附能力，降低了玉米对 Zn 和 Pb 的富集系数。Dourado 等（2013）在对伯克霍尔德菌 SCMS54 的研究中发现，接种菌株后，番茄体内 Cd 含量显著下降，生物富集系数降低。说明接种伯克霍尔德氏菌会显著降低植物对重金属富集能力，这可能与伯克霍尔德氏菌的特性有关。在对伯克霍尔德氏菌降低植物重金属富集的研究中，研究者们发现该菌可以通过其荚膜或胞外多糖吸附重金属来降低重金属的生物有效性，通过结合细胞外聚合物来实现重金属离子在菌体内的隔离。

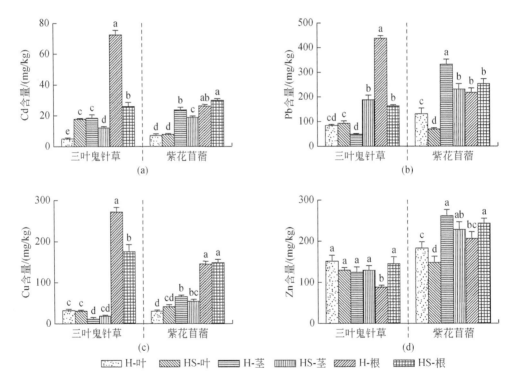

图 5-10　植物各部位重金属含量

注：不同小写字母表示同一植物不同处理下存在显著性差异（$p<0.05$）

　　本研究中，在对重金属污染土壤中的植物接种菌株 ZG7 后，菌株可能会通过附着在植物根系表面对重金属进行吸附作用，以此降低植物对环境中重金属的摄取，从而减少了重金属元素在植物体内的累积，削弱了植物对重金属的富集能力，降低了植物对重金属的富

表 5-12　植物整株重金属含量　　　　　　　（单位：mg/kg）

植物	Cd 含量		Pb 含量		Cu 含量		Zn 含量	
	H	HS	H	HS	H	HS	H	HS
三叶鬼针草	96.3± 7.52a	56.45± 5.98b	576.1± 23.61a	449.33± 4.39b	314± 28.78a	227.47± 21.36b	368.24± 35.06b	408.61± 19.11a
紫花苜蓿	57.82± 4.26a	50.08± 6.02a	902.28± 62.5a	560.86± 75b	243.89± 11.69a	247.38± 4.2a	655.71± 55.18a	624.75± 19.94a

注：小写字母表示同一植物同种重金属不同处理下的显著性差异（$p<0.05$）

集系数。接种菌株 ZG7 后植物重金属富集能力下降可能是由于菌株 ZG7 产生 IAA、ACC、铁载体等植物促生因子，并且具有溶磷能力所致。IAA 和 ACC 具有促进植物生长发育的作用，可以提高植物对矿物营养元素的吸收。作为植物必需的矿质元素的 Fe 和 Mn 可以与其他重金属共同通过根系的阳离子通道，从而竞争性地抑制了根系对重金属离子的吸附，降低了植物对重金属离子的吸收。Ca 离子由于具有与一些重金属阳离子相同的通道、细胞内金属结合位点和化学性质，也可以竞争性抑制植物对重金属离子的吸收；并且 Ca 离子可以在植物细胞内作为信号分子影响植物生理过程和激活其他防御化合物的表达来降低植物中重金属的毒性。同时，菌株 ZG7 具有的产生铁载体和溶磷能力，可以增加环境中植物可用的 Fe 元素和 P 元素含量，加强了植物对 P 元素和 Fe 元素的吸收，进一步抑制了对植物体内重金属元素的累积。本研究中，三叶鬼针草对 Zn 的富集能力和生物富集系数在接种菌株 ZG7 后显著提升，除了因为菌株 ZG7 具有促进植物生长发育作用，从而促进了三叶鬼针草对植物生长发育的必须元素 Zn 的吸收外，还有可能是因为不同重金属离子在植物吸收时的相互作用。由于 Zn 和 Cd 同属于过渡金属，具有一定的相似性。在植物吸收时，两者共用同一金属转运蛋白通道。因此，由于两者间的竞争作用，两者在植物体内的含量会相互影响，植物对 Cd 的吸附量减少可能会导致对 Zn 的吸附量增加。

由表 5-13 可以看出，三叶鬼针草和紫花苜蓿在重金属污染土壤中对 Cd、Pb、Cu 具有较好的富集能力（BCF>1）；三叶鬼针草对 Zn 的 TF>1，紫花苜蓿对 Cd、Pb、Zn 的 TF>1，表明两种植物对这些重金属良好的转移能力，可以将地下部分的重金属转移至地上部分。接种菌株 ZG7 后，三叶鬼针草对 Cd、Cu，紫花苜蓿对 Pb 的生物富集系数下降显著，说明菌株 ZG7 在重金属胁迫下可以降低三叶鬼针草对 Cd、Cu，紫花苜蓿对 Pb 的富集能力。迁移系数方面，在接种菌株后，三叶鬼针草对 Cd、Pb、Cu 的迁移系数增加，对 Zn 的迁移系数降低；紫花苜蓿对 Cd、Pb、Zn 的迁移系数均降低，这可能是因为菌株 ZG7 对两种植物对重金属富集和迁移机制的影响不同所导致的。值得注意的是，菌株 ZG7 对三叶鬼针草和紫花苜蓿在重金属迁移和吸附能力上影响并不相同。可能是因为三叶鬼针草和紫花苜蓿中 GSH 含量不同造成了这种差异性。在植物体中，GSH 除了是一种非酶抗氧化剂外，还作为植物体内多种重金属转运蛋白的合成前体，参与重金属在植物体内的迁移。GSH 可以在植物体中结合重金属离子，并将其迁移到植物液泡中。GSH 还可以被 PCS 催化，产生

PCS 与重金属离子进行螯合作用，并在植物体内对重金属离子进行长距离迁移，减少因重金属离子过量累积对植物体造成的损伤。在 Freeman 等（2005）的研究中，植物体内 GSH 的含量上升可以显著提高植物叶片中的 Cd 含量。本研究中，在重金属胁迫下接种菌株 ZG7，三叶鬼针草 GSH 含量显著增高，紫花苜蓿 GSH 含量无显著变化，可能是造成两种植物对重金属元素迁移和生物富集系数变化不同的原因。

表 5-13　植物迁移和生物富集系数

项目		三叶鬼针草				紫花苜蓿			
		Cd	Pb	Cu	Zn	Cd	Pb	Cu	Zn
生物富集系数（BCF）	H	5.88±0.46	1.19±0.05	5.13±0.47	0.51±0.05	3.53±0.26	1.88±0.13	3.98±0.19	0.9±0.08
	HS	3.45±0.37	0.93±0.1	3.71±0.61	0.56±0.03	3.49±0.25	1.16±0.16	4.04±0.07	0.86±0.03
迁移系数（TF）	H	0.33±0.06	0.31±0.02	0.17±0.04	3.1±0.35	1.19±0.19	2.15±0.46	0.67±0.09	2.16±0.2
	HS	1.16±0.19	1.72±0.17	0.29±0.04	1.79±0.19	0.9±0.05	1.19±0.04	0.65±0.14	1.55±0.34

5.3.3.4　联合修复对土壤酶活的影响

（1）对土壤过氧化氢酶活性影响

联合修复对土壤酶活性的影响研究方法详见附录 B.5。土壤过氧化氢酶是一种主要由细菌、真菌和植物根系分泌的土壤酶，可以在土壤中分解过氧化氢，减少过氧化氢对植物的毒害作用。土壤酶在土壤物质循环中起着重要作用，是土壤中各种生化反应的催化剂。因此，土壤酶活性也是评价土壤肥力的重要指标之一。根据其功能和催化的反应类型，将其分为氧化还原酶、水解酶、裂合酶、转移酶、异构酶和连接酶。其中，氧化还原酶和水解酶是土壤中存在最广泛的两种土壤酶。本研究选取的四种土壤酶中，过氧化氢酶属于氧化还原酶类，蔗糖酶、脲酶和磷酸酶属于水解酶。通过对不同处理组下土壤过氧化氢酶分析发现（图 5-11），在无重金属胁迫时，CK 处理下，三叶鬼针草组和紫花苜蓿组土壤中过氧化氢酶活性与空白对照组相比并无显著变化；加入 ZG7 菌液后，种植三叶鬼针草实验组中土壤过氧化氢酶活性对比同组 CK 显著增高了 55.13%（$p<0.05$），空白对照组和紫花苜蓿组并无显著增长。表明在无重金属时，三叶鬼针草与菌株 ZG7 协同作用后可显著提高土壤过氧化氢酶活性。

在加入重金属胁迫后，与 CK 对比，空白对照组和三叶鬼针草组酶活性并无显著变化，紫花苜蓿组酶活性显著下降了 36.82%（$p<0.05$）。在加入重金属胁迫和 ZG7 菌液后，与重金属处理相比，空白对照组、三叶鬼针草组和紫花苜蓿组土壤酶活性显著增高了 40.08%、136.06% 和 68.07%。说明在重金属胁迫下，菌株 ZG7 与植物联合修复可以提高土壤过氧化氢酶活性，并且比单一菌株 ZG7 修复效果好。

（2）对土壤脲酶活性影响

土壤脲酶可以将土壤中的有机氮催化为有效氮，是一种参与土壤氮循环的土壤酶。在

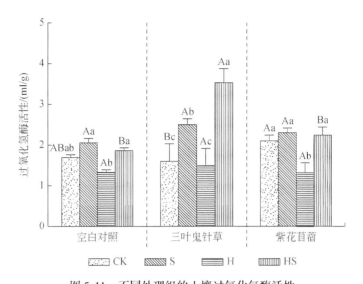

图 5-11　不同处理组的土壤过氧化氢酶活性

注：空白对照表示无植物。不同大写字母表示相同处理下不同组间的显著差异（$p<0.05$），
不同小写字母表示不同处理下同一组间的显著差异（$p<0.05$）

土壤脲酶活性的研究中（图 5-12），不添加重金属，仅添加 ZG7 菌液时，三叶鬼针草组和
紫花苜蓿组土壤脲酶活性与 CK 相比显著增高，分别为 51.25%、98.57%（$p<0.05$）。在
仅添加重金属后，空白对照组和紫花苜蓿组与 CK 相比，脲酶活性显著降低了 81.94% 和
62.3%（$p<0.05$），三叶鬼针草组与同组 CK 相比并无明显变化。这表明重金属胁迫会显
著降低土壤脲酶活性，而种植一些特定植物可以减弱重金属对酶活性的抑制作用。

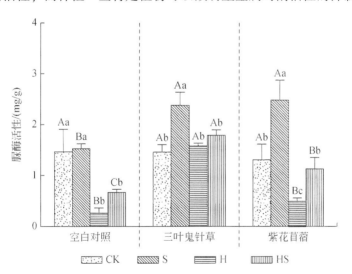

图 5-12　不同处理组的土壤脲酶活

注：空白对照表示无植物。不同大写字母表示相同处理下不同组间的显著差异（$p<0.05$），
不同小写字母表示不同处理下同一组间的显著差异（$p<0.05$）

当在重金属胁迫下加入菌液，与胁迫处理相比，空白对照组和紫花苜蓿组土壤脲酶活性显著提高，紫花苜蓿组脲酶活性恢复至 CK 水平，三叶鬼针草组无显著变化，仍然维持较高水平。这可能是因为重金属胁迫时空白组和紫花苜蓿组脲酶活性被抑制，加入菌液后重金属对酶活性的抑制作用减弱，酶活力恢复。而三叶鬼针草可能是由于自身代谢产物减弱重金属的毒害作用，使脲酶活性维持在稳定状态。

（3）对土壤蔗糖酶活性影响

土壤蔗糖酶是一种水解酶，可以专一地将土壤中的蔗糖分解为葡萄糖和果糖，易于植物与微生物吸收利用。土壤酶主要源于植物根系分泌物和微生物分泌物，在植物对土壤酶影响的研究中，有学者发现含羞草将土壤脲酶活性提高 305.25%，Liu 等（2020）通过盆栽实验发现，紫雏菊和高羊茅可以显著增强土壤脲酶活性，抑制土壤磷酸酶活性。在本研究中，三叶鬼针草和紫花苜蓿显著增高了土壤蔗糖酶活性，这与前人研究基本一致。近年来，随着对土壤酶的深入研究，许多研究表明，微生物也是土壤酶的重要来源。Bandara 等（2017）在盆栽实验中发现，在土壤中加入黑曲霉后，可以显著提高土壤脱氢酶活性。Yu 等（2019）分离出了一株抗 Pb 植物根际促生菌 GHD-4，在接种到土壤后，土壤蔗糖酶活性显著提高了 10.68%。如图 5-13 所示，在未被污染的土壤中加入菌液后，三叶鬼针草组和紫花苜蓿组土壤蔗糖酶活性较 CK 显著提高了 113.4% 和 60.68%（$p<0.05$）。在加入重金属胁迫后，空白对照组和紫花苜蓿组土壤蔗糖酶活性较 CK 显著下降，降低了 65.82% 和 54.4%；三叶鬼针草组酶活力较 CK 显著上升了 55%，这可能是因为重金属胁迫下三叶鬼针草增强了根系分泌能力以抵抗重金属毒性，而大量根系分泌物促进了土壤蔗糖酶的活性。当环境中存在重金属胁迫时加入 ZG7 菌液，空白对照组、三叶鬼针草组和紫花苜蓿组的土壤蔗糖酶活性与重金属胁迫处理相比均显著提升，增幅分别为 51.34%、124.17% 和 239.79%。这说明除了菌株 ZG7 自身对重金属胁迫下的土壤蔗糖酶活性的促进作用外，菌株与三叶鬼针草和紫花苜蓿间产生了协同作用，使得本应被重金属抑制的蔗糖酶活性得到大幅提升。当土壤遭受重金属胁迫时，加入合适的微生物会减弱重金属对土壤酶的抑制作用，种植植物时，植物与微生物的协同作用会进一步削弱抑制效果。在 Chen 等（2011）的研究中，给种植在 Pb 污染土壤中的卷心菜接种了一株抗铅铜绿假单胞菌，结果显示接种后土壤脲酶和蔗糖比对照分别提高 37.9% 和 65.6%，过氧化氢酶活性增强了约 64.2%。在对 Cd 污染时龙葵–微生物联合修复的研究中发现，在 Cd 胁迫下，给龙葵接种植物生长促进根际细菌 QX8 和 QX13 后，土壤中土壤的磷酸酶活性较未接种菌株时分别增加了 23% 和 22%。本研究中，在给重金属胁迫下未种植植物的土壤接种 ZG7 菌株后，土壤过氧化氢酶、脲酶和磷酸酶活性显著增强；种植三叶鬼针草组在重金属胁迫时加入菌株后，土壤过氧化氢酶、蔗糖酶和磷酸酶较未种植组显著增强；种植紫花苜蓿组的土壤过氧化氢酶、脲酶和蔗糖酶活性显著增强，这与前人研究结果基本一致。试验结果表明，植物–微生物联合修复对重金属污染土壤的酶活性影响比单一修复效果更好。植物与

接种的微生物间会以一种"正反馈"的方式促进土壤酶活。在重金属胁迫下，植物根系会产生大量根系分泌物降低重金属的毒害，增强土壤酶活性，同时使微生物可以在根系周围更好地生长。其中的具有溶磷能力的根系促生菌可以增加土壤中的无机磷元素，提高植物对磷元素的吸收利用；根际促生菌产生的吲哚乙酸生物合成能力又与脲酶和磷酸酶活性的刺激有关，IAA 强烈刺激根际土壤中的脲酶和磷酸酶活性，增加了植物对氮元素和磷元素的吸收，有助于根系生长和植物发育，而植物良好的生长状况又可以促进植物根系微生物群落的生长发育，增加土壤微生物的多样性。因此，在植物-微生物联合修复中，选择合适的植物、微生物种类是非常重要的。在本实验中，三叶鬼针草和紫花苜蓿与菌株 ZG7 的联合修复对重金属胁迫下的土壤酶活都具有促进作用，具有增加土壤肥力的潜力。

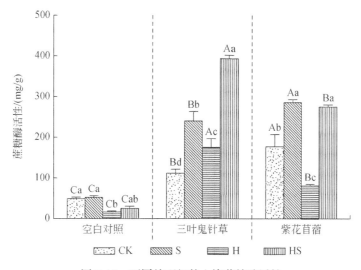

图 5-13　不同处理组的土壤蔗糖酶活性

（4）对土壤中性磷酸酶活性影响

土壤磷酸酶可以促进环境中有机磷水解为无机磷，便于植物吸收，是一种可以增强土壤肥力的土壤酶。本研究中，在接种了菌株 ZG7 后，土壤中性磷酸酶活性显著上升，这与 He 等（2020）的研究结论一致。这可能是因为菌株 ZG7 含有磷酸酶活性相关蛋白质的基因，从而提高磷酸酶活性。在对伯克霍尔德菌 IS-16 的研究中，研究者通过分子克隆技术将 IS-16 DNA 中与合成 PhoE 蛋白的相关基因转入大肠杆菌中，使大肠杆菌具有产生磷酸酶的能力。土壤中的重金属离子会对土壤酶活性产生促进或者抑制的影响，这与土壤酶的种类、重金属的种类和浓度有关。研究表明，当 Zn^{2+} 浓度为 $10\mu mol/L$ 时，可以显著增强 H^+-ATP 酶的水解和转运能力。杨良静等（2009）在对 Cd 浓度对土壤酶影响的研究中发现，当 Cd^{2+} 浓度为 5mg/kg 时，对土壤脲酶和蔗糖酶促进作用最强，当 Cd^{2+} 浓度超过 30mg/kg 时，对脲酶产生抑制作用。在对铜矿周围的土壤调查中发现，土壤中 Cu、Pb、Zn 浓度严重超标，导致土壤中芳基硫酸酯酶活性显著下降。Yang 等（2006）在盆栽实验中发现，Cd 显著抑制脲酶、磷酸酶和过氧化氢酶的活性，Zn 抑制脲酶和过氧化氢酶的活性，重金属复合胁迫比单一胁迫对土壤酶的抑制作用更强。

植物及菌株 ZG7 对土壤中性磷酸酶活性的影响情况见图 5-14。在未受污染的土壤中种植三叶鬼针草和紫花苜蓿，与空白对照组相比，土壤磷酸酶活性并无显著影响。在加入菌液后，三组的酶活力均得到不同程度的显著提升。这说明菌株 ZG7 具有促进土壤中性磷酸酶活性的能力。本研究中，在未种植植物的土壤中加入复合重金属溶液后，土壤蔗糖酶和过氧化氢酶活性被显著抑制，这可能是因为重金属掩盖了酶的催化活性基团或者重金属与形成酶-底物复合物所需的金属离子竞争导致酶活性下降。在重金属胁迫下，未接种菌株 ZG7 时，种植三叶鬼针草和土壤中的过氧化氢酶活性、种植紫花苜蓿土壤中的过氧化氢酶和脲酶活性较未种植植物的重金属胁迫处理组无显著变化；而接种菌株 ZG7 后，三叶鬼针草组的过氧化氢酶、脲酶和磷酸酶活性，紫花苜蓿组的脲酶和磷酸酶活性显著升高，这可能是由于三叶鬼针草和紫花苜蓿在重金属胁迫下根系通过产生苹果酸、草酸等小分子有机酸，提高对重金属的螯合能力，削弱重金属的毒害作用，提高了土壤中酶的活性，因此，当两种植物遭受到重金属胁迫时，土壤酶活性并无下降。说明当土壤遭受重金属胁迫时，种植紫花苜蓿和三叶鬼针草可以缓解重金属离子对土壤酶活性的抑制作用。在加入重金属胁迫后，由于重金属对土壤中性磷酸酶的抑制作用，空白组土壤酶活性较 CK 显著下降了41.32%。三叶鬼针草组无显著变化，紫花苜蓿组显著增高，说明这两种植物具有缓解重金属对土壤磷酸酶抑制作用的能力，且紫花苜蓿的缓解作用优于三叶鬼针草。当环境中存在重金属胁迫时加入 ZG7 菌液，空白组和三叶鬼针草组的土壤磷酸酶活性较重金属处理下增长了251.38%、180.14%，表明菌株 ZG7 在重金属胁迫时可以更好地促进土壤磷酸酶活性，这可能表明菌株在重金属胁迫下的代谢变化有关。

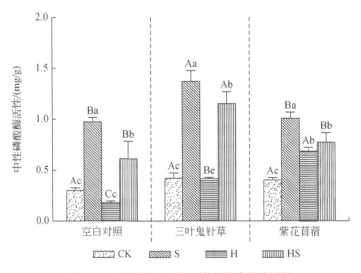

图 5-14　不同处理组的土壤中性磷酸酶活性

5.3.4 植物-微生物联合修复技术的影响因素

（1）土壤中重金属污染特性

土壤重金属污染危害的大小，既取决于土壤重金属总量的多少，也取决于其存在的形态及其形态多样所占比例的大小。离子交换态的重金属在土壤环境中具有很强的毒性和很强的活性，容易被植物吸收，也容易被植物冲刷、吸附或反应，从而转化为其他形态。我国土壤重金属污染呈现以下特点：一是土壤重金属污染呈区域性分布。中部地区污染相对较重，东部、西部地区污染程度相对较轻，东西部相较而言，东部地区污染较重，西部地区污染较重；二是污染源主要是无机物元素，土壤点位位置值超标的主要污染源是无机元素，包括 Pb、Cr、Zn、As、Hg、Cd、Ni、Cu 等无机元素；三是土壤中重金属污染的治理存在复杂的进程。在不同的能量条件下，土壤重金属的各种状态都显示出生物效能的不同。在被污染的土壤中，重金属常附着在水中极少发生重金属溶解现象的物质上，如有机质或矿物质等。土壤重金属污染影响植物生理生态过程、植物产量和品质，重金属污染胁迫植物的根系，造成根系生理代谢失调，生长受到抑制，反过来，受害根系的吸收能力减弱导致植物体营养亏缺。王圣瑞等（2005）研究发现，土壤中的重金属会对植物产生一定的毒害作用，引起株高、主根长度、叶面积等一系列生理特征的改变。重金属的胁迫有时会引起大量营养的缺乏和酶有效性的降低，较高浓度的重金属含量有抑制植物体对 Ca、Mg 等矿物质元素的吸收和转运的能力。除此之外，重金属污染会影响微生物的呼吸和代谢途径，以及土壤的物质循环和能量流动，进而影响生态系统的稳定性。陈静等（2018）研究表明，重金属的污染可以降低微生物活性，较低浓度的重金属含量可能会刺激微生物酶活性，而高浓度的重金属污染则表现为抑制作用。因此，重金属的生物可利用性、亲水性、对植物和微生物的毒性及抑制机理等都会影响重金属污染土壤植物修复的效率。

（2）植物自身理化性质

超积累植物是由于不良环境、营养物质和生长因素的影响，在不良生长条件的胁迫下诱导产生的生长缓慢的植物。大部分超积存植物的生物量都比较低，而且修护作用一般。超积累植物由于发现于自然环境中，某些物种对环境的要求较高，在使用上有很大的局限性，因此其地域性和区域性都很强。超积累植物的富集作用，大部分情况下仅对一两种重金属有效，但目前重金属污染土壤中普遍含有多种元素，因此超积累植物在面临复合重金属污染时，其修复能力受到限制。现在发现的超积累植物，大多具有如下性质：①对人工和自然条件均有一定要求的土壤基本性质产生较大影响的重金属元素，其修复作用只有一两种；②对于植物萃取技术来说，吸收污染物必须在根系区域内，且形态为植株可用；③重金属元素往往会回到土壤中，因为植物器官腐烂、落叶等都是用来修复的方式。宋艳艳等（2023）的研究表明，植物激素包括吲哚-3-乙酸（IAA）、赤霉素（GA）、细胞分裂素（CTK）、乙烯（Ethylene）和脱落酸（ABA）五种类型。如在重金属胁迫的条件下，一些内生细菌可以产生 IAA，通过调节植物发育、诱导植物防御系统和作为细胞信号传导分子增加植物的生物量低水平的 IAA 会刺激初生根伸长，而高水平的 IAA 会损害初生根的生长，因此内生细菌又可以通过合成 ACC 改变植物激素的平衡来加速植物发育。大多数的超积累植物生物量很小且生长缓慢，因此单位时间内所能吸收的重金属量就被限制在一个较低的水平。

植物是修复技术的核心部分，李东旭和文雅（2011）研究发现，真正优秀的超富集植物需具备以下三个特点：一是植物的地上部分对重金属的富集量要达到一定临界值的标准，一般是正常植物体内重金属量的 100 倍，并且对于不同的重金属元素富集的临界值也不同；二是 TF 和 BCF 都大于 1；三是能够旺盛地在污染场地生长，植物生物量较大，并且能够完成生长周期。

（3）微生物的性质和作用

植物-微生物联合修复重金属主要包括微生物修复重金属和辅助植物修复重金属，以及植物稳定、催化、提取、降解和挥发重金属等过程。宋艳艳等（2023）研究发现加强微生物对植物的修复主要有三个途径：一是增加植物的生物量，促进植物生长，还可以改变土壤的酸碱度，增加土壤中重金属的生物有效性，进一步提高植物对重金属的吸收能力；二是促进重金属从植物根系向茎部组织迁移，如根际特异性微生物可与根系结合，促进根系发育，提高植物对重金属的迁移能力和对土壤中营养物质的吸附能力，从而达到提高植物修复效率的目的，同时还可以通过与根系结合的方式，提高植物对重金属的迁移能力和吸附能力，如根际特异性微生物可与根系结合；三是降低重金属的毒性，多种微生物能够参与植物的内转录过程，减轻重金属的毒性或通过提高植物的重金属耐受性来克服重金属的胁迫。微生物被包含和/或可以添加到靠近植物根系的土壤中，从而建立一个重要的生态系统，它可以显著降低土壤化学、金属溶解度和污染水平，以及植物修复效率等因素的影响。

宋艳艳等（2023）还发现微生物本身就有抵御重金属的作用。微生物会通过多种染色体、转座子和质粒介导的抗性系统适应重金属，可以直接促进微生物修复重金属，因为位于质粒、染色体或转座子上的基因编码对许多重金属离子具有特殊的抗性。当有辅助植物修复的微生物存在时，可以有效地帮助植物适应污染环境，对抗环境压力，促进植物生长，如溶解促进植物增殖生长的矿物质、生物固氮和分泌促进植物生长的特异性酶、铁载体和某些植物激素。不同类群的微生物与植物之间具有互生、共生、寄生等关系，具有固定遗传和代谢能力的植物互生微生物可以在很大程度上减轻植物的环境压力。由于植物修复通常是一个长期的原位过程，因此实现植物和微生物（真菌、细菌）之间的协同作用有助于加速重金属植物修复。Heijden 等（2008）发现一些耐重金属内生菌将沉淀在土壤中的磷酸盐生成磷，通过酸化、离子交换和释放有机酸的方式，在重金属的胁迫下溶解出来磷, 还能分泌细胞外酸性的磷酸酶, 使植物对磷的利用率提高。因此植物−微生物修复体系中的微生物应当具备促进植物生长、耐重金属性、提高植物对重金属的抵抗力等性质和能力。

（4）土壤根际环境因素

根际微生物与植物的相互作用关系受土壤环境因素的影响较为明显, 土壤中原有微生物群落的特点是由土壤的特点决定的, 同时植物的种类和根系特点也会受到土壤的影响, 进而影响根际微生物群落。植物透过根际（根与土的界面）, 从土壤中获得大量矿物营养。为了改变养分的生物效用, 为了改变局部的酸碱度或形成金属代谢物复合物, 植物会从根部分泌许多代谢物到根际。某些代谢物在低营养条件下直接与矿物质营养素结合或改变根际 pH, 以增加营养物质的利用率。

土壤根际环境因素主要有土壤 pH、土壤 CO_2 分压、土壤有机质、土壤水分状况、化学药剂等。Wu 和 Liu（2019）研究发现, 根际土壤的酸碱度对宿主植物根系的发育起着重要的维护作用, 根际土壤微生态系统的稳定性也会受到土壤酸碱度的影响, 如根际微生物群落的多样性。有许多的研究者对于这些影响背后的作用机制产生了兴趣。Wang 等（2018）分析了土壤 pH 对土壤氮素有效性的调控作用及其影响, 发现土壤 pH 主要通过影响微生物生物量、影响根系分泌物的活性和利用率、影响根际激发效应的土壤有机碳对微生物的有效性等方法来实现。植物的根系发育、营养吸收, 以及根际土壤微生物群落的组成都与土壤的物理性质和化学性质密切相关。因此, 土壤根际环境对植物−微生物修复的影响不可忽视, 良好的土壤根际影响有利于超积累植物的生长, 有利于超积累植物与微生物的相互作用, 进而增加重金属对超积累植物的作用, 达到植物−微生物联合修复效果的提高。

5.3.5 应用植物−微生物联合修复土壤重金属污染存在的不足

通过宋艳艳等（2023）的研究发现, 植物−微生物联合修复是一项对环境非常友好的重金属修复技术, 不仅可以利用植物从根、芽、叶、花中提取并累积重金属, 还能通过微生物和植物的协同作用, 提高其生物利用率, 提供促进植物修复的物质, 使其具有更强的抗性和更高的修复重金属污染土壤的效率等。因此未来的研究重点为非生物胁迫下植物−微生物−金属相互作用的分子机制, 以及观察环境因素在非生物胁迫下有效生物修复的作用。在此基础上, 开发和优化现有技术的新技术, 探索其深层机理和实际应用, 为加快大规模应用植物−微生物联合修复提供重要理论和实践。植物与微生物的相互作用在受胁迫影响的环境中对两者的生存和相互适应作用重大。不同类群的植物与微生物之间具有互生、共生、寄生等关系, 具有固定遗传和代谢能力的植物互生微生物可以在很大程度上减轻植物的环境压力。植物是微生物丰富的营养和能量来源, 同样微生物帮助植物克服环境压力促进植物生长增殖。在共同进化的过程中，植物和相关微生物在不断变化的环境中共存，对两者及环境都有很大意义。但是，关于植物–微生物联合修复体系的了解及受各种因素的影响，目前仍存在以下几方面问题。

(1) 对于植物、微生物多种组合方式及其作用原理了解较少

植物、微生物种类繁多，联合形式多种多样，不同组合方式的作用机制存在很大的差异，且在不同的地区，面对不同的重金属污染情况时采用的植物–微生物组合也大不相同。植物与微生物如何通过相互作用对有机污染物进行吸收和降解，目前我们还不是很了解。例如，植物根际分泌物对根际附近微生物群落结构及微生物空间分布的影响，微生物的生物活性物质及代谢产物是如何影响植物修复等。在辅助植物修复重金属时，甚至有些微生物还存在局限性。例如，杨卓等（2014）研究表明，在接种黑曲霉时，印度芥菜接种巨型芽孢杆菌和胶质芽孢杆菌的混合微生物，能促进植物生长，提高植物生物量，使植物生长环境发生变化，植物生物量显著减少，虽然在一定程度上增加了植物对重金属元素的吸收，并活化了重金属。植物释放的化学物质作为微生物感知的信号，反过来微生物信号会驱动植物产生生理变化。例如，Steinkellner 等（2007）发现在各种根系分泌物中，黄酮类化合物是调节多种植物–微生物相互作用的中心信号成分，特别是在豆科植物–根瘤菌的菌根发育和建立共生过程中，根瘤菌通过释放特定的信号分子对植物生理功能进行调节。这种植物和微生物通过互相传递各种信号分子进行交流的方式对于植物–微生物修复体系有着重要意义。

(2) 如何处理超积累植物

吸收有机污染物后，关于超积累植物体内的污染物如何有效处理，目前主流的方法有以下三种：第一种，热处理植物。采用热处理的方式，一般情况下可以增强植物重金属污染土壤修复的稳定性，从而减少其生物在固体制品中的可利用性。固相产物（即生物炭、水热炭）经热处理后可用作催化剂等，生成的生物油等可用于各种生物燃料及化学物质的合成。第二种，将超积累植物粉碎后腐熟成有机肥，重新施用到土壤中，反复多次，使重金属的有效性减弱，通过植物吸收转化达到治理的目的。第三种，暂存尾矿库。通过热处理超积累植物的方法造价相对较高且会对环境产生不利影响，而选择制成有机肥来反复施于土壤的方法耗时比较长，暂时存放在尾矿库中短期内不会造成二次污染，但是长时间存放不仅会占据空间，而且时间太长了超积累植物中的重金属也会逐渐流出。所以，如何有效、合理地处理超积累植物还需要进一步探索。

(3) 怎样规避植物–微生物修复技术过程中的环境因素影响

环境中的诸多因素对有机污染物的植物–微生物联合修复技术也会有影响，如热量、污染物浓度、土壤性质、温度等环境因素。在实际的联合修复过程中如何有效处理环境因素的负面影响，以及如何利用正面的环境影响还需要再进一步深入研究。综上，现有的联合修复技术中，更加实用且对环境友好的方法就是植物–微生物联合修复，但是目前相关的实际应用还是较少，因为关于如何构建优秀修复组合的研究还有所欠缺。李韵诗等（2015）针对植物–微生物联合修复法提出以下几点建议：①在理论机制研究上，微生物菌种筛选、鉴定、繁殖、菌剂生产等方面的技术已十分成熟，因此在理论机制研究方面，除了继续深入了解菌种生物学和生态学特性的功能机制外，还需要深入研究植物根系、菌种、介质载体三者之间的复合功能，包括考察不同植物种类和群落根际微生物的特性，研究植物根系、菌种、介质载体之间的宿主与根际微生物之间的关系，如研究不同菌种的宿主与根际微生物的关系。②技术开发的适用范围。土壤种类多样，重金属污染也有很大的不同，因此，土壤的污染程度也存在很大的差异。此外，冶炼污染场地与采矿场地多为多种重金属元素并存的复合污染，通常是几种树种在修复这些污染场地时共同存在，因此在研发技术产品时必须结合污染土壤的类型特点，进行高效菌种或高效微生物群的繁殖、增殖。还应结合植物群落配置，开发出适用的植物微生物联合修复技术，促进其向技术化发展，同时建立专门用于联合修复植物微生物的微生物资源库。③技术产品的安全性。扩繁抗性菌种对重金属毒性具有较强的抗性，需要在应用过程中重视菌种的可控性和安全性。生态工程技术的开发应用必须综合考虑环境的生态安全问题。

第6章

绿洲土壤安全保护与管理措施

绿洲是干旱区的重要国土空间,是干旱区农业发展的核心地带。随着西北地区在社会进步、交通条件、生态建设和农业发展等方面取得了显著的成就,绿洲保护逐渐进入公众视野。如何保证绿洲的可持续发展是区域经济发展和生态建设之间博弈的关键,中国的绿洲地区正经历着重大变化,这种变化能够显著影响该区域的可持续性。而正在该地区施行的种种保护与防治政策能否促进本区域的可持续发展则成为当前亟待解决的关键问题。

6.1 不同绿洲类型土壤保护和管理措施

荒漠绿洲生态系统是一个生态环境、动植物及土壤之间构成的物质循环转化的动态平衡的整体。绿洲的生态安全直接关系到干旱区的生存环境安全与社会经济发展。针对不同类型的绿洲提出不同保护政策,为绿洲生态风险管理提供科学依据,对于保障整个干旱区生态系统功能与稳定性具有重要意义。

6.1.1 不同绿洲类型土壤保护措施

(1) 农业绿洲土壤保护措施

农业绿洲是指干旱或半干旱地区由人类活动形成耕地,通过人工方式灌溉,提供粮食安全保障的绿洲,主要类型包括牧业绿洲、农牧绿洲。

牧业绿洲是以畜牧业生产为主要功能的绿洲,其自然景观以良好的草原、草甸和灌丛为主。这类绿洲主要分布于湖泊洼地、泉水周围、大河尾或河流中上游海拔较高的阴凉地区,水土光热资源组合不佳,不适宜农作物生长,只适合维持草地或天然植被生态环境。

农牧绿洲主要指农牧业为区域传统主导经济,其产值在区域工农业总产值中占有较大比例的绿洲,主要代表性绿洲为河西走廊各绿洲,如张掖绿洲、武威绿洲等。同时由于其地处农牧业交错带,是典型的生态脆弱区,因此在保护土壤环境的同时还要注重生态环境的治理。

甘肃省绿洲主要位于西北荒漠绿洲交接生态脆弱区,该区域是典型的荒漠绿洲过渡区,年降水量少,蒸发大,水资源极度短缺,因此要实现该区域绿洲土壤的保护,需要遵循以下保护措施。

1）推广和宣传土壤生态环境保护政策。相关部门可通过大数据收集土壤生态环境的资料，并依托网络推广和宣传相关土壤生态环境保护政策。同时，可以与教育部门协作，宣讲正确的土壤修复方法，使人们了解保护生态环境的重要性，并采取正确的方法保护环境，形成保护生态环境的氛围。

2）制定相关政策和制度。我国幅员辽阔，不同的区域会存在差异，所以，为了保证生态系统的稳定，政府和有关部门要给出明确的指示和目标，并制定相关保护土壤的制度和政策，以构建良好的生态环境为基础，营造更加肥沃的土壤，共同创造适合农作物生长的健康环境。

3）提高绿化植被覆盖率。绿色植物具有一定的防风固沙及保护土壤的效果，所以，在种植植被的过程中，需要先考虑植物的覆盖率，然后对可能潜在的外部自然因素进行管控，如要避开城市污水管道、有毒有害物质的管道、工业废水等环境。同时，在农药和化肥使用过程中，应尽量使用具有较高杀伤能力且不会在农产品上残留的农药。

4）完善生态监测系统。生态监管部门可依据系统数据结果，对不同区域的土壤环境状况进行数据分析，并按照土壤实际的污染程度了解土壤质量，从而制定系统化的保护措施和生态控制办法，同时，也要把肥料、农膜、农药的利用率控制在可控范围内，以此相应完善生态监测系统。

5）建立健全土壤污染问题的监管机制。各地区的技术人员在根据调查的数据结果分析和比对后，掌握该区域的土壤污染状况，同时，采取动态模拟的方法，对土壤未来的可能被污染的趋势进行预测，以此获取土壤实际的污染范围和程度，便于寻找正确的危害源，从而制定科学的评价分析体制。有关部门也要完善相关监督和管理机制，对于工业部门产生的"三废"问题要及时查处。同时，环保部门也要严格实行农业生产的监督、管理机制，对农药、化肥及农膜用量进行确认，在满足农民基本生产和技术需求的前提下，寻找土壤环境污染的根本原因。

（2）工矿型绿洲土壤保护措施

依托区域矿产资源开发而兴建起来的绿洲即为工矿型绿洲。工矿绿洲既是干旱区特殊自然地理环境的城市类型，也具有鲜明的工矿城市特点，白银市是一个重工业城市，有色金属开采、选矿及化学工业是白银市的主要产业，同时也是我国重点监测的重金属污灌农田区，属于典型的工矿型绿洲城市。

为了土矿型绿洲城市经济的可持续发展，保证土地利用安全性，需要遵循以下保护措施。

1）建立以水为中心的绿洲 PRED 优化体系。水是绿洲生态农业发展的命脉，也是绿洲社会经济发展和生态建设中诸多矛盾的焦点。绿洲生态问题恰好反映了绿洲发展中水资源开发利用不合理，水土资源失衡，人口（population）、资源（resources）、环境（environment）和发展（development）不协调等问题。寻求绿洲社会经济发展与生态环境的和谐统一，必须建立以水为中心的绿洲 PRED 优化体系。

2）重视区域生态保护修复。工矿绿洲区域生态敏感区和脆弱区面积大、类型多、程度深，生态系统不稳定。依据《黄河流域生态保护和高质量发展规划纲要》和《白银市林业草原发展"十四五"规划》大力实施乡村生态保护与修复工程，只有保证区域生态系统平衡，才能有效保证区域内土壤生产力，推进可持续发展。

3）减少重金属污染源排放。白银市作为资源型城市，矿山开采、金属冶炼、电镀、化工、电池等行业在推动社会经济发展的同时，也将大量的重金属带入土壤环境，导致白银地区土壤重金属污染较为严重。由于气候干旱，水资源短缺，当地农民从 20 世纪 60 年代以来习惯用污水灌溉，使得土壤内重金属日渐积累。《白银市人民政府办公室关于印发〈白银市"十四五"生态环境保护规划（2021—2025）〉的通知》中明确规定，要实施重点重金属污染物排放"等量替换"或"减量置换"，严格执行水和大气污染物特别排放限值，完成现有重点行业企业废水处理设施升级改造；严厉整治非法从事含铅、含铜、含锌等危险废物经营活动的铅锌冶炼、铜冶炼企业；保护绿洲土壤安全，除常规土壤修复技术以外，最主要是减少源头污染，减少污染源排放，形成以"大机制"推动"大保护""大治理""大发展"的生态环境保护新格局。

6.1.2 不同绿洲类型土壤管理措施

(1) 农业绿洲土壤管理措施

1）加大土壤保护执法力度。首先，采取强有力的措施进行土壤全面治理，将土壤养分资源与环境问题作为考察当地社会经济的重要指标之一。其次，建立和完善绿洲土壤保护管理工作机制、法律制度、运行机制，强化绿洲土壤保护考核及奖罚制度，及时研究并解决绿洲土壤保护工作中存在的问题。再次，当地政府和环境保护部门应该加强土壤环保知识科普的宣传，要认真坚持和逐步完善综合协调、坚持综合治理。

2）推动"农业+牧业"综合农业体系建设。景观破碎化是区域生态风险最主要的原因，农业和牧业太分散会导致区域土地利用格局发生变化，危害区域生态环境安全。因此针对农业绿洲土壤保护，建立完善的综合的农业体系，规划各自空间格局，在节约成本的同时遵循循环农业原则，切实保护农业绿洲的土壤环境安全。

3）加强绿洲农业持久性有机物和重金属污染的监督与管理。农业绿洲最主要的土地利用类型为耕地，随着工农业的迅速发展，农业绿洲受到有机物和重金属的污染日益严重。从已有的研究来看，农业绿洲土壤、大气、沉积物等环境介质中有机污染物和重金属污染已广泛存在。因此要切实加强监督管理力度，针对不同区域的土壤，因地制宜提出管理政策，定期进行分区域的风险评估，为农村绿洲土壤治理提供依据。

4）促进节水型绿洲农业发展模式建立。农业是西北绿洲用水大户，占目前总用水量的90%以上，有巨大的节水潜力。首先，应该以水定地，科学用水，节约用水，提高水资源的利用率。改变传统落后的灌溉方式和灌溉定额偏大的现状，适时适量灌溉，把先进的高新滴、喷灌节水技术与适合西北地区特点的地膜覆盖、生物覆盖等常规节水技术结合起来，发展阳光温室、沙产业、无土栽培等工程技术，建立节水型绿洲，实现绿洲水土资源平衡发展。其次，开源节流，保护山区水环境，涵养水源，以流域为单元加强水资源的统一管理、统筹规划，保证水资源，持续利用。再次，合理开发利用地下水资源，防止过度开采地下水造成地下水位下降、矿化度提高等问题。最后，调整优化产业结构，发展名优特新经济作物。根据西北绿洲各自的特点，合理地调整粮食作物与经济作物的比例，夏粮与秋粮的比例，实行间作套种，发展地区名优经济作物如哈密瓜、白兰瓜、葡萄、长绒棉、甜菜、籽瓜，以此推动乡镇企业、畜牧业等高产值产业的发展。

（2）工矿型绿洲土壤管理措施

1）科学编制土地利用总体规划，提高耕地内涵质量。解决耕地保护与矿产资源开发的矛盾，要重视土地利用总体规划和矿区经济发展的协调。特别是资源枯竭型地区的耕地保护更应立足于产业转型对土地利用的影响，科学制定土地利用总体规划，使耕地保护措施切实可行。将矿区内集中连片的耕地作为基本农田集中保护区，通过农田综合整治，使灌溉与排水、田间道路、农田防护与生态环境保持等农田基础设施更加配套，把集中区内的农田建成"田成方、林成网、路相通、渠相连、旱能灌、涝能排"的优质、高效、高产、稳产的标准基本农田示范区。通过改善现有耕地耕作条件，从提高耕地内涵质量上加强耕地保护。

2）"生态修复+土地复垦利用"模式。矿产资源的开采、冶炼和洗矿过程引发了一系列的生态环境问题，大量尾矿和采矿废石伴随着雨水的淋滤和溶解，矿物的可溶成分随着地表径流和地下渗透造成矿区和周边农田的重金属污染。工矿型绿洲现存最大的问题是在经济飞速发展的同时，对周围环境造成重大的影响。运用矿山土壤生态修复技术，围绕水、土和植物三大生态修复要素，通过绿色开采，从源头上控制和减轻生态损伤是首要任务；加大保耕复垦技术的研发力度，如何更多、更好地恢复耕地将是未来的研究重点。

3）"生态修复+建设用地改造"模式。将生态修复与产业转型有机结合，对已稳沉但复垦难度较大的区域，经勘测论证后进行土地平整，同步完善配套基础设施，利用城乡建设用地增加挂钩政策予以土地置换后，用于产业园区建设和产业项目建设，既实现了土地二次开发利用，又为产业转型升级增添了新的动力。

4）工矿绿洲土壤保护最主要集中于保护耕地资源。地方各级自然资源主管部门要加强工作指导，做好日常监督管理，建立健全政府、矿山企业、社会投资方、公众共同参与的监督机制，探索建立修复企业诚信档案和信用积累制度。做好耕地资源禀赋条件对耕地资源利用与保护的影响分析，从空间效率均衡的角度来制定区域差异化的耕地保护措施，发挥区域的比较优势，从而解决经济发展与耕地保护之间的矛盾，实现土地资源的可持续利用。

6.2 绿洲土壤重金属污染治理措施

农田土壤重金属污染的防治，将直接关系到农产品质量安全、人民群众身体健康和经济社会可持续发展。根据《中华人民共和国土壤污染防治法》规定，按照土壤污染程度和相关标准，将农用地划分为优先保护类、安全利用类和严格管控类，对其进行分类管理。针对不同类别耕地，分别制定合理有效的风险管控措施，实现农田生态系统健康、可持续运转。

6.2.1 优先保护类

针对优先保护类耕地，要控制污染输入，监视污染动态，维护安全状态。将优先保护类耕地划为永久基本农田，从严管控基本农田的使用情况，保障其质量。同时，加强优先保护类耕地集中区域有关行业企业的环境监督，积极制定预防措施，防止对耕地造成污染。加强灌溉水水质定期监测、农业投入品施用督促，因地制宜推行种养结合、秸秆还田、增施有机肥、少耕免耕等措施，提升耕地质量。

6.2.2 安全利用类

针对安全利用类耕地，要开展风险评估，优化生产管理，积极进行修复。

(1) 农艺调控类技术

1) 石灰调节。石灰为常用碱性物料，可以用于提高酸性土壤（pH≤6.5）pH，促进土壤中的重金属离子发生共沉，从而降低重金属的迁移性。石灰调节适用于偏酸性镉污染稻田（pH≤6.5），其还可以为作物提供钙素营养，但长时间过量施用石灰易造成板结现象。Lahori 等（2017）通过温室盆栽试验发现，石灰可以明显降低低度污染土壤表层中可萃取的 Pb、Cd、Cu 和 Zn 的含量。

2) 水分调控。在淹水条件下的酸性土壤 pH 升高，可以降低重金属的迁移性，且重金属在还原状态的土壤环境中容易与硫化物形成沉淀，使得重金属不易被作物吸收。该技术适用于 Pb、Hg、Cd 与 As 污染稻田。

3) 叶面阻控。通过叶面喷施锌、硅等有益元素，提高作物抗逆性，抑制作物向可食部位转运重金属，降低可食部位重金属含量，其适用于 Pb、Cd 等污染稻田。叶面阻控不易造成二次污染，但受环境条件（如光照、温度、风速等）限制较大。

4) 深翻耕。通过将污染物含量较高的耕地表层土壤与污染物含量较低的下层土壤充分混合，从而稀释整个耕作层土壤污染物含量，降低作物对重金属的吸收，其适用于旱地表层土壤重金属污染严重的耕地。但深翻耕地可能会破坏土壤结构，造成表层土壤有机质含量的降低，影响土壤质量。

5）优化施肥。施肥是满足作物生长所需养分的重要途径，也具有促进重金属形态转化从而达到修复污染土壤的作用。优化施肥是根据土壤环境状况与种植作物特征，通过优化化肥的种类、比例及施用量，来调节土壤酸碱性和重金属活性，其适用于所有耕地土壤，但需与其他技术配合使用，才能有效降低农产品超标风险。

（2）土壤改良类技术

土壤改良类技术通过钝化剂、土壤调理剂等，降低污染物在土壤中的活性，阻控作物对重金属的吸收。

原位钝化是指通过向土壤中添加针对性的钝化剂（如镉钝化剂、汞钝化剂、铁锰氧化物等），将土壤中有效态重金属转化为化学性质不活泼的形态，从而降低其在土壤环境中的迁移性、植物有效性和生物毒性，其适用于 Cd、Hg、Pb 等重金属污染农田。原位钝化技术经济高效、操作简便，但易造成二次污染，或对土壤理化性质及环境质量等带来不利影响。

（3）生物修复技术

微生物修复技术是指利用天然或人工驯化培养的功能微生物（如细菌、真菌、藻类等），通过生物矿化等代谢作用降低重金属离子的活性。微生物修复技术具有对土壤环境友好、成本效益好、操作简便等优点，但其不适用于高浓度重金属污染土壤。Teng 等（2019）从重金属污染的土壤中分离出了溶磷菌（PSB），发现其在土壤中具有较高的抗铅能力。

植物吸取是指利用超积累（高积累）植物基于植物根系吸收，转运和浓缩土壤中重金属到地上可收获植物部分，使重金属从土壤转移到植物中，植物相对土壤而言易于回收、处置。不同于物理和化学处理不可逆地改变土壤特性，植物提取可以改善被污染土壤理化性质，但其受环境条件限制较大。Reeves 等（2018）已经鉴定出 721 种超积累植物，这些植物在高浓度重金属的土壤中生长良好，并可有效吸收土壤中特定重金属离子。

（4）综合治理技术

"VIP"是一种重金属污染耕地综合治理技术，是指采用镉低积累水稻品种（V）、田间水分管理（I）、施用生石灰调节 pH（P）联用的技术模式，其适用于酸性镉污染稻田。"VIP"综合治理技术克服了单一的安全利用技术存在的治理效率低，且可能影响正常农作物种植和粮食生产的缺点。杨小粉等（2018）在湖南省 38 个镉污染稻田进行小区试验发现，"VIP"技术在不同污染程度土壤下均有降低糙米中镉含量的作用，可使轻微、轻度土壤污染条件下米镉含量达到国家食品安全标准。

6.2.3　严格管控类

针对严格管控类耕地，要开展综合整治，调整种植结构，实施休耕轮作。

（1）种植结构调整

在食用农产品超标严重的严格管控类耕地，应及时采取农作物种植结构调整措施。可以根据当地农业产业情况，坚持政府引导、农民自愿原则，因地制宜改种花卉苗木、桑树等非食用农产品。同时，针对农民受益降低的情况适当给予补偿。

（2）休耕

在严格管控类耕地，可通过在休耕地种植养地作物（紫云英、苜蓿等）或超（高）积累植物（植物提取措施）等来防止耕地裸露导致的风蚀、水蚀等土壤侵蚀。在休耕过程中需注意加强种植作物的监测，防止污染物随植物地上部转移扩散。

（3）退耕还林还草

依据相关政策规定，可将严格管控类耕地纳入国家新一轮退耕还林还草实施范围，并研究制定相关配套支持政策。

参 考 文 献

安富博, 张德魁, 赵锦梅, 等 . 2019. 河西走廊不同类型戈壁土壤理化性质分析 . 中国水土保持, (6):
　42-47.

白利勇, 季慧慧, 孙文轩, 等 . 2019. 粉煤灰中重金属 Pb/Cr/Cu 在土壤–小白菜中的迁移与形态转化 . 土
　壤学报, 56 (3): 682-692.

白英, 刘铮, 刘占刚, 等 . 2014. 外源 Ni 在干旱区绿洲土壤–小麦系统中的迁移及其生物有效性 . 环境科
　学学报, 34 (1): 1801-1807.

卞方圆, 张小平, 杨传宝, 等 . 2017. 竹类植物修复重金属污染土壤研究进展简 . 世界林业研究, 30
　(6): 24-28.

曹春, 李有文, 巨天珍, 等 . 2015. 白银市不同区域蔬菜地土壤重金属污染特征及生态风险评价 . 生态学
　杂志, 34 (11): 3205-3213.

曹春, 任丹, 吕贞英, 等 . 2022. 温室与大田种植方式对胡萝卜生长过程中重金属吸收的影响 . 环境科
　学, 43 (2): 1004-1014.

曹勤英, 黄志宏 . 2017. 污染土壤重金属形态分析及其影响因素研究进展 . 生态科学, 36 (6): 222-232.

曹胜, 张煜, 陈国梁, 等 . 2018. 石灰对土壤重金属污染修复的研究进展 . 中国农学通报, 34 (26):
　109-112.

曹文超, 郭景恒, 宋贺, 等 . 2017. 设施菜田土壤 pH 和初始 C/NO_3^- 对反硝化产物比的影响 . 植物营养与
　肥料学报, 23 (5): 1249-1257.

查建军, 孙庆业, 徐欣如, 等 . 2019. 酸性矿山废水对稻田土壤元素组成的影响——以铜陵某处硫铁矿为
　例 . 西南农业学报, 32 (8): 1817-1824.

查燕, 冯驰, 是怡芸, 等 . 2016. 不同环境介质中重金属含量及分布特征 . 江苏农业科学, 44 (8):
　486-489.

陈航, 王颖, 王澍 . 2022. 铜山矿区周边农田土壤重金属来源解析及污染评价 . 环境科学, 43 (5):
　2719-2731.

陈洁宜, 刘广波, 崔金立, 等 . 2019. 广东大宝山矿区土壤植物体重金属迁移过程及风险评价 . 环境科
　学, 40 (12): 5629-5639.

陈静, 刘荣辉, 陈岩势, 等 . 2018. 重金属污染对土壤微生物生态的影响 . 生命科学, 30 (6): 667-672.

陈珊珊 . 2011. 土壤–植物系统中 Se 与重金属 Hg、Cd 相互关系的研究 . 贵阳: 贵州大学硕士学位论文 .

陈韬, 夏蒙蒙, 赵大维, 等 . 2020. 城市土壤特征对降雨径流控制的影响 . 科学技术与工程, 20 (19):
　7852-7857.

陈同斌, 庞瑞, 王佛鹏, 等 . 2020. 桂西南土壤镉地质异常区水稻种植安全性评估 . 环境科学, 41 (4):
　1855-1863.

陈卫平, 杨阳, 谢天, 等 . 2018. 中国农田土壤重金属污染防治挑战与对策 . 土壤学报, 55 (2):
　261-272.

陈伟, 王婷 . 2020. 白银市污灌区土壤—小麦系统镉赋存特征及其健康风险评价 . 核农学报, (4):

878-886.

陈英旭.2008.土壤重金属的植物污染化学.北京:科学出版社.

陈玉梅.2016.重金属低积累蔬菜种类筛选及盐胁迫下蔬菜对土壤重金属累积研究.杭州:杭州师范大学硕士学位论文.

陈志良,黄玲,周存宇,等.2017.广州市蔬菜中重金属污染特征研究与评价.环境科学,38(1):389-398.

程铖,刘威杰,胡天鹏,等.2021.桂林会仙湿地表层土壤中有机氯农药污染现状.农业环境科学学报,40(2):371-381.

崔晓荧,秦俊豪,黎华寿.2017.不同水分管理模式对水稻生长及重金属迁移特性的影响.农业环境科学学报,36(11):2177-2184.

崔旭,吴龙华,王文艳.2019.土壤主要理化性质对湘粤污染农田镉稳定效果的影响.土壤,51(3):530-535.

崔玉静,赵中秋,刘文菊.2003.镉在土壤-植物-人体系统中迁移积累及其影响因子.生态学报,(10):2133-2143.

代兰海.2022.内蒙古额济纳绿洲生态空间生产与再生产研究.西安:陕西师范大学博士学位论文.

戴军,刘腾辉.1995.广州菜地生态环境的污染特征.土壤通报,26(3):102-104.

邓平香,张馨,龙新宪.2016.产酸内生菌荧光假单胞菌R1对东南景天生长和吸收,积累土壤中重金属锌镉的影响.环境工程学报,10(9):5245-5254.

邓思涵,陈聪颖,严冬,等.2019.水稻重金属污染及其阻控技术研究.中国稻米,25(4):27-30.

窦红宾,郭唯.2022.重金属污染及其对水土的危害.生态经济,38(11):5-8.

范家喻,陈学刚,孙景鑫.2023.我国西北干旱区绿洲城市热岛效应研究进展.环境保护科学:1-14.

冯旭,杨扬,郑哲,等.2019.回流立式组合人工湿地对农村混合废水中重金属的净化效果.农业环境科学学报,38(3):671-679.

冯英,马璐瑶,王琼,等.2018.我国土壤-蔬菜作物系统重金属污染及其安全生产综合农艺调控技术.农业环境科学学报,37(11):2359-2370.

冯宇佳,赵全利,孙洪欣,等.2017.华北地区菜田土壤—蔬菜重金属污染状况和健康风险评价.河北农业大学学报,40(1):1-7.

高华君.1987.我国绿洲的分布和类型.干旱区地理,(4):23-29.

葛小妹.2019.污泥炭用于土壤改良及对植物生长影响的研究.天津:天津大学硕士学位论文.

古添源,余黄,曾伟名,等.2018.功能内生菌强化超积累植物修复重金属污染土壤的研究进展.生命科学,30(11):1228-1235.

郭世鸿,侯晓龙,邱海源,等.2015.基于形态学分析铅锌矿不同功能区土壤重金属元素的分布特征及污染评价.地质通报,34(11):2047-2053.

郭远新,王芳,张钊熔,等.2019.甘肃省白银市四龙镇土壤——玉米污染情况调查.西部探矿工程,31(5):162-164+170.

韩德麟.1995.关于绿洲若干问题的认识.干旱区资源与环境,(3):13-31.

何其辉.2019.长株潭典型中轻度污染农田土壤重金属来源及有效性分析.长沙:湖南师范大学硕士学位

论文.

胡振琪.2021.矿山土地复垦与生态修复领域"十四五"高质量发展的若干思考.智能矿山,2(1):
29-32.

黄涂海.2019.镉污染农田土壤的分类管控实践.杭州:浙江大学硕士学位论文.

黄泽春,陈同斌,雷梅.2022.陆地生态系统中水溶性有机质的环境效应.生态学报,22(2):258-269.

黄钟霆,易盛炜,陈贝贝,等.2021.典型锰矿区周边绿洲农田土壤–农作物重金属污染特征及生态风险
评价.环境科学,43(2):975-984.

纪宇逴,张秋芳,周嘉聪,等.2018.亚热带地区竞争型与忍耐型树种叶片可溶性有机质数量及光谱学特
征.生态学报,(11):3998-4007.

贾宝全.1996.绿洲景观若干理论问题的探讨.干旱区地理,(3):58-65.

贾锐鱼,林友红,陈一国,等.2012.西安市近郊菜园蔬菜重金属现状调查及评价.西安科技大学学报,
32(4):485-489.

蒋冬梅,阿丽娅,王定勇,等.2007.三峡库区居民膳食结构与重金属摄入水平研究.生态毒理学报,
2(1):83-87.

金诚,赵转军,南忠仁,等.2015.绿洲土 Pb-Zn 复合胁迫下重金属形态特征和生物有效性.环境科学,
36(5):1870-1876.

井永苹,聂岩,李彦,等.2023.山东偏酸性棕壤区小麦镉低累积品种筛选.农业环境科学学报,42
(6):1238-1246.

郎家庆,王颖,刘顺国.2014.施肥对土壤重金属污染的影响.农业科技与装备,(8):3-4.

黎森.2019.土壤铅砷交互作用及对蔬菜生长的影响.桂林:桂林理工大学硕士学位论文.

李东旭,文雅.2011.超积累植物在重金属污染土壤修复中的应用.科技情报开发与经济,21(1):
177-180.

李浩杰,钞锦龙,姚万程,等.2022.小麦籽粒重金属含量特征及人体健康风险评价——以河南省北部某
县为例.环境化学,41(4):1158-1167.

李洪达,李艳,周薇,等.2018.稻壳生物炭对矿区重金属复合污染土壤中 Cd、Zn 形态转化的影响.农
业环境科学学报,37(9):1856-1865.

李佳旸.2021.受污染耕地安全利用工作的重要性.农家致富顾问,(12):247.

李娇,滕彦国,吴劲,等.2019.基于 PMF 模型及地统计法的乐安河中上游地区土壤重金属来源解析.环
境科学研究,32(6):984-992.

李侃麒,吴佳玲,陈喆,等.2023.天然有机酸对伴矿景天吸取土壤镉的影响.中国环境科学,43(5):
2413-2422.

李丽.2017.中国绿洲工矿城市扩展的时空变化、驱动力及对策研究.兰州:西北师范大学硕士学位论
文.

李骞国,石培基,魏伟.2015.干旱区绿洲城市扩展及驱动机制——以张掖市为例.干旱区研究,
32(3):59-605.

李秋玲,肖辉林.2012.土壤性质及生物化学因素与植物化感作用的相互影响.生态环境学报,21(12):
2031-2036.

李如忠，潘成荣，徐晶晶，等．2013. 典型有色金属矿业城市零星菜地蔬菜重金属污染及健康风险评估．环境科学，(3)：1076-1085.

李泰平，丁浩然，徐海珍，等．2019. 农田重金属污染土壤的原位钝化研究．环境科学与技术，42（1）：232-236.

李婷，赵世伟，张杨，等．2011. 黄土区次生植被恢复对土壤有机碳官能团的影响．生态学报，31（18）：5199-5206.

李想，龙振华，朱彦谚，等．2020. 东北设施叶菜类蔬菜镉铅污染安全生产分区研究．农业环境科学学报，39（10）：2239-2248.

李想，张勇．2008. 我国蔬菜和蔬菜种植土壤的重金属污染现状与一般规律．四川环境，27（2）：94-97.

李小孟，孟庆俊，高波，等．2016. 溶解性有机质对重金属在土壤中吸附和迁移的影响．科学技术与工程，16（34）：314-319.

李晓珍．2019. 豫北西部地区重度污染耕地种植结构调整探讨．现代农业科技，(16)：156-157.

李有文，曹春，巨天珍，等．2015. 白银市不同区域蔬菜地土壤重金属污染特征及生态风险评价．生态学杂志，34（11）：3205-3213.

李有文，王晶，巨天珍，等．2017. 白银市不同功能区土壤重金属污染特征及其健康风险评价．生态学杂志，36（5）：1408-1418.

李远航．2022. 溶解性有机质–水铁矿–重金属三元体系对湿地土壤铜、铬环境行为的影响机制．南昌：南昌大学硕士学位论文．

李韵诗，冯冲凌，吴晓英，等．2015. 重金属污染土壤植物修复中的微生物功能研究进展．生态学报，35（20）：6881-6890.

李正文，张艳玲，潘根兴，等．2003. 不同水稻品种籽粒 Cd、Cu 和 Se 的含量差异及其人类膳食摄取风险．环境科学，24（3）：112-115.

李中阳，樊向阳，齐学斌，等．2012. 再生水灌溉下重金属在植物–土壤–地下水系统迁移的研究进展．中国农村水利水电，(7)：5-8.

连文慧，董雷，李文均．2021. 土壤环境下的根际微生物和植物互作关系研究进展．微生物学杂志，41（4）：74-83.

凌佳亨，詹思远，张敬业．土壤重金属污染下农业绿色发展的对策研究——基于对长株潭地区耕地的调查．农业部管理干部学院学报，(1)：33-360.

刘白林，马新旺，朱赛勇，等．2014. 白银黄灌农业区不同土层重金属赋存形态及其风险评价．兰州大学学报（自然科学版），50（3）：431-436.

刘白林．2017. 甘肃白银东大沟流域农田土壤重金属污染现状及其在土壤—作物—人体系统中的迁移转化规律．兰州：兰州大学博士学位论文．

刘白林．2017. 甘肃白银东大沟流域农田土壤重金属污染现状及其在土壤—作物—人体系统中的迁移转化规律．兰州：兰州大学博士学位论文．

刘恩玲，王亮，孙继，等．2011. 不同蔬菜对土壤 Cd、Pb 的累积能力研究．土壤通报，42（3）：758-762.

刘海猛．2014. 基于复杂系统理论的绿洲城镇化机理研究．兰州：西北师范大学硕士学位论文．

刘红，贾英，方明，等.2013.台州市路桥农业土壤中重金属的污染分析.山西大学学报（自然科学版），36（2）：294-300.

刘鹏，胡文友，黄等.2019.大气沉降对土壤和作物中重金属富集的影响及其研究进展.土壤学报，56（5）：1048-1059.

刘强，朱雪梅，邵继荣，等.2015.旱生复苏植物垫状卷柏对铅的超富集特性研究.水土保持学报，29（2）：248-252.

刘先锋，刘达伟，杨小伶，等.2007.重庆市城乡居民膳食结构分析.现代预防医学，34（17）：3321-3323.

刘亚峰，龙胜桥，邵树勋.2018.碎米荠对硒、镉超富集特性研究.地球与环境，46（2）：173-178.

刘妍.2014.造纸污泥对Cd、Pb在土壤–蔬菜系统中迁移的影响.长沙：中南林业科技大学硕士学位论文.

刘哲，薛欢，曾超珍，等.2020.植物超富集重金属的元素防御假说研究进展.植物生理学报，56（7）：1337-1345.

刘志红，刘丽，李英.2007.进口化肥中有害元素砷、镉、铅、铬的普查分析.磷肥与复肥，（2）：77-78.

路远发，杨红梅，周国华，等.2005.杭州市土壤铅污染的铅同位素示踪研究.第四纪研究，（3）：355-362.

吕本春，付利波，湛方栋，等.2021.绿肥作物矿化分解对土壤镉有效性的影响研究进展.农业资源与环境学报，38（3）：431-441.

罗阳.2018.浅谈土壤重金属污染治理修复技术.世界有色金属，（21）：269-271.

马建，鲁彩艳，陈欣，等.2009.不同施肥处理对黑土中各形态氮素含量动态变化的影响.土壤通报，40（1）：100-104.

马科峰.2019.某焦化厂废弃地重金属污染特征及电动强化植物修复技术研究.太原：中北大学硕士学位论文.

马新攀.2015.一种微生物和植物联合修复重金属污染土壤的方法：CN105149332A.

马宜林，吴广海，申洪涛，等.2021.羊粪有机肥与化肥配施对烤烟生长及土壤肥力特性的影响.核农学报，35（10）：2423-2430.

马永和，许瑞，王丽敏，等.2021.植物修复重金属污染土壤研究进展.矿产保护与利用，41（4）：12-22.

梅德罡.2018.红树林湿地溶解性有机质对典型重金属生态行为的影响和机理研究.厦门：厦门大学硕士学位论文.

孟艳，沈亚文，孟纬纬，等.2022.生物炭施用对农田土壤团聚体及有机碳影响的整合分析.环境科学，（12）：1-13.

米秀博.2017.典型有机污染物在鱼肉中的生物可给性及其在大鼠体内的富集转化规律.广州：中国科学院大学（中国科学院广州地球化学研究所）博士学位论文.

闵涛，罗彤，陈丽丽，等.2022.溶解性有机质强化棉花修复镉污染土壤.环境科学，43（3）：1577-1583.

南忠仁，李吉均.2000.干旱区耕作土壤中重金属镉铅镍剖面分布及行为研究——以白银市区灰钙土为例. 干旱区研究, (4): 39-45.

南忠仁, 张建民, 程国栋. 2002. 白银市区土壤作物系统中重金属污染分析与防治对策与研究. 环境污染与防治, 24 (3): 170-173.

宁皎莹, 周根娣, 周春儿, 等. 2016. 农田土壤重金属污染钝化修复技术研究进展. 杭州师范大学学报（自然科学版）, 15 (2): 156-162.

欧阳嗣航, 刘叶凡, 韩阳娟, 等. 2023. 植物挥发物释放特征及其影响因素研究进展. 林业与生态科学, 38 (3): 375-384.

欧阳喜辉, 赵玉杰, 刘凤枝, 等. 2008. 不同种类蔬菜对土壤镉吸收能力的研究. 农业环境科学学报, (1): 67-70.

庞浩. 2022. 复合重金属污染农田土壤的微生物矿化修复技术及示范. 包头: 内蒙古科技大学硕士学位论文.

庞文品, 秦樊鑫, 吕亚超, 等. 2016. 贵州兴仁煤矿区农田土壤重金属化学形态及风险评估. 应用生态学报, 27 (5): 1468-1478.

钱春香, 王明明, 许燕波. 2013. 土壤重金属污染现状及微生物修复技术研究进展. 东南大学学报, 43 (3): 669-674.

乔斌, 王乃昂, 王义鹏, 等. 2023. 山地-绿洲"共轭型"生态牧场理念源起、概念框架与发展模式——以祁连山牧区为例. 生态学报, 43 (21): 1-16.

任丹. 2022. 污灌区不同种植方式下蔬菜生长过程中重金属污染特征与风险评估. 兰州: 西北师范大学硕士学位论文.

任慧敏, 王金达, 张学林. 2004. 沈阳市土壤铅的空间分布及风险评价研究. 地球科学进展, 19: 429-433.

任强, 孙瑞玲, 郑凯旋, 等. 2022. 不同种植年限蔬菜大棚土壤特性、重金属累积和生态风险. 环境科学, 43 (2): 995-1003.

尚爱安, 刘玉荣, 梁重山, 等. 2000. 土壤中重金属的生物有效性研究进展. 土壤, 32 (6): 294-300.

沈欣, 朱奇宏, 朱捍华, 等. 2015. 农艺调控措施对水稻镉积累的影响及其机理研究. 农业环境科学学报, 34 (8): 1449-1454.

司马小峰, 李冰冰, 江鸿. 2017. 生物炭对活性污泥沉降性能和反硝化作用的影响研究. 化学物理学报, 30 (3): 357-364.

宋伟, 陈百明, 刘琳. 2013. 中国耕地土壤重金属污染概况. 水土保持研究, 20 (2): 293-298.

宋艳艳, 李一丹, 万鹰昕, 等. 2023. 植物-微生物联合修复重金属的研究进展. 有色金属（冶炼部分）, (1): 25-32.

宋勇进, 张新英, 韦业川. 2018. 基于文献数据的我国大部分省市蔬菜中重金属含量分布与健康风险评价. 环保科技, 24 (3): 6-11.

孙迎雪, 朱琳. 2023. 重金属污染对环境管理与保护的影响. 环境工程, 41 (4): 304-305.

童非, 谢玉峰, 张振华, 等. 2019. 砷污染土壤原位钝化材料修复效果及机制的研究进展. 江苏农业科学, 47 (22): 6-11.

万菁娟, 郭剑芳, 纪淑蓉, 等. 2015. 不同来源可溶性有机物对亚热带森林土壤 CO_2 排放的影响. 植物生态学报, 39 (7): 674-681.

王龚博, 卢宁川, 于忠华, 等. 2019. 土壤污染防治行动计划分析与实施建议. 环境与发展, 31 (9): 68-69.

王海洋, 韩玲, 谢丹妮, 等. 2022. 矿区周边农田土壤重金属分布特征及污染评价. 环境科学, 43 (4): 2104-2114.

王俊. 2017. 腐殖酸对砷在土壤中的形态转化和生物有效性的影响研究. 重庆: 西南大学硕士学位论文.

王丽, 和淑娟. 2019. 镉污染农用地安全利用技术研究与运用. 环境与可持续发展, 44 (5): 134-137.

王敏, 胡守庚, 张绪冰, 等. 2022. 干旱区绿洲城镇景观生态风险时空变化分析——以张掖绿洲乡镇为例. 生态学报, 42 (14): 5812-5824.

王鹏云. 2020. 重金属污染的植物修复及相关分子机制. 生物工程学报, 36 (3): 426-435.

王巧红, 阮朋朋, 李君. 2020. 植物修复技术在土壤污染治理中的环保应用策略. 中国资源综合利用, 38 (1): 156-158.

王慎强, 陈怀满, 司友斌. 1999. 我国土壤环境保护研究的回顾与展望. 土壤, 31 (5): 255-260.

王圣瑞, 颜昌宙, 金相灿, 等. 2005. 关于化肥是污染物的误解. 土壤通报, 36 (5): 799-801.

王世林, 曹文侠, 王小军, 等. 2019. 河西走廊荒漠盐碱地人工柽柳林土壤水盐分布. 应用生态学报, 30 (8): 2531-2540.

王小琨. 2021. 浅析土壤重金属污染及其防治措施. 资源节约与环保, (9): 36-37.

王新花, 赵晨曦, 潘响亮. 2015. 基于微生物诱导碳酸钙沉淀 (MICP) 的铅污染生物修复. 地球与环境, 43 (1): 80-85.

王星, 郭斌, 王欣. 2019. 重金属污染土壤修复技术研究进展. 煤炭与化工, 42 (1): 156-160.

王炫凯, 曲宝成, 艾孜买提·阿合麦提等. 2021. 我国农田重金属污染状况及修复技术研究进展. 清洗世界, 37 (8): 55-58, 61.

王学锋, 师东阳, 刘淑萍, 等. 2007. Cd-Pb 复合污染在土壤-烟草系统中生态效应的研究. 土壤通报, (4): 115-118.

王亚, 冯发运, 葛静, 等. 2022. 植物根系分泌物对土壤污染修复的作用及影响机理. 生态学报, 42 (3): 829-842.

王月. 2022. 农业土壤重金属污染成因及治理. 农业科技与装备, (6): 20-21, 27.

吴清莹, 林宇龙, 孙一航, 等. 2021. 根系分泌物对植物生长和土壤养分吸收的影响研究进展. 中国草地学报, 43 (11): 97-104.

吴宵宵, 曹榕彬, 米长虹, 等. 2019. 重金属污染农田原位钝化修复材料研究进展. 农业环境与发展, 36 (3): 253-263.

吴愉萍, 李雅颖, 周萍, 等. 2019. 不同原料及热解条件下农业废弃物生物炭的特性. 江苏农业科学, 47 (8): 230-233.

武文飞, 南忠仁, 王胜利, 等. 2013. 绿洲土 Cd、Pb、Zn、Ni 复合污染下重金属的形态特征和生物有效性. 生态学报, 33 (2): 619-630.

夏国栋, 朱四喜, 武江, 等. 2022. 喀斯特煤矿区土地利用类型对土壤养分、酶活性及化学计量特征的影响. 中国无机分析化学, 12 (6): 67-76.

谢建治, 刘树庆, 王立敏, 等.2002. 保定市郊土壤重金属污染现状调查及其评价. 河北农业大学学报, 25 (1)：38-41.

谢文达, 智燕彩, 李玘, 等.2019. 杏壳生物炭对温室次生盐渍化土壤修复效应的研究. 土壤通报, 50 (2)：407-413.

熊雄, 李艳霞, 韩杰, 等.2008. 堆肥腐殖质的形成和变化及其对重金属有效性的影响. 农业环境科学学报, 27 (6)：2137-2142.

徐建明.2018. 我国农田土壤重金属污染防治与粮食安全保障. 中国科学院院刊, 33 (2)：153-159.

徐明岗, 曾希柏, 周世伟, 等.2014. 施肥与土壤重金属污染修复. 北京：科学出版社.

徐争启, 倪师军, 庹先国, 等.2008. 潜在生态危害指数法评价中重金属毒性系数计算. 环境科学与技术, (2)：112-115.

薛粟尹, 李萍, 王胜利, 等.2012. 干旱区工矿型绿洲城郊农田土壤氟的形态分布特征及其影响因素研究——以白银绿洲为例. 农业环境科学学报, 31 (12)：2407-2414.

闫飞, 李兴菊, 王定勇.2010. 溶解性有机质对土壤镉形态及对莴笋吸收镉的影响. 环境化学, 29 (1)：141-142.

杨刚, 沈飞, 钟贵江, 等.2011. 西南山地铅锌矿区耕地土壤和谷类产品重金属含量及健康风险评价. 环境科学学报, 31 (9)：2014-2021.

杨海, 黄新, 林子增, 等.2019. 重金属污染土壤微生物修复技术研究进展. 应用化工, 48 (6)：1417-1422.

杨良静, 何俊瑜, 任艳芳, 等.2009.Cd 胁迫对水稻根际土壤酶活和微生物的影响. 贵州农业科学, 37 (3)：85-88.

杨敏, 滕应, 任文杰, 等.2016. 石门雄黄矿周边农田土壤重金属污染及健康风险评估. 土壤, 48 (6)：1172-1178.

杨庆娥, 任振江, 高然, 等.2007. 污水灌溉对土壤和蔬菜中重金属积累和分布影响研究. 中国农村水利水电, (5)：74-75.

杨小粉, 刘钦云, 袁向红, 等.2018. 综合降镉技术在不同污染程度稻田土壤下的应用效果研究. 中国稻米, 24 (2)：37-41.

杨瑛.2023. 不同种类蔬菜重金属富集特征与根源溶解性有机质相关性分析. 兰州：西北师范大学硕士学位论文.

杨元根, 刘丛强, 张国平等.2004. 土壤和沉积物中重金属积累及其 Pb、S 同位素示踪. 地球与环境, (1)：76-81.

杨卓, 陈婧, 李术娜, 2014. 土壤中产酸菌的筛选及其对重金属生物有效性影响. 环境科学与技术, 37 (12)：78-84.

易敏, 容学军, 邓冬梅.2015. 广西元宝山矿区周边农田土壤重金属富集特征及污染评价. 广西科技大学学报, 26 (2)：93-98, 105.

易文利, 董奇, 杨飞, 等.2018. 宝鸡市不同功能区土壤重金属污染特征、来源及风险评价. 生态环境学报, 27 (11)：21-42.

易文利.2017. 有机质对河流沉积物吸附重金属的影响研究. 河南科学, 35 (5)：793-797.

殷永超，吉普辉，宋雪英，等．2014．龙葵（*Solanum nigrum* L.）野外场地规模 Cd 污染土壤修复试验．生态学杂志，33（11）：3060-3067.

尹晓雯，杨惠敏，吐尔逊·吐尔洪，等．2021．巴旦木壳基生物炭的制备及其吸附性能表征．材料科学与工程学报，39（2）：322-329.

于国静．2013．资源型城市空间发展模式研究．大庆：东北石油大学硕士学位论文．

余世清，杨强．2011．杭州城市土壤重金属污染研究进展及展望．环境科学与管理，36（4）：44-49.

余志，陈凤，张军方，等．2019．锌冶炼区菜地土壤和蔬菜重金属污染状况及风险评价．中国环境科学，39（5）：2086-2094.

曾鹏．2020．桑树（*Morus alba* L.）原位修复某尾矿区重金属污染土壤．环境化学，39（5）：1395-1403.

曾晓舵，王向琴，涂新红，等．2019．农田土壤重金属污染阻控技术研究进展．生态环境学报，28（9）：1900-1906.

曾秀君，程坤，黄学平，等．2000．石灰、腐植酸单施及复配对污染土壤铅镉生物有效性的影响．生态与农村环境学报，36（1）：121-128.

张长波，李志博，姚春霞．2017．污染场地土壤重金属含量的空间变异特征及其污染源识别指示意义．土壤，38（5）：525-533.

张迪，周明忠，熊康宁，等．2021．贵州遵义下寒武统黑色页岩区土壤重金属污染和人体健康风险评价．环境科学研究，34（5）：1247-1257.

张耿苗，张丽君，章明奎，等．2020．适度深耕配施有机肥减少蔬菜对土壤重金属的吸收．江西农业学报，32（1）：102-106.

张广彩，于会彬，徐泽华，等．2019．基于三维荧光光谱结合平行因子法的蘑菇湖上覆水溶解性有机质特征分析．生态与农村环境学报，35（7）：933-939.

张金莲，丁疆峰，卢桂宁，等．2015．广东清远电子垃圾拆解区农田土壤重金属污染评价．环境科学，36（7）：2633-2640.

张萌萌，曹立东，王仁卿，等．2018．植物内生细菌修复重金属污染土壤作用机制研究进展．生物技术通报，34（11）：42-49.

张梦妍，王成尘，宗大鹏，等．2022．基于文献计量分析有机质影响土壤重金属生物有效性的研究热点和趋势．土壤通报，53（5）：1248-1260.

张鹏鹏，濮晓珍，张旺锋．2018．干旱区绿洲农田不同种植模式和秸秆管理下土壤质量评价．应用生态学报，29（3）：839-849.

张松．2020．黑臭河流中溶解性有机质的特征及其与重金属相关性研究．兰州：西北师范大学硕士学位论文．

张小敏，张秀英，钟太洋，等．2014．中国农田土壤重金属富集状况及其空间分布研究．环境科学，35（2）：692-703.

张燕，铁柏清，刘孝利，等．2018．玉米秸秆生物炭对稻田土壤砷、镉形态的影响．环境科学学报，38（2）：715-721.

张云霞，宋波，宾娟，等．2019．超富集植物藿香蓟（*Ageratum conyzoides* L.）对镉污染农田的修复潜力．环境科学，40（05）：2453-2459.

赵其国，赵其国，沈仁芳，等．2017．中国重金属污染区耕地轮作休耕制度试点进展、问题及对策建议．生态环境学报，26（12）：2003-2007.

赵文智，任珺，杜军，等．2023．河西走廊绿洲生态建设和农业发展的若干思考与建议．中国科学院院刊，38（3）：424-434.

赵夏婷，李珊，王兆玮，等．2018．黄河兰州段水体中有色溶解性有机质组成、空间分布特征及来源分析．环境科学，39（9）：4105-4113.

赵小蓉，杨谢，陈光辉，等．2010．成都平原区不同蔬菜品种对重金属富集能力研究．西南农业学报，23（4）：1142-1146.

赵转军，南忠仁，王兆玮，等．2010．Cd，Zn复合污染菜地土壤中重金属形态分布与植物有效性．兰州大学学报（自然科学版），46（02）：1-5.

赵转军，南忠仁，王兆玮，等．2013．绿洲油菜根际土壤中Cd，Pb赋存形态特征及其互作影响．干旱区资源与环境，27（12）：93-99.

周文婷，叶龙，龚志伟．2018．大花美人蕉根的化学成分研究．热带亚热带植物学报，26（5）：556-560.

周洋洋，景媛媛，徐长林，等．2021．覆膜种植对高寒区土壤水热、养分和苜蓿越冬的影响．草地学报，29（8）：1843-1852.

周以富，董亚英．2003．几种重金属土壤污染及其防治的研究进展．环境科学动态，（1）：15-17.

宗大鹏，田稳，李韦钰，等．2023．农林废弃物生物炭钝化典型土壤重金属的机制研究进展．生态毒理学报，18（1）：232-245.

邹素敏，杜瑞英，文典，等．2017．不同品种蔬菜重金属污染评价和富集特征研究．生态环境学报，（4）：714-720.

邹素敏．2017．不同镉积累型叶用芥菜品种镉吸收与转运生理机制研究．武汉：华中农业大学硕士学位论文.

Abollino O，Aceto M，Malandrino M，et al. 2002. Heavy metals in agricultural soils from Piedmont，Italy. Distribution，speciation and chemometric data treatment. Chemosphere，49（6）：545-557.

Abulizi A，Yang Y G，Mamat Z，et al. 2016. Land-Use Change and its Effects in Charchan Oasis，Xinjiang，China. Land Degradation & Development，28（1）：106-115.

Achal V，Pan X L，Zhang D Y. 2011. Remediation of copper-contaminated soil by Kocuriaflava CR1，based on microbially induced calcite precipitation. Ecological Engineering，37（10）：1601-1605.

Ahsan M T，Najam-Ul-Haq M，Idrees M，et al. 2017. Bacterial endophytes enhance phytostabilization in soils contaminated with uranium and lead. International Journal of Phytoremediation，19：937-946.

Ai S W，Liu B L，Yang Y，et al. 2018. Temporal variations and spatial distributions of heavy metals in a wastewater-irrigated soil-eggplant system and associated influencing factors. Ecotoxicology and Environmental Safety，53：204-214.

Ali H，Khan E，Sajad A M. 2013. Phytoremediation of heavy metals：Concepts and applications. Chemosphere，91（7）：869-881.

Al-lahham O，Asi N，Fayyad M K，et al. 2007. Translocation of heavy metals to tomato（Solanum lycopersicom L.）fruit irrigated with treated wastewater. Scientia Horticulturae，113（3）：250-254.

Amery F, Degryse F, Degeling W, et al. 2007. The copper-mobilizing-potential of dissolved organic matter in soils varies 10-fold dependinf on soil incubation and extraction procedures. Environmental Science & Technology, 41 (7): 2277-2281.

Andrade S A L, Mazzafera P, Schiavinato M A, et al. 2009. Arbuscular mycorrhizal association in coffee. The Journal of Agricultural Science, 147 (2): 105-115.

Antoniadis V, Alloway B J, 2002. The role of dissolved organic carbon in the mobility of Cd, Ni and Zn in sewage sludge-amended soils. Environmental Pollution, 117: 515-521.

Aruliah R, Selvi A, Theertagiri J, et al. 2019. Integrated Remediation Processes Toward Heavy Metal Removal/Recovery From Various Environments-A Review. Frontiers in Environmental Science, 7: 66.

Bacchetta G, Cappai G, Carucci A, et al. 2015. Use of Native Plants for the Remediation of Abandoned Mine Sites in Mediterranean Semiarid Environments. Bulletin of Environmental Contamination &Toxicology Technology, 94 (3): 326-333.

Balkhair K S, Ashraf M A. 2016. Field accumulation risks of heavy metals in soil and vegetable crop irrigated with sewage water in western region of Saudi Arabia. Saudi Journal of Biological Sciences, 23 (1): S32-S44.

Bandara T, Herath I, Kumarathilaka P, et al. 2017. Role of woody biochar and fungal-bacterial co-inoculation on enzyme activity and metal immobilization in serpentine soil. Journal of Soils and Sediments, 17 (3): 665-673.

Beesley L, Moreno-Jimenez E, Gomez-Eyles J L, et al. 2011. A review of biochars' potential role in the remediation, revegetation and restoration of contaminated soils. Environmental Pollution, 159 (12): 3269-3282.

Belimov A A, Kunakova A M, Safronova V I, et al. 2004. Employment of Rhizobacteria for the Inoculation of Barley Plants Cultivated in Soil Contaminated with Lead and Cadmium. Microbiology, 73 (1): 99-106.

Binbin L, Haihong F, Songxiong D, et al. 2021. Influence of temperature on characteristics of particulate matter and ecological risk assessment of heavy metals during sewage sludge pyrolysis. Materials, 14 (19): 5838.

Borchard N, Prost K, Kautz T, et al. 2012. Sorption of copper (II) and sulphate to different biochars before and after composting with farmyard manure. European Journal of Soil Science, 63 (3): 399-409.

Borggaard O K, Holm P, Strobel B W, et al. 2019. Potential of dissolved organic matter (DOM) to extract As, Cd, Co, Cr, Cu, Ni, Pb and Zn from polluted soils: A review. Geoderma, 343: 235-246.

Braud A, Jézéquel K, Bazot S, et al. 2009. Enhanced phytoextraction of an agricultural Cr-and Pb-contaminated soil by bioaugmentation with siderophore-producing bacteria. Chemosphere, 74 (2): 280-286.

Buasri A, Chaiyut N, Tapang K, et al. 2012. Biosorption of Heavy Metals from Aqueous Solutions Using Water Hyacinth as a Low Cost Biosorbent. Civil & Environmental Research, 2 (2): 17-25.

Cambrollé J, Mateos-Naranjo E, Redondo-Gómez S, et al. 2011. The role of two Spartina species in phytostabilization and bioaccumulation of Co, Cr, and Ni in the Tinto-Odiel estuary (SW Spain). Hydrobiologia, 671: 95-103.

Cao C, Ren D, Lü Z Y, et al. 2022. Effects ofgreenhouse and open-field cultivation on heavy metal uptake during carrot growth. Journal of Environmental Science, 43 (2): 1004-1014.

Cao C, Chen X P, Ma Z B, et al. 2016. Greenhouse cultivation mitigates metal-ingestion-associated health risks from vegetables in wastewater-irrigated agroecosystems. Science of The Total Environment, 560-561: 204-211.

Cao C, Liu S Q, Ma Z B, et al. 2018. Dynamics of multiple elements in fast decomposing vegetable residues. Science of the Total Environment, 616: 614-621.

Cao C, Zhang Q, Ma Z B, et al. 2018. Fractionation and mobility risks of heavy metals and metalloids in wastewater-irrigated agricultural soils from greenhouses and fields in Gansu, China. Geoderma, 328: 1-9.

Cao X, Ma L, Gao B. et al. 2009. Dairy-manure derived biochar effectively sorbs lead and atrazine. Environmental Science & Technology, 43 (9): 3285-3291.

Chaney R L, Malik M, Li Y M, et al. 1997. Phytoremediation of Soil Metals. Current Opinion in Biotechnology, 8 (3): 279-284.

Chang C Y, Yu H Y, Chen J J, et al. 2014. Accumulation of heavy metals in leaf vegetables from agricultural soils and associated potential health risks in the Pearl River Delta, South China. Environmental Monitoring and Assessment, 186 (3): 1547-1560.

Chang Q, Diao F W, Wang Q F, et al. 2018. Effects of arbuscular mycorrhizal symbiosis on growth, nutrient and metal uptake by maize seedlings (Zea mays L.) grown in soils spiked with Lanthanum and Cadmium. Environmental Pollution, 241: 607-615.

Chen B, Liu J N, Wang Z, et al. 2011. Remediation of Pb-resistant bacteria to Pb polluted soil. Journal of Environmental Protection, 2 (2): 130.

Chen H Y, Yuan X Y, Li T Y, et al. 2016. Characteristics of heavy metal transfer and their influencing factors in different soil-crop systems of the industrialization region, China. Ecotoxicology and Environmental Safety, 126: 193-201.

Chen H, Arocena J M, Li J, et al. 2014. Assessments of chromium (and other metals) in vegetables and potential bio-accumulations in humans living in areas affected by tannery wastes. Chemosphere, 112: 412-419.

Chen T, Liu X M, Zhu M Z, et al. 2008. Identification of trace element sources and associated risk assessment in vegetable soils of the urban: Rural transitional area of Hangzhou, China. Environmental Pollution, 151 (1): 67-78.

Chen Y M, Yang W J, Chao Y Q, et al. 2017. Metal-tolerant Enterobacter sp. strain EG16 enhanced phytoremediation using Hibiscus cannabinus via siderophore-mediated plant growth promotion under metal contamination. Plant and Soil, 413 (1): 203-216.

Cheng T. 2005. Comparison of zinc complexation properties of dissolved natural organic matter from different surface waters. Journal of Environmental Management, 80 (3): 222-229.

Clemens S, Aarts M G M, Thomine S, et al. 2013. Plant science: the key to preventing slow cadmium poisoning. Trends in Plant Science, 18 (2): 92-99.

Cnuo S C, Mohamed S F, Mohd S S H, et al. 2020. Insights into the Current Trends in the Utilization of Bacteria for Microbially Induced Calcium Carbonate Precipitation. Materials (Basel, Switzerland), 13 (21): 4993-4999.

Cory R M, Mcknight D, 2005. Fluorescence spectroscopy reveals ubiquitous presence of oxidized and reduced quinones in dissolved organic matter. Environmental Science & Technology, 39 (21): 8142-8149.

Cristaldi A, Conti G O, Jho E H, et al. 2017. Phytoremediation of contaminated soils by heavy metals and PAHs. A brief review. Environmental Technology & Innovation, 8: 309-326.

Dai X H, Bai Y Z, Jiang J, et al. 2016. Cadmium in Chinese postharvest peanuts and dietary exposure assessment in associated population. Journal of Agricultural and Food Chemistry, 64: 7849-7855.

Dai X P, Feng L, Max X W, et al. 2012. Concentration Level of Heavy Metals in Wheat Grains and the Health Risk Assessment to Local Inhabitants from Baiyin, Gansu, China. Advanced Materials Research, 518-523: 951-956.

Danis U, Nuhoglu A, Demirbas A, et al. 2008. Ferrous ion-oxidizing in Thiobacillus ferrooxidans batch cultures: Influence of pH, temperature and initial concentration of Fe^{2+}. Fresenius Environmental Bulletin, 17 (3): 371-377.

Derakhshan N Z, Jung M C, Kim K H, et al. 2017. Remediation of soils contaminated with heavy metals with an emphasis on immobilization technology. Environmental Geochemistry & Health, 40 (3): 927-953.

Dhaliwal S S, Singh J, Taneja P K, et al. 2020. Remediation techniques for removal of heavy metals from the soil contaminated through different sources: a review. Environmental Science and Pollution Research, 27 (2): 1319-1333.

Dourado M N, Martins P F, Quecine M C, et al. 2013. Burkholderia sp. SCMS54 reduces cadmium toxicity and promotes growth in tomato. Annals of Applied Biology, 163 (3): 494-507.

Fang H W, Li W S, Tu S X, et al. 2019. Differences in cadmium absorption by 71 leaf vegetable varieties from different families and genera and their health risk assessment. Ecotoxicology and Environmental Safety, 184: 1-10.

Fernández R, Bertrand A, Reis R, et al. 2013. Growth and physiological responses to cadmium stress of two populations of Dittrichia viscosa (L.) Greuter. Journal of Hazardous Materials, 244-245: 555-562.

Fernández Y T, Diaz O, Acuña E, et al. 2016. Phytostabilization of arsenic in soils with plants of the genus Atriplex established in situ in the Atacama Desert. Environmental Monitoring and Assessment: An International Journal, 188 (4): 235.

Fidalgo F, Freitas R, Ferreira R, et al. 2011. Solanum nigrum L. antioxidant defence system isozymes are regulated transcriptionally and posttranslationally in Cd-induced stress. Environmental and Experimental Botany, 72 (2): 312-319.

Freeman J L, Daniel G, Kim D G, et al. 2005. Constitutively elevated salicylic acid signals glutathione-mediated nickel tolerance in Thlaspi nickel hyperaccumulators. Plant physiology, 137 (3): 1082-1091.

Gallego S, Pena L B, Barcia R A, M et al. 2012. Unravelling cadmium toxicity and tolerance in plants: Insight into regulatory mechanisms. Environmental and Experimental Botany, 83: 33-46.

Gan Y D, Wang L H, Yang G Q, et al. 2017. Multiple factors impact the contents of heavy metals in vegetables in high natural background area of China. Chemosphere, 184: 1388-1395.

Gao Y Z, Cheng Z X, Ling W T, et al. 2010. Arbuscular mycorrhizal fungal hyphae contribute to the uptake of polycyclic aromatic hydrocarbons by plant roots. Bioresource Technology, 101 (18): 6895.

Gavrilescu M. 2004. Removal of Heavy Metals from the Environment by Biosorption. Engineering in Life Sciences,

参考文献

4（3）：219-232.

Glick B R. 2010. Using soil bacteria to facilitate phytoremediation. Biotechnology Advances，28（3）：367-374.

Gomes M P, Marques R Z, Nascents C C, et al. 2020. Synergistic effects between arbuscular mycorrhizal fungi and rhizobium isolated from Ascontaminated soils on the As phytoremediation capacity of the tropical woody legume Anadenanthera peregrine. Phytoremediation，22：1362-1371.

Goyal N, Jain S C. 2003. Comparative studies on the microbial adsorption of heavy metals. Advances in Environmental Research，7（2）：311-319.

Guo J K, Ding Y Z, Feng R W, et al. 2015. Burkholderia metalliresistens sp nov, a multiple metal-resistant and phosphate- solubilising species isolated from heavy metal- polluted soil in Southeast China. Antonie van Leeuwenhoek：Journal of Microbiology and Serology，107（6）：1591-1598.

Guo P, Wang T, Liu Y L, et al. 2014. Phytostabilization potential of evening primrose（Oenothera glazioviana）for copper-contaminated sites. Environmental Science and Pollution Research，21（1）：631-640.

Guo X, Li C W, Zhu Q L, et al. 2018. Characterization of dissolved organic matter from biogas residue composting using spectroscopic techniques. Waste Management，78：301-309.

Guo X, Xie X, Liu Y D, et al. 2020. Effects of digestate DOM on chemical behavior of soil heavy metals in an abandonedcopper mining areas. Journal of Hazardous Materials，393：122436.

Gupta S, Satpati S, Nayek S, et al. 2010. Effect of wastewater irrigation on vegetables in relation to bioaccumulation of heavy metals and biochemical changes. Environmental Monitoring and Assessment，165（1-4）：169-177.

Han B J, Chen L Y, Xiao K, et al. 2024. Characteristics of dissolved organic matter（DOM）in Chinese farmland soils under different climate zone types：A molecular perspective. Journal of Environmental Management，350：119695.

Han F, Shan X Q, Zhang S Z, et al. 2006. Enhanced cadmium accumulation in maize roots-the impact of organic acids. Plant & Soil，289：355-368.

He B H, Wang W, Geng R Y, et al. 2021. Exploring the fate of heavy metals frommining and smelting activities in soil-crop system in Baiyin, NW China. Ecotoxicology and Environmental Safety，207：1-10.

He L M, Tebo R M. 1998. Surface Charge Properties of and Cu（II）Adsorption by Spores of the Marine Bacillus sp. Strain SG-1. Applied & Environmental Microbiology，64（3）：1123-1129.

He X M, Xu M J, Wei Q P, et al. 2020. Promotion of growth and phytoextraction of cadmium and lead in Solanum nigrum L. mediated by plantgrowth promoting rhizobacteria. Ecotoxicology and Environmental Safety，205（3-4）：111333.

Heijden M G, Bardgett R D, Straalen N M. 2008. The unseen majority soil microbes as drivers of plant diversity and productivity in terrestrial ecosystems. Ecology Letters，11（3）：296.

Helms J R, Stubbins A, Ritchie J D, et al. 2008. Absorption spectral slopes and slope ratios as indicators of molecular weight，source，and photobleaching of chromophoric dissolved organic matter. Limnology and Oceanography，53（3）：955-969.

Hojdová M, Navrátil T, Rohovec J, et al. 2012. Changes in mercury deposition in a mining and smelting region as recorded in treerings. Water, Air and Soil Pollution, 216 (1-4): 73-82.

Hong W, Liu X M, Zhao C Y, et al. 2021. Spatial-temporal pattern analysis of landscape ecological risk assessment based on land use/land cover change in Baishuijiang National nature reserve in Gansu Province, China. Ecological Indicators, 124: 107454.

Hu W Y, Chen Y, Huang B, et al. 2014. Health risk assessment of heavy metals in soils and vegetables from a typical greenhouse vegetable production system in China. Human and Ecological Risk Assessment: An International Journal, 20 (5): 1264-1280.

Hu W Y, Huang B, Tian K, et al. 2017. Heavy metals in intensive greenhouse vegetable production systems along Yellow Sea of China: Levels, transfer and health risk. Chemosphere, 167: 82-90.

Huang M L, Zhou S L, Sun B, et al. 2008. Heavy metals in wheat grain: Assessment of potential health risk for inhabitants in Kunshan, China. Science of The Total Environment, 405 (1-3): 54-61.

Huang M, Li Z, Luo N, et al. 2019. Application potential of biochar in environment: Insight from degradation of biochar-derived DOM and complexation of DOM with heavy metals. Science of the Total Environment, 646: 220-228.

Huguet A, Vacher L, Relexans S, et al. 2009. Properties of fluorescent dissolved organic matter in the Gironde Estuary. Organic Geochemistry, 40 (6): 706-719.

Hussain I, Aleti G, Naidu R, et al. 2018. Microbe and plant assisted-remediation of organic xenobiotics and its enhancement by genetically modified organisms and recombinant technology: A review. Science of The Total Environment, 628: 1582-1599.

Islam M S, Ahmed M K. 2015. Habibullah-Al-Mamun M. Metal speciation in soil and health risk due to vegetables consumption in Bangladesh. Environmental Monitoring and Assessment, 187 (5): 288.

Jachym S, Uhlik O, Viktorova J, et al. 2018. Phytoextraction of Heavy Metals: A Promising Tool for Clean-Up of Polluted Environment? Frontiers in Plant Science, 9: 1476.

Jia Z M, Li S Y, Wang L. 2018. Assessment of soil heavy metals for eco-environment and human health in a rapidly urbanization area of the upper Yangtze Basin. Scientific Reports, 8: 3256.

Jiang C, Sheng X, Wang Q Y, et al. 2008. Isolation and characterization of a heavy metal-resistant Burkholderia sp. from heavy metal-contaminated paddy field soil and its potential in promoting plant growth and heavy metal accumulation in metal-polluted soil. Chemosphere, 72 (2): 157-164.

Johansen P, Pars T, Bjerregaard P, et al. 2000. Lead, cadmium, mercury and selenium intake by Greenlanders from local marine food. Science of The Total Environment, 245 (1): 187-194.

Juwarkar A A, Nair A, Dubey K V, et al. 2007. Biosurfactant technology for remediation of cadmium and lead contaminated soils. Chemosphere, 68 (10): 1996-2002.

Kalavrouziotis I K, Robolas P, Koukoulakis P H, et al. 2008. Effects of municipal reclaimed wastewater on the macro- and micro-elements status of soil and of Brassica oleracea var. Italica, and B. oleracea var. Gemmifera. Agricultural Water Management, 95 (4): 419-426.

Khaled S B, Muhammad A A. 2015. Field accumulation risks of heavy metals in soil and vegetable crop irrigated with sewage water in western region of Saudi Arabia. Saudi Journal of Biological Sciences, 23 (1): S32-S44.

参考文献

Khan M U, Malik R N, Muhammad S, et al. 2013. Human health risk from Heavy metal via food crops consumption with wastewater irrigation practices in Pakistan. Chemosphere, 93 (10): 2230-2238.

Khan S, Aijun L, Zhang S Z, et al. 2008. Accumulation of polycyclic aromatic hydrocarbons and heavy metals in lettuce grown in the soils contaminated with long-term wastewater irrigation. Journal of Hazardous Materials, 152 (2): 506-515.

Khan S, Cao Q, Zheng Y M, et al. 2008. Health risks of heavy metals in contaminated soils and food crops irrigated with wastewater in Beijing, China. Environmental Pollution, 152 (3): 686-692.

Kikuchi T, Fujii M, Terao K, et al. 2017. Correlations between aromaticity of dissolved organic matter and trace metal concentrations in natural and effluent waters: A case study in the Sagami River Basin, Japan. Science of the Total Environment, 576: 36-45.

Kong X L, Cao J, Tang R Y, et al. 2014. Pollution of intensively managed greenhouse soils by nutrients and heavy metals in the Yellow River Irrigation Region, Northwest China. Environmental Monitoring and Assessment, 186 (11): 7719-7731.

Kothawala D N, Roehm C, Blodau C, et al. 2012. Selective adsorption of dissolved organic matter to mineral soils. Geoderma, 189-190: 334-342.

Kubrakova I V, Formanovsky A A, Kudinova T E, et al. 1998. Microwave-assisted nitric acid digestion of organic matrices. Mendeleev Communications, 8 (3): 93-94.

Kulikowska D, Gusitatin Z M, Butkowska K, et al. 2015. Humic substances from sewage sludge compost as washing agent effectively remove Cu and Cd from soil. Chemosphere, 136: 42-49.

Kunhikrishnan A, Bolan N S, Müllen K, et al. 2012. The influence of wastewater irrigation on the transformation and bioavailability of heavy metal (Loid) s in soil. Advances in Agronomy, 115: 215-297.

Kurek E, Bollag J M. 2004. Microbial immobilization of cadmium released from CdO in the soil. Biogeochemistry, 69: 227-239.

Lahori A H, Zhang Z Q, Guo Z Y, et al. 2017. Potential use of lime. combined with additives on (im) mobilization and phytoavailability of heavy metals from Pb/Zn smelter contaminated soils. Ecotoxicology and Environmental Safety, 145: 313-323.

Lee B X Y, Hadibarata T, Yuniarto A. et al. 2020. Phytoremediation Mechanisms in Air Pollution Control: a Review. Water Air and Soil Pollution, 231 (8): 437.

Leung W C, Chua H, Lo W H. 2001. Biosorption of Heavy Metals by Bacteria Isolated from Activated Sludge. Applied Biochemistry and Biotechnology, 91: 171-184.

Li F L, Yuan J, Sheng G D. 2012. Altered transfer of heavy metals from soil to Chinese cabbage with film mulching. Ecotoxicology and Environmental Safety, 77: 1-6.

Li K, Chen J, Sun W, et al. 2023. Coupling effect of DOM and microbe on arsenic speciation and bioavailability in tailings soil after the addition of different biologically stabilized sludges. Journal of Hazardous Materials, 458: 132048.

Li S S, Guo Q, Jiang L, et al. 2021. The influence mechanism of dissolved organic matter on the adsorption of Cd (II) by calcite. Environmental Science and Pollution Research, 28: 37120-37129.

Li T Q, Liang C F, Han X, et al. 2013. Mobilization of cadmium by dissolved organic matter in the rhizosphere of hyperaccumulator Sedum alfredii. Chemosphere, 91 (7): 970-976.

Li Z, Liang D L, Peng Q, et al. 2017. Interaction between selenium and soil organic matter and its impact on soil selenium bioavailability: A review. Geoderma, 295: 69-79.

Lian M H, Wang J, Ma Y Y, et al. 2022. Influence of DOM and its subfractions on the mobilization of heavy metals in rhizosphere soil solution. Scientific Reports, 12 (1): 14082.

Liao C, Luo Y, Jiang L, et al. 2007. Invasion of spartina alterniflora enhanced ecosystem carbon and nitrogen stocks in the Yangtze Estuary, China. Ecosystems, 10 (8): 1351-1361.

Lin H, Guo L D. 2020. Variations in colloidal DOM composition with molecular weight within individual water samples as characterized by flow field-flow fractionation and EEM-PARAFAC analysis. Environmental Science & Technology, 54 (3): 1657-1667.

Liphadzi M, Kirkham M. 2005. Phytoremediation of soil contaminated with heavy metals: A technology for rehabilitation of the environment. South African Journal of Botany, 71: 24-37.

Liu B L, Ai S W, Zhang W Y, et al. 2017. Assessment of the bioavailability, bioaccessibility and transfer of heavy metals in the soil-grain-human systems near a mining and smelting area in NW China. Science of the Total Environment, 609 (17): 822-829.

Liu B L, Ma X W, Ai S W, et al. 2016. Spatial distribution and source identification of heavy metals in soils under different land uses in a sewage irrigation region, northwest China. Journal of Soils and Sediments, 16 (5): 1547-1556.

Liu H F, Yang X M, Liu G B, et al. 2017. Response of soil dissolved organic matter to microplastic addition in Chinese loess soil. Chemosphere, 185: 907-917.

Liu L, Li C, Xie F X, et al. 2023. Study on the mechanism of co-pyrolysed biochar on soil DOM evolution in short-term cabbage waste decomposition. Chemosphere, 344: 140291.

Liu S M, Yang B, Liang Y S. 2020. Prospect of phytoremediation combined with other approaches for remediation of heavy metal-polluted soils. Environmental Science and Pollution Research, 27: 16069-16085.

Liu W X, Shang S H, Feng X, et al. 2015. Modulation of exogenous selenium in cadmium-induced changes in antioxidative metabolism, cadmium uptake, and photosynthetic performance in the 2 tobacco genotypes differing in cadmium tolerance. Environmental Toxicology and Chemistry, 34 (1): 92-99.

Liu X M, Gu S B, Yang S Y, et al. 2021. Heavy metals in soil-vegetable system around E-waste site and the health risk assessment. Science of The Total Environment, 779: 146438.

Liu X, Song Q; Tang Y, et al. 2013. Human health risk assessment of heavy metals in soil-vegetable system: a multi-medium analysis. Science of The Total Environment, 463-464: 530-540.

Luo D, Zheng H F, Chen Y H, et al. 2010. Transfer characteristics of cobalt from soil to crops in the suburban areas of Fujian Province, southeast China. Journal of Environmental Management, 91 (11): 2248-2253.

Lux A, Martinka M, Vaculik M, et al. 2011. Root responses to cadmium in the rhizosphere: A review. Journal of Experimental Botany, 62 (1): 21-37.

Ma S G, Hu Y H, Zeng Q H, et al. 2020. Temporal changes of calcareous soil properties and their effects on cadmium uptake by wheat under wastewater irrigation for over 50 years. Chemosphere, 263: 127971.

Madhaiyan M, Poonguzhali S, Sa T. 2007. Metal tolerating methylotrophic bacteria reduces nickel and cadmium toxicity and promotes plant growth of tomato (Lycopersicon esculentum L.). Chemosphere, 69 (2): 220-228.

Mandal S, Pu S Y, Adhikari S, et al. 2021. Progress and future prospects in biochar composites: Application and reflection in the soil environment. Critical Reviews in Environmental Science and Technology, 51 (3): 219-271.

Mao C P, Sang Y X, Chen L X, et al. 2019. Human health risks of heavy metals in paddy rice based on transfer characteristics of heavy metals from soil to rice. Catena, 175: 339-348.

Maqbool Z, Asghar H N, Shahzad T. 2015. Isolating, screening and applying chromium reducing bacteria to promote growth and yield of okra (Hibiscus esculentus L.) in chromium contaminated soils. Ecotoxicology & Environmental Safety, 114: 343-349.

Marchenko A M, Pshinko G N, Demchenko V Y, et al. 2015. Leaching heavy metal from deposits of heavy metals with bacteria oxidizing elemental sulphur. Journal of Water Chemistry and Technology, 37: 311-316.

Markus G, Melanie K, Gerlinde W, et al. 2008. Rhizosphere bacteria affect growth and metal uptake of heavy metal accumulating willows. Plant & Soil, 4304 (1-2): 35-44.

Marmiroli M, Imperiale D, Maestri E, et al. 2013. The response of Populus spp. to cadmium stress: Chemical, morphological and proteomics study. Chemosphere, 93 (7): 1333-1344.

Mcbride M B, Shayler H A, Russell-Anelli J M, et al. 2015. Arsenic and lead uptake by vegetable crops grown on an old orchard site amended with compost. Water Air Soil Pollution, 226 (8): 265.

Melanie K, Markus P, Gerlinde W, et al. 2008. Rnizosphere bacteria affect growth and metal uptake of heavy metal accumulating willows. Plant and Soil, 304 (1-2): 35-44.

Meng M, Yang L S, Wei B G, et al. 2021. Plastic shed production systems: The migration of heavy metals from soil to vegetables and human health risk assessment. Ecotoxicology and Environmental Safety, 215: 112106.

Mishra A, Mishra S P, Arishi A, et al. 2020. Plant-Microbe Interactions for Bioremediation and Phytoremediation of Environmental Pollutants and Agro-ecosystem Development. Bioremediation of Industrial Waste for Environmental Safety, 415-436.

Mishra S, Mohanty M, Pradhan C, et al. 2013. Physico-chemical assessment of paper mill effluent and its heavy metal remediation using aquatic macrophytes-a case study at JK Paper mill, Rayagada, India. Environmental Monitoring & Assessment, 185: 4347-4359.

Mohebzadeh F, Motesharezadeh B, Jafari M, et al. 2021. Remediation of heavy metal polluted soil by utilizing organic amendments and two plant species (Ailanthus altissima and Melia azedarach). Arabian Journal of Geosciences, 14 (13): 1211.

Nakajima H, Fujimoto N, Yamamoto Y, et al. 2019. Response of secondary metabolites to Cu in the Cu-hyperaccumulator lichen Stereocaulon japonicum. Environmental Science and Pollution Research, 26: 905-912.

Nan Z R, Zhao C Y. 2000. Heavy metal concentrations in gray calcareous soils of Baiyin region, Gansu Province, China. Water Air & Soil Pollution, 118 (1-2): 131-142.

Nannoni F, Protano G. 2016. Chemical and biological methods to evaluate the availability of heavy metals in soils of the Siena urban area (Italy). Science of the Total Environment, 568: 1-10.

Nikiforova T E, Kozlov V A. 2012. Sorption of Copper (II) Cations from Aqueous Mediaby a Cellulose-Containing Sorbent. Protection of Metals and Physical Chemistry of Surfaces, 48: 310-314.

Nzediegwu C, Prasher S, Elsayed E, et al. 2019. Effect of biochar on heavy metal accumulation in potatoes from wastewater irrigation. Journal of Environmental Management, 232: 153-164.

Ohno T. 2002. Fluorescence inner-filtering correction for determining the humification index of dissolved organic matter. Environmental Science & Technology, 36 (4): 742-746.

Ojuederie O B, Babalola O O. 2017. Microbial and Plant-Assisted Bioremediation of Heavy Metal Polluted Environments: A Review. International Journal of Environmental Research and Public Health, 14 (12): 1504.

Omar N A, Praveena S M, Aris A Z, et al. 2015. Health Risk Assessment using in vitro digestion model in assessing bioavailability of heavy metal in rice: A preliminary study. Food Chemistry, 188: 46-50.

Prakash D, Pandey J, Tiwary B N, et al. 2010. Physiological adaptations and tolerance towards higher concentration of selenite (Se^{+4}) in Enterobacter sp. AR-4, Bacillus sp. AR-6 and Delftia tsuruhatensis AR-7. Extremophiles, 14: 261-272.

Pulsawat W, Leksawasdi N, Rogers P L, et al. 2003. Anions effects on biosorption of Mn (II) by extracellular polymeric substance (EPS) from Rhizobium etli. Biotechnology Letters, 25: 1267-1270.

Qishlaqi A, Moore F. 2007. Statistical analysis of accumulation and sources of heavy metals occurrence in agricultural soils of Khoshk river banks, Shiraz, Iran. American-Eurasian Journal of Agricultural and Environmental Sciences, 2 (5): 565-573.

Raffa C M, Chiampo F, Shanthakumar S, et al. 2021. Remediation of Metal/Metalloid-Polluted Soils: A Short Review. Applied Sciences, 11 (9): 4134.

Rani A, Souche Y S, Goel R. 2009. Comparative assessment of in situ bioremediation potential of cadmium resistant acidophilic Pseudomonas putida 62BN and alkalophilic Pseudomonas monteilli 97AN strains on soybean. International Biodeterioration & Biodegradation, 63 (1): 62-66.

Rattan R K, Datta S P, Chhonkar P K, et al. 2005. Long-term impact of irrigation with sewage effluents on heavy metal content in soils, crops and groundwater: A case study. Agriculture, Ecosystems & Environment, 109 (3-4): 310-322.

Reeves R D, Baker A J M, Jaffré T, et al. 2018. A global database forplants that hyperaccumulate metal and metalloid trace elements. New Phytologist, 218 (2): 407-411.

Rehman I U, Ishaq M, Muhammad S, et al. 2020. Potentially toxic elements' occurrence and risk assessment through water and soil of Chitral urban environment, Pakistan: A case study. Environmental Geochemistry and Health, 42 (12): 4355-4368.

Ren Z L, Tella M, Bravin M N, et al. 2015. Effect of dissolved organic matter composition on metal speciation in soil solutions. Chemical Geology, 398: 61-69.

Renella G, Qrtigoza A L R, Landi L, et al. 2003. Additive effects of copper and zinc on cadmium toxicity on phosphatase activities and ATP content of soil as estimated by the ecological dose (ED 50). Soil Biology and

Biochemistry, 35 (9): 1203-1210.

Ruby M V, Davis A, Schoof R, et al. 1996. Estimation of lead and arsenic bioavailability using a physiologically based extraction test. Environmental Science and Technology, 30 (2): 422-430.

Rudrappa T, Czymmek K J, Pare P W, et al. 2008. Root-secreted malic acid recruits beneficial soil bacteria. Plant Physiology, 148 (3): 1547-1556.

Rugh C L, Wilde H D, Stack N M, et al. 1996. Mercuric ion reduction and resistance in transgenic Arabidopsis thaliana plants expressing a modified bacterial merA gene. Proceedings of the National Academy of Sciences of the United States of America, 93 (8): 3182-3187.

Sajad M A. 2013. Phytoremediation of heavy metals-Concepts and applications. Chemosphere, 91 (7): 869-881.

Sandip M, Shengyan P, Sangeeta A, et al. 2021. Progress and future prospects in biochar composites: Application and reflection in the soil environment. Critical Reviews in Environmental Science and Technology, 51 (3): 219-271.

Sayedur R M, Sathasivam K. 2015. Heavy Metal Adsorption onto Kappaphycus sp. from Aqueous Solutions: The Use of Error Functions for Validation of Isotherm and Kinetics Models. Biomed Research International, 2015: 126298.

Schaller J, Brackhage C, Mkandawire M, et al. 2011. Metal/metalloid accumulation/remobilization during aquatic litter decomposition in freshwater: a review. Science of the Total Environment, 409 (23): 4891-4898.

Sharma R K, Agrawal M, Marshall F M. 2008. Heavy metal (Cu, Zn, Cd and Pb) contamination of vegetables in urban India: A case study in Varanasi. Environmental Pollution, 154 (2): 254-263.

Sheng X. 2008. Effects of inoculation of biosurfactant-producing Bacillus sp. J119 on plant growth and cadmium uptake in a cadmium-amended soil. Journal of Hazardous Materials, 155 (1-2): 17-22.

Shi J Y, Lin H R, Yuan X F, et al. 2011. Enhancement ofcopper availability and microbial community changes in rice rhizospheres affected by sulfur. Molecules, 16 (2): 1409-1417.

Singh B K, Quince C, Macdonald C A, et al. 2014. Loss of microbial diversity in soils is coincident with reductions in some specialized functions. Environmental Microbiology, 16 (8): 2408-2420.

Song B, Lei M, Chen T B, et al. 2009. Assessing the health risk of heavy metals in vegetables to the general population in Beijing, China. Journal of Environmental Sciences-china, 21 (12): 1702-1709.

Spencer R G, Butlen K D, Aiken G R, et al. 2012. Dissolved organic carbon and chromophoric dissolved organic matter properties of rivers in the USA. Journal of Geophysical Research: Biogeosciences, 117 (G3): 3001.

Steinkellner S, Lendzemo V, Langer I, et al. 2007. Flavonoids and strigolactones in root exudates as signals in symbiotic and pathogenic plant-fungus interactions. Molecules, 12 (7): 1290-1306.

Sun F F, Wang F H, Wang X F, et al. 2013. Soil threshold values of total and available cadmium for vegetable growing based on field data in Guangdong province, South China. Journal of the Science of Food and Agriculture, 93 (8): 1967-1973.

Sun H J, Jeyakumar P, Xiao H D, et al. 2022. Biochar canincrease Chinese Cabbage (Brassica oleracea L.) yield, decrease nitrogen and phosphorus leaching losses in intensive vegetable soil. Phyton-International Journal of Experimental Botany, 91 (1): 197-206.

Sungur A, Soylak M, Özcan H. 2016. Chemical fractionation, mobility and environmental impacts of heavy metals in greenhouse soils from Çanakkale, Turkey. Environmental Earth Sciences, 75: 1-11.

Teng Z D, Shao W, Zhang K Y, et al. 2019. Characterization of phosphate solubilizing bacteria isolated from heavy metal contaminated soils and their potential for lead immobilization. Journal of Environmental Management, 231: 189-197.

Tiwari S, Lata C. 2018. Heavy Metal Stress, Signaling, and Tolerance Due to Plant-Associated Microbes: An Overview. Frontiers in Plant Science, 9: 452.

Touceda-González M, Brader G, Antonielli L, et al. 2015. Combined amendment of immobilizers and the plant growth-promoting strain Burkholderia phytofirmans PsJN favours plant growth and reduces heavy metal uptake. Soil Biology and Biochemistry, 91: 140-150.

Tremblay L B, Dittmar T, Marshall A G, et al. 2007. Molecular characterization of dissolved organic matter in a North Brazilian mangrove porewater and mangrove-fringed estuaries by ultrahigh resolution Fourier Transform-Ion Cyclotron Resonance mass spectrometry and excitation/emission spectroscopy. Marine Chemistry, 105 (1-2): 15-29.

Tóth G, Hermann T, Silva D M, et al. 2016. Heavy metals in agricultural soils of the European Union with implications for food safety. Environment International, 88: 299-309.

Uzu G, Sobanska S, Sarret G. 2010. Foliar Lead Uptake by Lettuce Exposed to Atmospheric Fallouts. Environmental Science and Technology, 44 (3): 1036-1042.

Van der Heijdenm M G A, Bardgettrd R D, Van Straalenn N M. 2010. The unseen majority soil microbes as drivers of plant diversity and productivity in terrestrial ecosystems. Ecology Letters, 11 (3): 296-310.

Velásquez L, Dussan J. 2009. Biosorption and bioaccumulation of heavy metals on dead and living biomass of Bacillus sphaericus. Journal of Hazardous Materials, 167 (1-3): 713-716.

Verma S, Kuila A, et al. 2019. Bioremediation of heavy metals by microbial process. Environmental Technology & Innovation, 14: 100369.

Vázquez S. 2006. Use of White Lupin Plant for Phytostabilization of Cd and As Polluted Acid Soil. Water Air & Soil Pollution, 177 (1): 349-365.

Wang B B, Gao F, Qin N, et al. 2022. A comprehensive analysis on source-distribution-bioaccumulation-exposure risk of metal (loid) s in various vegetables in peri-urban areas of Shenzhen, China. Environmental Pollution, 293: 118613.

Wang C H, Zhao Y Y, Pei Y S. 2012. Investigation on reusing water treatment residuals to remedy soil contaminated with multiple metals in Baiyin, China. Journal of Hazardous Materials, 237: 240-246.

Wang C L, Chen Y H, Liu J, et al. 2013. Health risks of thallium in contaminated arable soils and food crops irrigated with wastewater from a sulfuric acid plant in western Guangdong province, China. Ecotoxicology and Environmental Safety, 90: 76-81.

Wang F Y, Lin X G, Yin R. 2005. Heavy metal uptake by arbuscular mycorrhizas of Elsholtzia splendens, and the potential for phytoremediation of contaminated soil. Plant and Soil, 269 (1): 225-232.

Wang J, Zhang C B, Jin Z X. 2009. The distribution and phytoavailability of heavy metal fractions in rhizosphere

参 考 文 献

soils of Paulowniu fortunei (seem) Hems near a Pb/Zn smelter in Guangdong, PR China. Geoderma, 148 (3-4): 299-306.

Wang J. 2012. Remediation of mercury contaminated sites-A review. Journal of Hazardous Materials, 221: 1-18.

Wang L, Yang D, Li Z T, et al. 2019. A comprehensive mitigation strategy for heavy metal contamination of farmland around mining areas-Screening of low accumulated cultivars, soil remediation and risk assessment. Environmental Pollution, 245: 820-828.

Wang X H, Wang Q, Nie Z W, et al. 2018. Ralstonia eutropha Q2-8 reduces wheat plant above-ground tissue cadmium and arsenic uptake and increases the expression of the plant root cell wall or-ganization and biosynthesis-related proteins. Environmental Pollution, 242: 1488-1499.

Wang X H, Zhao C, Pan X L. 2015. Bioremediation of Pb-pollution based on microbially induced calcite precipitation. Earthand Environment, 43 (1): 80-85.

Wang X, Tang C. 2018. The role of rhizosphere pH in regulating the rhizosphere priming effect and implications for the availability of soil-derived nitrogen to plants. Annals of Botany, 121 (1): 143-151.

Wang Y L, Yang C M, Zou L M, et al. 2015. Spatial distribution and fluorescence properties of soil dissolved organic carbon across a riparian buffer wetland in Chongming Island, China. Pedosphere, 25 (2): 220-229.

Wang Y, Xiao D N, Li Y, et al. 2008. Soil salinity evolution and its relationship with dynamics of groundwater in the oasis of inland river basins: case study from the Fubei region of Xinjiang Province, China. Environmental Monitoring and Assessment, 140: 291-302.

Wang Z W, Nan Z R, Wang S L, et al. 2011. Accumulation and distribution of cadmium and lead in wheat (Triticum aestivum L.) grown in contaminated soils from the oasis, north-west China. Journal of the Science of Food and Agriculture, 91 (2): 377-384.

Wei S, Ying Z. 2015. Expansion of agricultural oasis in the Heihe River Basin of China: Patterns, reasons and policy implications. Physics and Chemistry of the Earth, Parts A/B/C, 89-90: 46-55.

Weishaar J L, Aiken G R, Bergamaschi B A, et al. 2003. Evaluation of specific ultraviolet absorbance as an indicator of the chemical composition and reactivity of dissolved organic carbon. Environmental Science & Technology, 37 (20): 4702-4708.

Wenzel W W, Bunkowski M, Puschenreiter M, et al. 2003. Rhizosphere characteristics of indigenously growing nickel hyperaccumulator and excluder plants on serpentine soil. Environmental Pollution, 123 (1): 131-138.

Wieder W R, Cleveland C C, Townsend A R. 2008. Tropical tree species composition affects the oxidation of dissolved organic matter from litter. Biogeochemistry, 88 (2): 127-138.

Wilkes H, Schwarzbauer J. 2010. Hydrocarbons an introduction to structure, physico- chemical properties and natural occurrence. Handbook of Hydrocarbon and Lipid Microbiology, 4131: 1-48.

Wilson H F, Xenopoulos M A. 2009. Effects of agricultural land use on the composition of fluvial dissolved organic matter. Nature Geoscience, 2 (1): 37-41.

Wu W, Liu H B. 2019. Estimation of soil pH with geochemical indices in forest soils. Plos One, 14 (10): e0223764.

Xiao L, Guan D, Peart M R, et al. 2017. The influence of bioavailable heavy metals and microbial parameters of soil on the metal accumulation in rice grain. Chemosphere, 185: 868-878.

Xiong T T, Leveque T, Austruy A, et al. 2014. Foliar uptake and metal (loid) bioaccessibility in vegetables exposed to particulate matter. Environ Geochem Health, 36: 897-909.

Xue J, Gui D W, Zeng F J, et al. 2022. Assessing landscape fragmentation in a desert-oasis region of Northwest China: patterns, driving forces, and policy implications for future land consolidation. Environmental Monitoring and Assessment, 194: 394.

Yan M M, Zeng X B, Wang J, et al. 2020. Dissolved organic matter differentially influences arsenic methylation and volatilization in paddy soils. Journal of Hazardous Materials, 388: 121795.

Yang J X, Guo H T, Ma Y B, et al. 2010. Genotypic variations in the accumulation of Cd exhibited by different vegetables. Journal of Environmental Sciences, 22 (8): 1246-1252.

Yang R S, Feng S, Jin D Y, et al. 2023. Removing DOM from chloride modified hydrochar could improve Cu^{2+} adsorption capacity from aqueous solution. Chemosphere, 342: 140202.

Yang Y, Chen W, Wang M, et al. 2017. Evaluating the potential health risk of toxic trace elements in vegetables: Accounting for variations in soil factors. Science of The Total Environment, 584-585: 942-949.

Yang Y, Zhang F S, Li H F, et al. 2009. Accumulation of cadmium in the edible parts of six vegetable species grown in Cd-contaminated soils. Journal of Environmental Management, 90 (2): 1117-1122.

Yang Z X, Liu S Q, Zhang D W, et al. 2006. Effects of cadium, zinc and lead on soil enzyme activities. Journal of Environmental Sciences, 18 (6): 1135-1141.

Yao Y. 2011. Biochar derived from anaerobically digested sugar beet tailings: Characterization and phosphate removal potential. Bioresource Technology, 102 (10): 6273-6278.

Ye X X, Li H Y, Ma Y B, et al. 2014. The bioaccumulation of Cd in rice grains in paddy soils as affected and predicted by soil properties. Journal of Soils and Sediments, 14 (8): 1407-1416.

Yi Y J, Yang Z F, Zhang S H. 2011. Ecological risk assessment of heavy metals in sediment and human health risk assessment of heavy metals in fishes in the middle and lower reaches of the Yangtze River basin. Environmental Pollution, 159 (10): 2575-2585.

Yu L, Li L Q, Zhang Q, et al. 2013. Influence of temperature on the heavy metals accumulation of five vegetable species in semiarid area of northwest China. Chemistry and Ecology, 29 (4): 353-365.

Yu L, Wang Y B, Gou X, et al. 2006. Risk assessment of heavy metals in soils and vegetables around non-ferrous metals mining and smelting sites, Baiyin, China. Journal of Environmental Sciences-China, 18 (6): 1124-1134.

Yu S M, Bai X, Liang J S, et al. 2019. Inoculation of Pseudomonas sp. GHD-4 and mushroom residue carrier increased the soil enzyme activities and microbial community diversity in Pb-contaminated soils. Journal of soil & sediments, 19 (3): 1064-1076.

Yuan X F, Chen X C, Shen C F, et al. 2011. Enhancement of Copper Availability and Microbial Community Changes in Rice Rhizospheres Affected by Sulfur. Molecules, 16 (2): 1409-1417.

Yuan X H, Xue N D, Han Z G. 2021. A meta-analysis of heavy metals pollution in farmland and urbansoils in China over the past 20 years. Journal of Environmental Sciences, 101: 217-226.

参考文献

Zeng F R, Ali S, Zhang H T, et al. 2011. The influence of pH and organic matter content in paddy soil on heavy metal availability and their uptake by rice plants. Environmental Pollution, 159 (1): 84-91.

Zhang C H, Li X L, Lyu J J, et al. 2020. Comparison of carbonate precipitation induced by Curvibacter sp. HJ-1 and Arthrobacter sp. MF-2: Further insight into thebiomineralization process. Journal of Structural Biology, 212 (2): 107609.

Zhang H, Zhan F J, Sun B, et al. 2001. A New Method to Measure Effective Soil Solution Concentration Predicts Copper Availability to Plants. Environmental Science & Technology, 35 (12): 2602-2607.

Zhang M, Senoura T, Yang X E, et al. 2011. Functional analysis of metal tolerance Proteins isolated from Zn/Cd hyperaccumulating ecotype and non-hyperaccumulating ecotype of Sedum alfredii Hance. FEBS Letters, 585 (16): 2604-2609.

Zhang S, Jing S, Cheng Y, et al. 2018. Derivation of reliable empirical models describing lead transfer from metal-polluted soils to radish (Raphanus sativa L.): Determining factors and soil criteria. Science of the Total Environment, 613-614: 72-80.

Zhang X C, Lin L, Zhu Z Q, et al. 2013. Colonization and modulation of host growth and metal uptake by endophytic bacteria of Sedum alfredii. International Journal of Phytoremediation, 15 (1): 51-64.

Zhao Z H, Zhang Y Y, Lei X M, et al. 2016. Effects of irrigation and drainage modes on the residual characteristics of heavy metals in soil. Clean-Soil, Air, Water, 44 (3): 291-298.

Zhong T Y, Xue D W, Zhao L M, et al. 2018. Concentration of heavy metals in vegetables and potential health risk assessment in China. Environmental Geochemistry and Health, 40 (1): 313-322.

Zhou H, Yang W T, Zhou X, et al. 2016. Accumulation of heavy metals in vegetable species planted in contaminated soils and the health risk assessment. International Journal of Environmental Research and Public Health, 13 (3): 289.

Zhou H, Zeng M, Zhou X, et al. 2013. Assessment of heavy metal contamination and bioaccumulation in soybean plants from mining and smelting areas of southern Hunan Province, China. Environmental Toxicology and Chemistry, 32 (12): 2719-2727.

Zhou H, Zeng M, Zhou X, et al. 2015. Heavy metal translocation and accumulation in iron plaques and plant tissues for 32 hybrid rice (Oryza sativa L.) cultivars. Plant and Soil, 386 (1-2): 317-329.

Zulfiqar F et al. 2021. Effects of biochar and biochar-compost mix on growth, performance and physiological responses of potted alpinia zerumbet. Sustainability, 13 (20): 25-28.

附　　录

A　附　表　图

附表 A.1　不同浇灌方式下四种蔬菜地上部分重金属浓度　（单位：mg/kg）

重金属	蔬菜种类	叶部浇灌		根部浇灌	
		纯净水	再生水	纯净水	再生水
As [*]	白菜	3.32±1.18	3.16±0.60	3.24±0.60	3.05±0.80
	油菜	2.54±0.55	3.15±0.99	2.43±0.48	4.32±1.10
	胡萝卜	0.80±0.15	0.70±0.23	1.36±0.96	0.81±0.23
	土豆	5.32±1.59	6.09±3.97	3.67±0.87	10.18±6.66
Cd [*]	白菜	2.23±0.68	2.52±0.65	2.30±0.15	2.34±0.44
	油菜	2.28±0.54	2.76±0.51	2.34±0.37	3.85±0.68
	胡萝卜	1.51±0.36	1.94±1.09	1.08±0.30	1.75±0.58
	土豆	2.95±0.85	8.50±1.29	2.14±0.44	8.90±2.91
Cr [*]	白菜	58.29±41.42	120.01±137.48	17.65±5.01	52.87±56.24
	油菜	11.26±4.75	3.87±2.23	23.74±36.54	19.85±8.36
	胡萝卜	7.99±3.32	4.45±3.51	7.68±4.00	10.07±4.77
	土豆	11.34±6.81	55.11±53.34	8.69±6.25	27.87±20.53
Cu	白菜	17.06±3.52	16.17±3.00	16.55±1.72	17.38±8.15
	油菜	11.59±1.70	10.28±2.65	12.48±1.65	16.61±4.14
	胡萝卜	10.36±1.25	7.95±0.68	8.20±0.92	8.33±0.83
	土豆	29.92±6.07	34.27±5.86	30.03±5.79	33.06±6.78
Pb [*]	白菜	10.37±3.32	10.14±1.16	11.47±2.08	7.79±2.99
	油菜	6.65±1.02	6.15±2.32	6.99±0.56	9.70±2.72
	胡萝卜	1.22±0.37	1.05±0.13	1.41±0.32	1.27±0.26
	土豆	5.86±0.60	6.13±0.85	5.90±2.95	7.93±4.32
Zn	白菜	98.62±13.13	97.29±21.34	111.00±10.17	95.31±12.01
	油菜	80.51±9.12	75.48±14.90	80.58±2.60	89.14±13.71
	胡萝卜	34.11±7.41	24.74±5.94	37.06±8.59	25.90±5.11
	土豆	142.13±25.37	230.97±27.43	127.84±11.39	195.43±37.86

重金属	蔬菜种类	叶部浇灌		根部浇灌	
		纯净水	再生水	纯净水	再生水
最低浓度		4	10	7	3
最高浓度		2	6	6	10

* 表示该元素为有毒元素

绿洲农田 土壤重金属污染行为与生态修复

附表 A. 2 不同浇灌方式下四种蔬菜地下部分重金属浓度 （单位：mg/kg）

重金属	蔬菜种类	叶部浇灌		根部浇灌	
		纯净水	再生水	纯净水	再生水
As*	白菜	2.41±0.22	2.04±0.91	1.98±0.29	2.35±0.40
	油菜	2.10±0.29	1.92±0.27	1.84±0.29	2.06±0.69
	胡萝卜	1.41±0.59	1.79±1.55	1.52±1.07	1.62±0.55
	土豆	2.16±0.25	2.54±0.99	1.69±1.08	1.93±0.55
Cd*	白菜	2.55±0.34	3.61±0.65	3.00±0.32	3.16±0.31
	油菜	3.83±0.80	5.00±0.39	2.89±0.86	5.45±0.75
	胡萝卜	2.42±0.32	2.85±1.95	1.90±0.35	2.47±1.01
	土豆	2.79±1.47	4.58±1.25	1.41±0.65	3.46±1.90
Cr*	白菜	49.96±47.06	21.19±27.64	7.35±4.70	14.61±7.57
	油菜	5.81±4.66	28.60±46.40	70.62±116.01	28.17±19.76
	胡萝卜	23.87±11.14	21.86±16.42	17.29±13.62	17.34±11.38
	土豆	23.19±40.78	41.34±44.52	11.64±9.57	104.43±88.73
Cu	白菜	17.64±2.39	13.41±4.95	15.94±3.82	12.79±2.02
	油菜	10.58±1.42	9.38±1.57	11.89±3.03	10.62±1.80
	胡萝卜	10.44±0.81	77.13±133.70	10.40±2.17	9.60±0.90
	土豆	18.16±3.81	21.93±5.52	14.81±5.48	18.73±3.84
Pb*	白菜	8.01±0.64	6.32±3.69	6.53±2.30	5.38±1.14
	油菜	6.07±1.54	5.07±1.14	5.07±0.82	4.60±1.57
	胡萝卜	3.32±0.70	2.70±0.18	3.59±0.90	3.55±0.55
	土豆	6.59±0.36	6.89±3.14	4.59±2.91	5.33±1.01
Zn	白菜	92.52±15.92	75.57±4.38	82.54±11.21	82.14±9.61
	油菜	80.17±6.67	72.77±13.58	71.75±5.17	72.32±11.99
	胡萝卜	42.28±8.57	36.06±9.90	46.23±9.86	39.10±7.29
	土豆	100.26±22.93	137.50±15.77	82.11±26.85	122.96±33.03

* 表示该元素为有毒元素

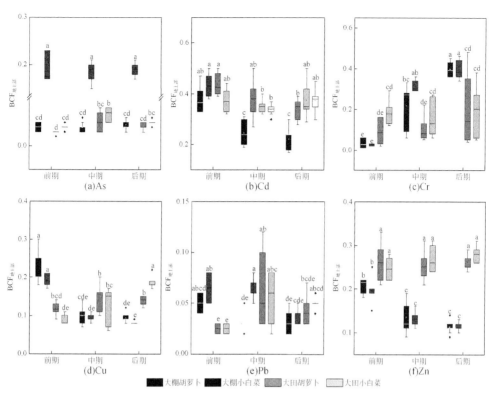

附图 A.1　胡萝卜和小白菜生长过程中地上部重金属的生物富集系数（BCF）

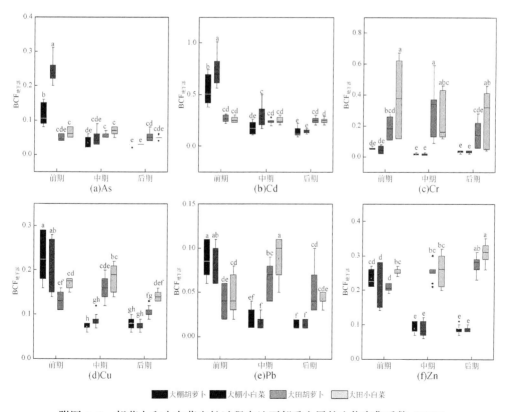

附图 A.2　胡萝卜和小白菜生长过程中地下部重金属的生物富集系数（BCF）

B.1 生物炭的性质测定方法

（1）生物炭产率的测定

称量制备材料热解前后的干重，计算不同生物炭的产率。计算公式如下：

$$产率(\%) = \frac{热解后干重}{制备材料干重} \times 100\%$$

（2）生物炭灰分的测定

生物炭灰分的测定方法参考《木炭和木炭试验方法》（GB/T 17664—1999），先将不同生物炭磨碎，过 100 目，称取 1g 的生物炭平铺于陶瓷坩埚底部，敞口置于马弗炉内，在 750℃下灰化 6h，经过自然冷却至室温后，取出称重。计算公式如下：

$$灰分(\%) = \frac{m_2 - m_1}{m} \times 100\%$$

式中，m_2 为灰分和坩埚的质量；m_1 为坩埚的质量；m 为生物炭的质量。

（3）生物炭 pH 测定

用超纯水浸提生物炭，生物炭与去超纯水比为 1∶10（m/V），用玻璃棒搅拌 3min，静置 30min 澄清，用 pH 酸度计（PB-10，Sartorius，Germany）进行测定。

（4）生物炭微观结构的测定

生物炭微观结构用日本捷欧路扫描电子显微镜（JEOL JSM-6390A）进行测定。

B.2 矿区土壤耐性菌的筛选及对植物促生能力探究研究方法

（1）重金属耐性菌筛选

土壤样品混匀过 20 目筛网，去除大块颗粒。称取 1g 过筛土壤于 50mL 无菌锥形瓶，加入 9mL 无菌水。在恒温振荡器上以 28℃，150r/min 振荡 20min，随后 2000r/min，离心 5min，取上清液，即为 10^{-1} 倍稀释液。

通过梯度稀释法将上清液稀释为 10^{-2}、10^{-3}、10^{-4}、10^{-5}，取 10^{-1}、10^{-3}、10^{-4}、10^{-5} 倍稀释液各 200μL，接种于含有单一重金属胁迫（Pb^{2+}、Cd^{2+}、Cu^{2+}、Zn^{2+}，质量浓度分别为 10mg/L、5mg/L、10mg/L、50mg/L）的 LB、察氏平板培养基上。LB 培养基 35℃培养 2~3d，察氏培养基 30℃培养 3~7d。将培养后的菌种接种于 Pb^{2+}、Cd^{2+}、Cu^{2+}、Zn^{2+} 质量浓度更高的固体培养基中，再次培养。通过不断提高培养基中重金属含量，得到重金属耐性最高的菌种，进行分离纯化，菌种保藏。

（2）对植物促生能力探究

1）脱氨酶测定。①绘制标准曲线使用 pH = 8.5，0.1M 的 Tris-HCl 缓冲液配制 100mM[①] α-丁酮酸，4℃ 冰箱保存。使用前将其稀释为 10mM。称取 2g 2,4-二硝基苯肼，溶于 1L，2M HCl 中，配制成 0.2% 的 2,4-二硝基苯肼溶液。将 10mM α-丁酮酸用 pH = 8.5，0.1M 的 Tris-HCl 缓冲液稀释为 0μM、0.2μM、0.4μM、0.6μM、0.8μM、1μM。取 6 只离心管，每管分别加入 200μL 不同浓度的 α-丁酮酸溶液，300μL 0.2% 的 2,4-二硝基苯肼溶液，均匀混合后于 30℃ 水浴 30min。随后加入 2M 氢氧化钠 2mL 显色，在 OD_{540} 下测定吸光度。横坐标为 α-丁酮酸溶液浓度，纵坐标为 540nm 下 OD 值，制作标准曲线。采用上述实验方案测定标准曲线，得到标准曲线方程为 $y = 0.558x - 0.0067$，$R^2 = 0.9933$。②样品测定。将菌株接种至 30mL DF 液体培养基中，30℃、200r/min 摇床孵育 12h。取出菌悬液，温度 4℃，转速 8000r/min，离心 10min，收集菌体沉淀。取 30mL ADF 液体培养基，将菌体重悬其中，并在 30℃、200r/min 条件下摇床孵育 24h，使菌株 ACC 脱氨酶产生活性。将菌悬液以 4℃、转速 8000r/min 离心 10min，收集菌体沉淀。用 5mL，0.1M pH = 7.6 的 Tris-HCl 缓冲液冲洗沉淀菌体 2 次后，4℃、16 000r/min，离心 10min，收集沉淀。吸取 600μL，0.1M pH = 8.5 的 Tris-HCl 缓冲液重悬菌体，并加入甲苯 30μL，涡旋振荡 30s 使菌体破碎。取 200μL 破碎菌体悬液，加入 20μL，0.5M 的 ACC 溶液，混匀后 30℃ 水浴 15min。随后加入 0.56M HCl 溶液 1mL，4℃，16 000r/min 离心 5min。取上清液 1mL，加入 0.56M HCl 溶液 800μl，混匀后加入 300μL 0.2% 的 2,4-二硝基苯肼溶液，30℃ 水浴 30min。加入 2mL，2M NaOH 溶液显色，OD_{540} 检测其吸光度。空白对照使用无菌水处理菌悬液。将样品在 540nm 处光度值代入标准曲线中，重复 3 次，取平均值计算对应的 α-丁酮酸含量。每株菌设置 3 组平行。③菌体总蛋白含量测定。采用考马斯亮蓝法测定菌体总蛋白含量。用标准牛血清蛋白配制浓度为 0mg/L、200mg/L、400mg/L、600mg/L、800mg/L、1000mg/L 蛋白标准溶液，分别取 1mL，加入 5mL 考马斯亮蓝溶液，室温反应 5min，在波长 595nm 下测定吸光度，横坐标为标准牛血清蛋白浓度，纵坐标为吸光度，绘制标准曲线。取破碎菌体悬液 500μL，加入 5mL 考马斯亮蓝 G-250 溶液，室温反应 5min，595nm 下测定吸光度，重复 3 次，取平均值带入标准曲线，计算对应蛋白含量。每株菌设置 3 组平行。④ACC 脱氨酶活性计算以在测酶体系中每分钟形成 1μmol α-丁酮酸含量为 ACC 脱氨酶的单位酶活。计算公式为：

$$\text{酶比活力（U/mg）} = \frac{\text{生成 α-丁酮酸物质的量（μmol）×测总蛋白所用的菌液体积（μl）}}{\text{测酶活所用的菌液体积（μl）×酶活反应时间（min）×总蛋白含量（mg）}}$$

2）吲哚乙酸（IAA）测定。①IAA 标准曲线。称取 3.5mg IAA 标准品溶于 100mL 蒸馏水中，配制成 35μg/mL 的 IAA 标准溶液。配制浓度梯度为 0μg/mL、7μg/mL、

---

① M 即 mol/L，摩尔每升。

14μg/mL、21μg/mL、28μg/mL、35μg/mL 的 IAA 溶液。取 2mL 各浓度的 IAA 溶液，分别加入 Salkowski 试剂，摇匀，室温避光反应 30min。在 530nm 处测定吸光度值，重复 3 次。以 IAA 浓度为横坐标，吸光值为纵坐标，绘制标准曲线。通过测定不同浓度的 IAA 溶液的 OD 值，得到标准曲线线性回归方程 $y = 0.0019x - 0.0013$，$R^2 = 0.9983$。②菌株的 IAA 产生能力测定。将过滤除菌的 L-色氨酸溶液添加至 121℃高温灭菌的 LB 培养基、察氏培养基中，使其 L-色氨酸浓度为 0.5mg/mL。培养基接种等量菌液，30℃，150r/min，摇床培养 48h 后，取菌液 2mL，4℃，10 000r/min 离心 15min，取上清液。每 1mL 上清液加入 2mL Salkowski 试剂，室温避光反应 30min。530nm 下测定吸光值，空白对照选取未接菌的培养基，重复 3 次，将光度值代入标准曲线计算 IAA 浓度。每株菌设置 3 组平行。

3）溶磷能力测定。①磷标准曲线。分别吸取 0mL、1mL、2mL、3mL、4mL、5mL、6mL 的磷标准工作液，加入 50mL 容量瓶中，加入 25mL 水，两滴 2,4-二硝基苯酚。再加入 4M NaOH，至溶液呈微黄色，加入 1M 硫酸至溶液变成无色。最后加入钼锑抗显色液 5mL，加水定容至 50mL，室温静置 30min。在 700nm 处测定吸光度值，重复 3 次。以有效磷浓度为横坐标，吸光值为纵坐标，绘制标准曲线。根据标准曲线得到的回归方程 $y = 1.1079x - 0.0009$，$R^2 = 0.9973$。②菌株的溶磷能力测定。将供试菌株在原始液体培养基中培养 24h，4℃，3000r/min，离心 5min，收集菌体沉淀。用无菌水清洗 2~3 遍，将菌体沉淀接入液体无机磷培养基中。30℃，150r/min 摇床培养 72h，随后 4℃，12 000r/min，离心 5min，取 1mL 上清液，测定方法同上，重复 3 次，测定上清液中有效磷含量。每株菌设置 3 组平行。

4）铁载体测定。将菌种于 KMB 液体培养基中培养 18h，培养条件为 28℃，150r/min。随后 4℃，7000r/min 离心 10min，取上清液。取 5mL 上清液加入 5mL CAS 检测液，混合均匀，室温反应 60min 后，在 630nm 下检测吸光值 A；相同方法测得空白 KMB 液体培养基吸光值为 Ar。重复三次。每株菌设置 3 组平行。铁载体相对含量用 A/Ar 表示，比值越低，表明铁载体含量越高。

B.3 菌种鉴定及其生长特性研究方法

(1) 菌株形态观察

1）菌落观察。将菌株 ZG7 在 LB 平板培养，通过划线法获得单菌落，观察菌落大小及特征。

2）扫描电镜观察菌体。将菌株 ZG7 在液体 LB 培养基培养至 OD600 处于 0.8~1.0 时，取出菌液，4℃，6000r/min 离心 10min，弃上清液；将沉淀用 0.1M pH = 7 的 PBS 重悬离心三次，弃去上清液，沉淀在 2.5% 戊二醛溶液中浸泡过夜。再将沉淀用 0.1M pH = 7 的 PBS 重悬离心三次后，4℃，6000r/min 离心 5min，收集沉淀。依次使用 30%、50%、

70%、80%、90%、100%乙醇逐级脱水，6000r/min 离心 10min，收集沉淀。放置于冷冻干燥箱中进行干燥。干燥结束后，样品保存于 4℃ 冰箱。观测前，取出样品进行喷金，随后于扫面电镜中观察菌体表面形态。

（2）菌种 ZG7 鉴定

将分离纯化后的菌种送至生工（上海）股份有限公司进行菌种测序，并在 NCBI 网站中提交测得的菌种序列，进行 BLAST 分析比较，与 GenBank 中已知菌种的分子序列进行同源性分析，选取相似性较高的菌种序列进行对比，使用 MEGA 5 软件构建系统发育树。

（3）菌种 ZG7 培养条件的优化

1）pH 对菌株生长的影响。配制液体 LB 培养基，将培养基 pH 调节为 5、5.5、6、6.5、7、7.5、8、8.5、9。再将值调节好的培养基分装到锥形瓶中，121℃ 灭菌备用。取纯化后的菌株，等量接种到上述完成灭菌的锥形瓶中。每个梯度设置 3 个平行，以保证实验结果的准确性。将完成接种的锥形瓶放置于摇床中培养，30℃，150r/min。分别在 0h、2h、4h、8h、12h、24h、36h、48h 时取样，在 OD600 下测定吸光度，每个锥形瓶测定三次，取平均值。以时间为横坐标，OD 值为纵坐标，绘制 pH 曲线图。最终确定各供试菌株生长的最适 pH 条件。

2）温度条件对菌株生长的影响。配制液体 LB 培养基，分装到锥形瓶中，121℃ 灭菌备用。取纯化后的菌株，等量接种到上述完成灭菌的锥形瓶中。设置 15℃，20℃，25℃，30℃，35℃，40℃ 6 个温度梯度，每个梯度设置 3 个平行，以保证实验结果的准确性。将完成接种的锥形瓶放置于摇床中培养，150r/min。分别在 0h、2h、4h、8h、12h、24h、36h、48h 时取样，在 OD600 下测定吸光度，每个锥形瓶测定三次，取平均值。以时间为横坐标，OD 值为纵坐标，绘制温度曲线图。最终确定各供试菌株生长的最适温度条件。

3）盐浓度对菌株生长的影响。配制液体 LB 培养基，设置 NaCl 浓度为 0g/L、2g/L、4g/L、6g/L、8g/L、10g/L，121℃ 灭菌备用。取纯化后的菌株，等量接种到上述完成灭菌的锥形瓶中。每个梯度设置 3 个平行，以保证实验结果的准确性。将完成接种的锥形瓶放置于摇床中培养，30℃，150r/min。分别在 0h、2h、4h、8h、12h、24h、36h、48h 时取样，在 OD600 下测定吸光度，每个锥形瓶测定三次，取平均值。以时间为横坐标，OD 值为纵坐标，绘制盐浓度曲线图。最终确定各供试菌株生长的最适盐浓度。

（4）菌株 ZG7 对其他重金属的耐性

土壤样品混匀过 20 目筛网，去除大块颗粒。称取 1g 过筛土壤于 50mL 无菌锥形瓶，加入 9mL 无菌水。在恒温振荡器上以 28℃，150r/min 振荡 20min，随后 2000r/min，离心 5min，取上清液，即为 10^{-1} 倍稀释液。

通过梯度稀释法将上清液稀释为 10^{-2}、10^{-3}、10^{-4}、10^{-5}，取 10^{-1}、10^{-3}、10^{-4}、10^{-5} 倍稀释液各 200μL，接种于含有单一重金属胁迫（Pb^{2+}、Cd^{2+}、Cu^{2+}、Zn^{2+}，质量浓度为

10mg/L、5mg/L、10mg/L、50mg/L）的 LB 平板培养基、察氏平板培养基上。LB 培养基 35℃培养 2～3 天，察氏培养基 30℃培养 3～7 天。将培养后的菌种接种于 Pb^{2+}、Cd^{2+}、Cu^{2+}、Zn^{2+} 质量浓度更高的固体培养基中，再次培养。通过不断提高培养基中重金属含量，得到重金属耐性最高的菌种，进行分离纯化，菌种保藏。

B.4　重金属耐性菌增强植物对重金属抗性研究方法

（1）叶绿素 a 和叶绿素 b 含量测定

称取新鲜叶片 0.2g，加入 95% 乙醇 10mL 充分研磨，静置沉淀后，取上清液在 663nm、645nm 处比色。

$$叶绿素总含量(mg/g) = \frac{(7.9 \times OD_{663} + 17.95 \times OD_{645}) \times V}{1000 \times m}$$

式中，V 为提取液体积，mL；m 为样品质量，g。

（2）还原型谷胱甘肽（GSH）含量测定

配制浓度为 0mM、0.02mM、0.04mM、0.06mM、0.08mM、0.10mM、12mM 的标准 GSH 溶液；分别吸取 0.25mL，加入 2.6mL，150mM pH=7.7 的 NaH_2PO_4 溶液及 DNTB 试剂 0.15mL，混匀后 30℃保温反应 5min，412nm 处测量吸光度。以 GSH 含量为横坐标，吸光度为纵坐标，绘制标准曲线。

称取 0.2g 新鲜叶片，加入 5mL 5% 三氯乙酸（TCA）溶液，充分研磨，4000r/min 离心 10min，取上清液。吸取上清液 0.25mL，按照标准曲线方法检测 412nm 处测量吸光度，带入标准曲线计算 GSH 含量。

$$GSH\ 总含量(mmol/g) = \frac{标准曲线中对应 GSH 含量(mmol) \times 提取液总体积(mL)}{测定时所用提取液体积(mL) \times 样品鲜重(g)}$$

（3）丙二醛（MDA）含量测定

称取 0.2g 植物样品，加入 5mL 10% TCA 充分研磨，4000r/min 离心 10min 后，吸取 2mL 上清液加入 2mL 0.6% +硫代巴比妥酸溶液，混匀，沸水浴反应 15min，迅速冷却，再次离心后取上清于 532nm、450nm、600nm 处测定吸光度值，空白对照以等体积蒸馏水代替提取液。

$$MDA\ 含量(\mu mol/g) = \frac{\begin{bmatrix}6.45 \times (OD_{532} - OD_{600}) - 0.56 \times OD_{450}\end{bmatrix} \times 反应液体积(mL) \times 提取液体积(mL)}{测定用提取液体积(mL) \times 样品鲜重(g) \times 1000}$$

（4）抗坏血酸过氧化物酶（APX）活力测定

称取 0.2g 植物样品，加入 5mL APX 提取液，充分研磨，4℃，15 000r/min 离心 15mim，取上清液 0.1mL，加入 PBS（pH=7.0）1.8mL，15mM ASA 0.1mL，0.3mM H_2O_2 1mL，空白对照组将酶液换成同体积的 0.05M pH=7.0 的 PBS，在 280nm 处测量吸光度，

测定一段时间内的吸光度值变化。以每分钟吸光度值下降 0.01 定义为 1 个酶活性单位（U）。

$$APX 活性(U \cdot min^{-1} \cdot g^{-1}FW) = \Delta A_{290} \times V_1 / (0.01 \times V_2 \times t \times W)$$

式中，ΔA_{290} 为反应时间内吸光度值的变化量；V_1 为提取液总体积，mL；V_2 为测定所用的提取液体积，mL；t 为反应时间，min；W 为样品鲜重，g。

（5）过氧化氢酶（CAT）、过氧化物酶（POD）活力测定

称取 0.2g 植物样品，加入 5mL 0.05M PBS（pH = 7.0）提取液，充分研磨，4℃，15 000r/min 离心 15mim，取上清液。

1）CAT 测定：吸取 1mL 0.3% H_2O_2、1.95mL H_2O，最后加入 50μL 上清液。测定 240nm 处光度值变化。以每分钟光度值下降 0.01 定义为 1 个酶活性单位（U）。

2）POD 测定：吸取 1mL 0.3% H_2O_2、0.95mL 0.2% 愈创木酚、1mL PBS（pH = 7.0），最后加入上清液 50μL 开始反应。记录 470nm 处光度值在一段时间内的变化。以每分钟光度值上升 0.01 定义为 1 个酶活性单位（U）。计算方法同 APX。

（6）超氧化物歧化酶（SOD）活力测定

称取 0.2g 植物样品，加入 5mL 0.05M PBS（pH = 7.8）提取液，充分研磨，4℃，15 000r/min 离心 15mim，取上清液。按照表 B.1 添加试剂。

附表 B.1 试剂添加体积

编号	试剂					
	260mM Met/mL	750μM NBT/mL	100μM EDTA-Na$_2$/mL	20μM 核黄素/mL	酶液/μL	蒸馏水/mL
1	0.3	0.3	0.3	0.3	0	1.8
2	0.3	0.3	0.3	0.3	0	1.8
3	0.3	0.3	0.3	0.3	0	1.8
4	0.3	0.3	0.3	0.3	5	1.795
5	0.3	0.3	0.3	0.3	10	1.79
6	0.3	0.3	0.3	0.3	15	1.785
7	0.3	0.3	0.3	0.3	20	1.78
8	0.3	0.3	0.3	0.3	25	1.775

附
录

1 号管置于暗处，2～8 号管 25℃，光强 4000xL，反应 20min，保证各管光强一致。560nm 处，以 1 号管调零，测定 2～8 号管吸光度。2 号、3 号管取平均值 A_1，表示 NBT 被100% 还原，根据 4～8 号管光度值的变化，计算出 NBT 光化学还原被抑制 50% 时所需的酶液量（μL），作为 1 个酶活力单位（U）。

$$SOD 活性(U \cdot min^{-1} \cdot g^{-1}FW) = (V \times 1000)/(B \times W \times t)$$

式中，V 为提取液总体积，mL；B 为一个酶活力单位的酶液量，μL；t 为反应时间，min；W 为样品鲜重，g。

B.5 联合修复对土壤酶活性的影响研究方法

（1）过氧化氢酶测定

称取 2g 风干土样装入锥形瓶，加入蒸馏水 40mL，0.3% H_2O_2 溶液 5mL。锥形瓶封口，25℃，120r/min 摇床振荡 20min。注入 1.5M 硫酸 5mL 终止反应。将锥形瓶中溶液用滤纸过滤。取滤液 25mL，用 0.1M 高锰酸钾溶液滴定至呈微红色。滴定所用的 0.1M 高锰酸钾溶液体积记为 V_s。空白对照不加土样，其余操作相同，滴定所用的 0.1M 高锰酸钾溶液体积记为 V。重复 3 次，土壤过氧化氢酶活性（E）以单位土重每 20min 内消耗的 0.1M 高锰酸钾溶液体积表示。

$$E = \frac{(V-V_s) \times T}{m}$$

式中，E 为土壤过氧化氢酶活性，mL/g；V 为对照溶液所消耗的高锰酸钾体积，mL；V_s 为样品溶液所消耗的高锰酸钾体积，mL；m 为土样干重，g；T 为高锰酸钾滴定度的矫正值。用配制的 0.1M 高锰酸钾溶液滴定 10mL，0.1M 草酸溶液后，计算得到的高锰酸钾溶液浓度与配制浓度之比。

（2）脲酶测定

1）标准曲线的绘制。分别吸取 0mL、1mL、3mL、5mL、7mL、9mL、11mL、13mL 氮工作液于 50mL 离心管中，向各离心管中加入 4mL 苯酚钠，3mL 次氯酸钠（活性氯含量0.9%），混合均匀。室温反应 20min 后，加水稀释至 50mL。于 578nm 处测定吸光度，以溶液中氮浓度为横坐标，吸光度为纵坐标绘制标准曲线。

2）土样样品脲酶含量测定。称取 5g 新鲜土样于锥形瓶中，加入 1mL 甲苯，混合均匀后静置 15min，随后加入 10% 尿素溶液 10mL，pH=6.7 的柠檬酸缓冲液 20mL，混匀后放入恒温培养箱中，37℃，培养 24h。取出土壤溶液，加入 38℃ 去离子水稀释至 50mL，摇匀后用滤纸过滤。吸取滤液 3mL，加入 10mL 去离子水，然后加入 4mL 苯酚钠，3mL 次氯酸钠，混合均匀。静置反应 20min 后加水稀释至 50mL，于 578nm 处测定吸光度，重复 3 次。吸光度带入标准曲线求得氮浓度，记为 A。

每个实验样品做一个无基质对照，以等体积去离子水代替 10% 尿素溶液，其余操作不变，吸光度带入标准曲线求得氮浓度，记为 A_1。整个实验设置一个无土对照，其余操作不变，求得氮浓度，记为 A_2。

按以下公式计算表示土壤脲酶活性（Ure）。

$$\mathrm{Ure(mg/g)} = \frac{(A-A_1-A_2) \times V \times n}{m}$$

式中，A 为样品的氮浓度，mg/mL；A_1 为无基质对照的氮浓度，mg/mL；A_2 为无土对照的氮浓度，mg/mL；V 为显色液体积（50mL）；n 为分取倍数，浸出液体积/吸取滤液体积；m 为土样干重，g。

（3）蔗糖酶测定

1）标准曲线的绘制。称取 50mg 烘干的葡萄糖粉末溶于去离子水中，定容至 50mL，即为 1mg/mL 葡萄糖标准液。分别吸取 1mg/mL 标准葡萄糖溶液 0mL、0.1mL、0.2mL、0.3mL、0.4mL、0.5mL 至试管中，加水至 1mL，再加入 3mL DNS 试剂，沸水浴 5min，迅速冷却后用水稀释至 50mL，在 508nm 处比色，重复三次。以葡萄糖浓度为横坐标，吸光度值为纵坐标，绘制标准曲线。

2）土样样品蔗糖酶含量测定。称取 5g 风干土样于锥形瓶中，加入 8% 蔗糖溶液 15mL，pH=5.5 磷酸缓冲液 5mL，甲苯 5 滴。混匀后放入恒温培养箱，37℃ 培养 24h。取出后过滤，取滤液 1mL，其余操作同上。

吸光度带入标准曲线求得葡萄糖浓度，记为 A。

每个实验样品做一个无基质对照，以等体积去离子水代替 8% 蔗糖溶液，其余操作不变，吸光度带入标准曲线求得葡萄糖浓度，记为 A_1。整个实验设置一个无土对照，其余操作不变，求得葡萄糖浓度，记为 A_2。

按以下公式计算表示土壤蔗糖酶活性。

$$葡萄糖(mg/g) = \frac{(A - A_1 - A_2) \times V \times n}{m}$$

式中，A 为样品的葡萄糖浓度，mg/mL；A_1 为无基质对照的葡萄糖浓度，mg/mL；A_2 为无土对照的葡萄糖浓度，mg/mL；V 为显色液体积（50mL）；n 为分取倍数，浸出液体积/吸取滤液体积；m 为土样干重，g。

（4）中性磷酸酶测定

1）标准曲线的绘制。吸取 10μg/mL 的酚工作液 0mL、1mL、3mL、5mL、7mL、9mL、11mL、13mL，分别加入硼酸缓冲液 5mL，氯代二溴对苯醌亚胺试剂 4 滴，显色后加水至 50mL，静置 30min，660nm 处比色。重复三次。以酚浓度为横坐标，吸光度值为纵坐标，绘制标准曲线。

2）土样中性磷酸酶含量测定。称取 5g 风干土样于锥形瓶中，加入甲苯 2.5mL，摇匀 15min，加入 0.5% 磷酸苯二钠溶液（柠檬酸缓冲液配制），摇匀后放入恒温培养箱，37℃ 培养 24h。随后加入 0.3% 硫酸铝溶液 100mL，摇匀后过滤。取 3mL 滤液，按照标准曲线方法测定其 660nm 处吸光度，带入标准曲线计算酚含量，记为 A。

每个实验样品做一个无基质对照，以等体积去离子水代替 0.5% 磷酸苯二钠溶液，其余操作不变，吸光度值带入标准曲线求得酚浓度，记为 A_1。整个实验设置一个无土对照，其余操作不变，求得酚浓度，记为 A_2。

按以下公式计算表示土壤中性磷酸酶活性。

$$中性磷酸酶活性(mg/g) = \frac{(A - A_1 - A_2) \times V \times n}{m}$$

式中，A 为样品的酚浓度，mg/mL；A_1 为无基质对照的酚，mg/mL；A_2 为无土对照的酚浓度，mg/mL；V 为显色液体积（50mL）；n 为分取倍数，浸出液体积/吸取滤液体积；m 为土样干重，g。